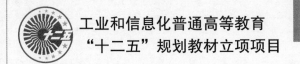

工业和信息化普通高等教育
"十二五"规划教材立项项目

21世纪高等学校规划教材

# 工科物理
# 实验教程

王学水 李培森 姜琳 主编

21st Century University
Planned Textbooks

人 民 邮 电 出 版 社

北 京

图书在版编目（CIP）数据

工科物理实验教程 / 王学水，李培森，姜琳主编
—— 北京：人民邮电出版社，2013.2（2016.1 重印）
21世纪高等学校规划教材
ISBN 978-7-115-30189-5

Ⅰ．①工… Ⅱ．①王… ②李… ③姜… Ⅲ．①物理学
—实验—高等学校—教材 Ⅳ．①O4-33

中国版本图书馆CIP数据核字(2013)第019515号

## 内 容 提 要

本书是参照教育部高等学校非物理类专业物理基础课程教学指导分委员会于 2004 年制定的"非物理类理工学科大学物理实验课程教学基本要求"，借鉴国内外近年来物理实验教学研究改革成果，并结合山东科技大学工科物理实验教学中心教师多年来取得的实验教学研究成果和科学研究成果编写而成的。全书将物理实验分为三个部分：基础实验、综合和应用性实验及设计性实验，覆盖了力学、热学、电磁学、光学、近代物理等领域的主要内容。在实验内容的安排上，考虑到各专业对物理实验的要求不同，采用了"分层次、模块化"实验模式，以适应不同专业的要求，有利于学生个性的发展，提高学生对实验的兴趣。

本书可作为理工科非物理类各专业大学物理实验课程的教材或参考书，也可作为成人教育工科专业的教材和供社会读者阅读参考。

21 世纪高等学校规划教材

### 工科物理实验教程

◆　主　编　王学水　李培森　姜　琳
　　副主编　于　阳　武加伦　张会云　王雪琴　孟丽华
　　　　　　彭延东　张玉梅　张少梅　梁　敏　刘　静
◆　主　审　张鲁殷　王世范
　　责任编辑　武恩玉
　　人民邮电出版社出版发行　　北京市丰台区成寿寺路 11 号
　　邮编　100164　电子邮件　315@ptpress.com.cn
　　网址　http://www.ptpress.com.cn
　　北京昌平百善印刷厂印刷
◆　开本：787×1092　1/16
　　印张：13.5　　　　　2013 年 2 月第 1 版
　　字数：354 千字　　　2016 年 1 月北京第 5 次印刷
　　　　ISBN 978-7-115-30189-5

定价：28.00 元
读者服务热线：(010) 81055256　印装质量热线：(010) 81055316
反盗版热线：(010) 81055315

# 前　言

　　工科物理实验作为理工科大学生在进校后的第一门科学实验课程，不仅应让学生受到严格的、系统的实验技能训练，掌握科学实验的基本知识、方法和技巧，更主要的是要培养学生严谨的科学思维能力和创新精神，培养学生理论联系实际、分析和解决问题的能力，特别是与科学技术的发展相适应的创新能力和工程实践能力。

　　本教材是参照教育部高等学校非物理类专业物理基础课程教学指导分委员会于2004年制定的"非物理类理工学科大学物理实验课程教学基本要求"，借鉴国内外近年来物理实验教学研究改革成果，并结合山东科技大学工科物理实验教学中心教师多年来取得的实验教学研究成果和科学研究成果编写而成的。教材应力求做到以下三点：（1）要反映工科专业的特点，突出实用性和实践性的原则，强化工程实验的观念，以有利于学生综合素质的形成和科学思想方法与创新能力的培养。（2）要注意前后知识的连贯性、逻辑性，力求深入浅出，图文并茂，并在可用图示说明的前提下直接用图说明教学内容，以有利于学生对新知识的理解。（3）要体现新知识、新技术、新方法，适当留有供自学和拓宽专业的知识内容。

　　本书编写的人员分工如下：李培森编写了绪论、第二章、实验九、实验十、实验二十三、实验二十六、附录，姜琳编写了第一章、实验一、实验十一，于阳编写了第五章、实验八、实验二十九，武加伦编写了实验四、实验五、实验七、实验十五，王雪琴编写了实验十三、实验十四、实验三十，彭延东编写了实验十九、实验二十、实验二十七，孟丽华编写了实验二、实验二十二、实验三十一，张会云编写了实验三、实验十二、实验十六、实验十七、实验十八，张玉梅编写了实验二十四，张少梅编写了实验二十五，刘静编写了实验六，梁敏编写了实验二十一，王学水编写了实验二十八，全书由王学水统稿。

　　在本书编写过程中，张鲁殷、王世范两位教授于百忙之中给予大力支持和指导并担任主审，在此表示衷心感谢。由于编者的知识水平和教学经验所限，加之时间紧，书中难免有疏漏和不妥之处，敬请广大读者批评指正。

编　者

2012 年 9 月

# 目 录

# 绪论

## 第一节　工科物理实验课的地位、作用和任务

物理学从本质上说是一门实验科学。无论是物理概念的产生，还是物理规律的发现和物理理论的建立，都必须以严格的物理实验为基础，并受到实验的检验。例如，杨氏干涉实验使光的波动学说得以确立；赫兹的电磁波实验使麦克斯韦的电磁场理论获得普遍承认；等等。当然，一些实验问题的提出，以及实验的设计、分析和概括也必须应用已有的理论。

随着科学技术的发展，物理学实验越做越精确，范围越做越宽广，这样它可以验证更深一层的理论，推动理论研究的发展；它可以启示新的科学思想，提供新的科学方法；它用精确的数据辨明各类事物的细微差异；它证明一定的假设并将假设转化为理论；它指出理论的适用范围。近代科学的历史表明，物理学领域内的所有研究成果都是理论和实验密切结合的结晶。

因此，物理实验教学和物理理论教学具有同等重要的地位，它们既有深刻的内在联系和配合，又有各自的任务和作用。在学习物理学时，我们必须明确物理学的上述特点，正确处理理论课和实验课的关系，不可偏于一方。

科学实验是科学理论的源泉，是工程技术的基础。作为培养德智体美全面发展的高级工程（科学）技术人才的高等学校，不仅要使学生具备比较深广的理论知识，而且要使学生具有从事科学实验的较强能力，以适应科学技术不断进步和社会主义建设迅速发展的需要。大学物理实验在这方面起着非常重要的作用。

工科物理实验是对理工科学生进行科学实验基本训练的一门独立的必修基础课程，是学生进入大学后受到系统实验方法和实验技能训练的良好途径，是对学生进行科学实验训练的重要基础，更是后续实验课程的基础。

工科物理实验课的主要任务和目的为：

（1）通过实验现象的观察与分析和常用物理量的测量，使学生掌握物理实验的一些基本知识和基本方法，学会实验的一些基本技能，加深对物理学基本原理的理解。

（2）培养与提高学生科学实验基本素质，其中包括：

① 能够通过阅读实验教材或资料，基本掌握实验原理及方法，为进行实验作好准备。

② 能够借助教材和仪器说明书，在老师指导下，正确使用常用仪器及辅助设备，尤其是加深对实验设计思想的理解。

③ 能够运用物理学理论对实验现象进行初步的分析判断，逐步学会提出问题、分析问题和解

决问题的方法。

④ 能够正确记录和处理实验数据，绘制曲线，分析实验结果，写出合格的实验报告。

⑤ 能够完成符合规范要求的设计性内容的实验。

⑥ 在老师指导下，能够查阅有关方面科技文献，用实验原理、方法设计简单的具有研究性或创意性内容的实验。

（3）培养与提高学生的科学实验素养。要求学生具有理论联系实际和实事求是的科学作风，严肃认真的工作态度，主动研究的探索精神，遵守纪律、团结协作和爱护公共财产的优良品德。

以上三个任务，是物理理论教学所不能代替的。

# 第二节　学习工科物理实验课的基本程序

实验是人为地创造出一种条件，按照预定计划，以确定顺序重现一系列物理过程或物理现象的研究方法。对于这些过程或现象，可以用不同类型的仪表定量地测量。我们唯有获得精确的测量数据才能对某一物理过程或现象有深刻的了解。

本书所包括的物理实验，多数是测定某一物理量的数值，也有研究某一物理量随另一物理量变化的规律性的（实验）。对于同一物理量，大多可用不同方法来测定。但是，无论实验的内容如何，也不论采用哪一种实验方法，物理实验课的基本程序大都相同，一般可以分为如下三个阶段。

## 一、实验课前的预习

由于实验课的时间有限，而熟悉仪器和测量数据的任务一般都比较重，不允许在实验课内才开始研究实验的原理。如果不了解实验原理，实验时就不知道要研究什么问题，测量哪些物理量，也不了解将会出现什么现象，只能机械地按照教材所指定的步骤进行操作，离开了教材就不知道怎样动手。用这种呆板的方式做实验，虽然也可得到实验数据，却不了解它们的物理意义，也不会根据所测数据去推断实验的最后结果。因此，为了在规定时间内，高质量地完成实验课的任务，学生应当做好实验课前的预习工作。

1. 预习的要求

以理解实验目的、实验原理和注意事项为主，对于实验的具体步骤只要求作粗略的了解，以便实验时能够抓住实验的关键，做到较好地控制实验的物理过程和观察物理现象，及时、迅速、准确地获得待测物理量的数据。为了使测量数据清楚，防止漏测数据，预习时应根据实验要求画好数据表格，表格上应标明文字符号所代表的物理量及其单位，并确定测量次数。

2. 完成预习报告

内容包括实验名称、实验目的和实验原理，具体要求见实验报告要求。

## 二、进行实验

实际操作前要认真听老师讲解重点和难点，要熟悉仪器，了解仪器的工作原理，掌握仪器的使用方法和操作规程，然后将仪器安装调试好。例如，调节气垫导轨达到水平，调节光具座上各光学元件处于同轴、等高，等等。

每次测量后，立即将数据记录在数据表格中。要根据仪表的最小刻度单位或准确度等级确定实验数据的有效数字位数。各个数据之间，数据与图表之间不要太挤，应留有间隙，以便必要时补充或更正。要求用钢笔或圆珠笔记录原始数据，避免用铅笔记录原始数据。在实验数据记录纸上不能有任何零散的多余数字，更不允许用做计算草稿纸，如果觉得测量数据有错误，可在错误的数字上画一条整齐的直线；如果整段数据都错了，则划一个与此段大小相适应的"×"。在情况允许时，可以简单地说明为什么是错误的。错误的数据记录以后不要用橡皮擦去，也不要用黑圆圈或黑方块擦掉。我们保留"错误"数据，是因为"错误"数据有时经过比较后可能是对的。当实验结果与温度、湿度和气压有关系时，要记下实验时的室温、空气湿度和大气压。

在两人或多人合作做一个实验时，既不要其中一人处于被动，也不要一人包办代替，应当既有分工又有协作，以便共同达到预期的实验要求。

总之，测量实验数据时要特别仔细，以保证读数准确，因为实验数据的优劣，往往决定了实验工作的成败。但是，未经重新测量时决不允许修改实验数据。

## 三、撰写实验报告

实验报告是实验工作的全面总结，要用简明的形式将实验结果完整而又真实地表达出来。撰写报告时，要求文字通顺、字迹工整、图表规矩、结果正确、讨论深刻。应养成实验完成后尽早撰写实验报告的习惯，这样可以得到事半功倍的效果。

一份完整的实验报告，通常包括下列几部分：

（1）实验名称。

（2）实验目的。

（3）实验原理。在理解原理的基础上，用自己的语言简要地叙述清楚原理，包括画原理图、电路图、光路图和实验装置示意图，测量中依据的主要公式及主要推导过程，式中各量的物理意义及单位，公式成立所应满足的实验条件等。

（4）实验仪器及规格。记录实验所用仪器设备的名称、型号和规格。

（5）数据记录与处理。数据处理包括两方面的内容：一是确定实验结果和实验结果的误差范围或不确定度，因为判定实验结果的不准确范围与获得实验结果具有同等的重要性。二是找出影响实验结果的主要因素，从而采取相应的措施（例如，合理选择仪器，实现最有利的测量条件等）以减小误差。显然，对于不同的实验，因所用的实验方法或所测量的物理量不同，误差分析的方式亦不尽相同。

在表达实验结果时，由于各实验要求不同，一般有两种表达方法。一种是用测量值$\overline{A}$、绝对误差$\Delta A$和相对误差$E_r$，即表达为

$$A = \overline{A} \pm \Delta A$$

$$E_r = \frac{\Delta A}{A} \times 100\%$$

另一种是用总不确定度$U$表示，即

$$A = \overline{A} \pm U$$

如果实验是观察某一物理现象或验证某一物理定律，则只需扼要地写出实验的结论。

（6）分析讨论。包括回答实验的思考题；实验过程中观察到的异常现象及其可能的解释；对于实验仪器装置和实验方法的改进建议；误差过大时，应分析原因，对误差作出合理的解释；等等。还可以写出实验的心得体会，但不要求每个实验都写心得体会，有则写，无则不要勉强。

# 第一章
# 测量误差与数据处理的基础知识

　　大学物理实验的任务不仅是定性观察各种物理现象，更重要的是定量测量相关物理量。要测量就会有误差，就要进行数据处理。因此，误差理论与数据处理是大学物理实验课的基础，是物理实验的重要内容之一，也是实验工作者应该具备的基本素质之一。我们研究误差的目的，一是根据误差的规律，在一定条件下尽量减小误差，保证实验课题的质量；二是根据误差理论合理地设计和组织实验，正确地选用测量方法和测量仪器；三是根据误差理论确切地评价测量结果中所包含误差的大小，以便更好地应用测量数据。

　　误差理论与数据处理是一门以数理统计和概率论为基础的独立学科。对低年级大学生来说，这部分内容难度较大，本书仅介绍大学物理实验中常用的误差理论与数据处理的基础知识，着重点放在如何应用这些知识，而不进行严密的数学论证，以求减小学习的难度。这样有利于学好物理实验这门基础课程。

## 第一节　　测量与误差

### 一、测量

　　物理实验是以测量为基础的。研究物理现象，了解物质特性，验证物理原理都要进行测量。测量可分直接测量和间接测量两大类。直接测量指无须对被测的量与其他实测的量进行函数关系的辅助计算而直接测出被测量的量（用预先按已知标准量定度好的测量仪器对某一未知物理量直接进行测量）。例如，用天平和砝码测物体的质量，用电流表测电路中的电流等都是直接测量。间接测量指利用直接测量的量与被测的量之间已知的函数关系，从而得到该被测量的量（对几个与被测物理量有确切函数关系的物理量进行直接测量，然后通过代表该函数关系的公式、曲线或表格求出该被测物理量）。例如，通过测量物体的体积和质量，再用公式计算出物体的密度。有些物理量既可以直接测量，也可以间接测量，这主要取决于使用的仪器和测量方法。

　　如果对某一待测量进行多次测量，假定每次测量的条件相同，即测量仪器、方法、环境和操作人员都不变，测得一组数据 $x_1$, $x_2$, $x_3$, $\cdots$, $x_n$。尽管各次测量结果并不完全相同，但没有任何理由判断某一次测量更为精确，只能认为测量的精确程度是相同的。于是将这种具有同样精确程度的测量称为等精度测量，这样的一组数据称为测量列。由于在实验中一般无法保持测量条件完全不变，所以严格的等精度测量是不存在的。当某些条件的变化对测量结果影响不大或可以忽略时，可视这种测量为等精度测量。在物理实验中，凡是要求对测量进行多次测量的均指等精度测量，本课程中有关测量误差与数据处理的讨论，都是以等精度测量为前提的。

## 二、误差

任何测量结果都有误差，这是因为测量仪器、方法、环境及实验者等都不可能完美无缺。分析测量中可能产生的各种误差并尽可能消除其影响，对测量结果中未能消除的误差作出合理估计，是实验的重要内容。

待测量的大小在一定条件下都有一个客观存在的值，称为真值。真值是一个理想的概念，一般是不可知的。我们通常所说的真值主要有以下 3 类。

（1）理论真值或定义真值。如三角形的 3 个内角之和等于 180° 等。

（2）计量学约定真值。由国际计量大会决议约定的真值，如基本物理常数中的冰点绝对温度 $T_0 = -273.15$ K，真空中的光速 $c = 2.997\ 924\ 58 \times 10^8$ m/s 等。

（3）标准器相对真值。用比被校仪器高级的标准器的量值作为相对真值。例如，用 1.0 级、量程为 2 A 的电流表测得某电路电流为 1.80 A；改用 0.1 级、量程为 2 A 的电流表测同样电流时为 1.802 A，则可将后者视为前者的相对真值。

误差就是测量值 $x$ 与真值 $x_0$ 之差，用 $\Delta x$ 表示：

$$\Delta x = x - x_0$$

误差的大小反映了测量结果的准确程度。测量误差常用相对误差 $E$ 表示：

$$E = \frac{\Delta x}{x_0} \times 100\%$$

用误差分析的方法来指导实验的全过程，包括以下两个方面：

（1）为了从测量中正确认识客观规律，必须分析误差的原因和性质，正确地处理测量数据，尽量消除、减小误差，确定误差范围，以便能在一定条件下得到接近真值的结果。

（2）在设计一项实验时，先对测量结果确定一个误差范围，然后用误差分析方法指导我们合理选择测量方法、仪器和条件，以便能在最有利的条件下，获得恰到好处的预期结果。

测量误差根据其性质和来源可分为系统误差和随机误差两大类。

## 三、系统误差

系统误差是指在多次测量同一物理量的过程中，保持不变或以可预知方式变化的测量误差的分量。系统误差的主要来源有以下几方面：

（1）仪器的固有缺陷。如仪器刻度不准、零点位置不正确、仪器的水平或铅直未调整、天平不等臂等。

（2）实验理论近似性或实验方法不完善。如用伏安法测电阻没有考虑电表内阻的影响，用单摆测重力加速度时取 $\sin\theta \approx \theta$ 带来的误差等。

（3）环境的影响或没有按规定的条件使用仪器。例如，标准电池是以 20 ℃时的电动势数值作为标准值的，若在 30 ℃条件下使用时，若不加以修正就引入了系统误差。

（4）实验者心理或生理特点造成的误差。如计时的滞后，习惯于斜视读数等。

系统误差一般应通过校准测量仪器，改进实验装置和实验方案，对测量结果进行修正等方法加以消除或尽可能减小。发现并减小系统误差通常是一件困难的任务，需要对整个实验所依据的原理、方法、仪器和步骤等可能引起误差的各种因素进行分析。实验结果是否正确，往往在于系统误差是否已被发现和尽可能消除，因此对系统误差不能轻易放过。

## 四、随机误差

随机误差是指在多次测量同一被测量的过程中，绝对值和符号以不可预知的方式变化着的测量误差的分量。随机误差是实验中各种因素的微小变动引起的，主要因素如下。

（1）实验装置的变动性。如仪器精度不高，稳定性差，测量示值变动等。

（2）观察者本人在判断和估计读数上的变动性。主要指观察者的生理分辨本领、感官灵敏程度、手的灵活程度及操作熟练程度等带来的误差。

（3）实验条件和环境因素的变动性。如气流、温度、湿度等微小的无规则的起伏变化，电压的波动以及杂散电磁场的不规则脉动等引起的误差。

这些因素的共同影响使测量结果围绕测量的平均值发生涨落变化，这一变化量就是各次测量的随机误差。随机误差的出现，就某一次测量而言是没有规律的，当测量次数足够多时，随机误差服从统计分布规律，可以用统计学方法估算随机误差。

除系统误差和随机误差外，还可能发生人为读数、记录上的错误或仪器故障、操作不正确等造成的错误。错误不是误差，要及时发现并在数据处理时予以剔除。

## 五、仪器量程、精密度、准确度

测量要通过仪器或量具来完成，所以必须对仪器的量程、精密度、准确度等有一定的了解和认识。

量程是指仪器所能测量的范围。如 TW-1 物理天平的最大称量（量程）是 1 000 g，UJ36a 电位差计的量程为 230 mV。对仪器量程的选择要适当，当被测量超过仪器的量程时会损坏仪器，这是不允许的。同时，也不应一味选择大量程，因为如果仪器的量程比测量值大很多时，测量误差往往会比较大。

精密度是指仪器所能分辨物理量的最小值，一般与仪器的最小分度值一致，最小分度值越小，仪器的精密度越高。如螺旋测微计（千分尺）的最小分度值为 0.01 mm，即其分辨率为 0.01 mm/刻度，或仪器的精密度为 100 刻度/mm。

准确度是指仪器本身的准确程度。测量是以仪器为标准进行比较，要求仪器本身要准确。由于测量目的的不同，对仪器准确程度的要求也不同。按国家规定，电气测量指示仪表的准确度等级 $a$ 分为 0.1，0.2，0.5，1.0，1.5，2.5，5.0 共七级，在规定条件下使用时，其示值 $x$ 的最大绝对误差为

$$\Delta x = \pm 量程 \times 准确度等级\%$$

例如，0.5 级电压表量程为 3 V 时，其最大绝对误差为

$$\Delta V = \pm 3 \times 0.5\% = \pm 0.015 \text{ V}$$

对仪器准确度的选择要适当，在满足测量要求的前提下尽量选择准确度等级较低的仪器。当待测物理量为间接测量时，各直接测量仪器准确度等级的选择，应根据误差合成和误差均分原理，视直接测量的误差对实验最终结果影响程度的大小而定，影响小的可选择准确度等级较低的仪器，否则应选择准确度等级较高的仪器。

# 第二节　随机误差的处理

随机误差与系统误差的来源和性质不同，所以处理的方法也不同。

## 一、随机误差的正态分布规律

实践和理论证明，大量的随机误差服从正态分布规律。正态分布的曲线如图 1-2-1 所示，图中的横坐标表示误差$\Delta x = x_i - x_0$，纵坐标为误差的概率密度$f(\Delta x)$。应用概率论方法可导出

$$f(\Delta x) = \frac{1}{\sigma\sqrt{2\pi}}e^{\frac{\Delta x^2}{2\sigma^2}}\qquad（1-2-1）$$

式（1-2-1）中的特征量$\sigma$为

$$\sigma = \sqrt{\frac{\sum \Delta x_i^2}{n}}(n \to \infty)$$

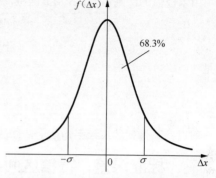

图 1-2-1 随机误差的正态分布

称为标准误差，其中 $n$ 为测量次数。

服从正态分布的随机误差具有以下特征：

（1）单峰性。绝对值小的误差出现的概率大于绝对值大的误差出现的概率。

（2）对称性。绝对值相等的正误差和负误差出现的概率相等。

（3）有界性。在一定的测量条件下，绝对值很大的误差出现的概率趋于零。

（4）抵偿性。随机误差的算术平均值随着测量次数的增加而越来越趋于零，即

$$\lim_{n\to\infty}\frac{1}{n}\sum_{i=1}^{n}\Delta x_i = 0$$

## 二、直接测量结果最佳值——算术平均值

设对某一物理量进行直接多次测量，测量值分别为$x_1$，$x_2$，$x_3$，$\cdots$，$x_n$，各次测量值的随机误差为$\Delta x_i = x_i - x_0$。将随机误差相加得

$$\sum_{i=1}^{n}\Delta x_i = \sum_{i=1}^{n}(x_i - x_0) = \sum_{i=1}^{n}x_i - nx_0$$

或

$$\frac{1}{n}\sum_{i=1}^{n}\Delta x_i = \frac{1}{n}\sum_{i=1}^{n}x_i - x_0 \qquad（1-2-2）$$

用$\bar{x}$代表测量列的算术平均值

$$\bar{x} = \frac{1}{n}(x_1 + x_2 + \cdots + x_n) = \frac{1}{n}\sum_{i=1}^{n}x_i$$

式（1-2-2）改写为

$$\frac{1}{n}\sum_{i=1}^{n}\Delta x_i = \bar{x} - x_0$$

根据随机误差的抵偿特征，即$\lim_{n\to\infty}\frac{1}{n}\sum_{i=1}^{n}\Delta x_i = 0$，于是

$$\bar{x} \to x_0$$

可见，当测量次数相当多时，算术平均值是真值的最佳值，即近真值。

当测量次数 $n$ 有限时，测量列的算术平均值$\bar{x}$仍然是真值$x_0$的最佳估计值。证明如下：假设最佳值为 $x$ 并用其代替真值$x_0$，各测量值与最佳值间的偏差为$\Delta x_i' = x_i - x$，按照最小二乘法原理，

若 $x$ 是真值的最佳估计值，则要求偏差的平方和 $S$ 应最小，即

$$S = \sum_{i=1}^{n}(x_i - x)^2 \rightarrow \min$$

由求极值的法则可知，$S$ 对 $z$ 的微商应等于零，即

$$\frac{\mathrm{d}S}{\mathrm{d}x} = 2\sum_{i=1}^{n}(x_i - x) = 0$$

于是

$$nx - \sum_{i=1}^{n}x_i = 0$$

即

$$x = \frac{1}{n}\sum_{i=1}^{n}x_i = \bar{x}$$

所以，测量列的算术平均值 $\bar{x}$ 是真值 $x_0$ 的最佳估计值。

## 三、标准误差、置信区间、置信概率

随机误差的大小常用标准误差表示。由概率论可知，服从正态分布的随机误差落在 $[\Delta x, \Delta x + \mathrm{d}(\Delta x)]$ 区间内的概率为 $f(\Delta x)\mathrm{d}(\Delta x)$。由此可见，某次测量的随机误差为一确定值的概率为零，即随机误差只能以确定的概率落在某一区间内。概率密度函数 $f(\Delta x)$ 满足下列归一化条件：

$$\int_{-\infty}^{+\infty}f(\Delta x)\mathrm{d}(\Delta x) = 1$$

所以，误差出现在 $(-\sigma, +\sigma)$ 区间内的概率 $P$ 就是图 1-2-1 中该区间内 $f(\Delta x)$ 曲线下的面积：

$$P_{(-\sigma < \Delta x < +\sigma)} = \int_{-\sigma}^{+\sigma}f(\Delta x)\mathrm{d}(\Delta x)$$

$$= \int_{-\sigma}^{+\sigma}\frac{1}{\sigma\sqrt{2\pi}}\mathrm{e}^{\frac{-\Delta x^2}{2\sigma^2}}\mathrm{d}(\Delta x) = 68.3\%$$

（1-2-3）

该积分值可由拉普拉斯积分表查得。

标准误差 $\sigma$ 与各测量值的误差 $\Delta x$ 有着完全不同的含义。$\Delta x$ 是实在的误差值，而 $\sigma$ 并不是一个具体的测量误差值，它反映在相同条件下进行一组测量后，随机误差出现的概率分布情况，只具有统计意义，是一个统计特征量。式（1-2-3）表明，多次测量中任一次测量，随机误差落在 $(-\sigma, +\sigma)$ 区间的概率为 68.3%。区间 $(-\sigma, +\sigma)$ 称为置信区间，相应的概率称为置信概率。显然，置信区间扩大，则置信概率提高。置信区间取 $(-2\sigma, +2\sigma)$，$(-3\sigma, +3\sigma)$ 时，相应的置信概率 $P(2\sigma) = 95.4\%$，$P(3\sigma) = 99.7\%$。

定义 $\delta = 3\sigma$ 为极限误差，其概率含义是在 1 000 次测量中只有 3 次测量的误差绝对值会超过 $3\sigma$。由于在一般测量中次数很少超过几十次，因此，可以认为测量误差超出 $\pm 3\sigma$ 范围的概率是很小的，故称为极限误差，一般可作为可疑值取舍的判定标准。

图 1-2-2 所示是不同 $\sigma$ 值时的 $f(\Delta x)$ 曲线。$\sigma$ 值小，曲线陡且峰值高，说明测量值的误差集中，小误差占优

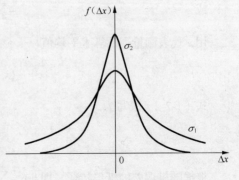

图 1-2-2　不同 $\sigma$ 的概率密度曲线

势，各测量值的分散性小，重复性好。反之，$\sigma$ 值大，曲线较平坦，各测量值的分散性大，重复性差。

## 四、随机误差的估算——标准偏差

在有限次测量中可用各次测量值与算术平均值之差——偏差

$$\Delta x_i' = x_i - \bar{x}$$

代替误差 $\Delta x_i$ 来估算有限次测量中的标准误差，得到的结果就是有限次测量的标准偏差，用 $S_x$ 表示，它只是 $\sigma$ 的一个估算值。由误差理论可以证明标准偏差的计算式为

$$S_x = \sqrt{\frac{\sum(x_i - \bar{x})^2}{n-1}} \tag{1-2-4}$$

这一公式称为贝塞尔公式。

同理，按 $\Delta x_i'$ 计算的极限误差为

$$\delta_x = 3S_x$$

$S_x$ 和 $\delta_x$ 的物理意义与 $\sigma$ 和 $\delta$ 的相同。

可以证明平均值的标准偏差 $S_{\bar{x}}$ 是一列测量中单次测量的标准偏差 $S_x$ 的 $\frac{1}{\sqrt{n}}$，即

$$S_{\bar{x}} = \frac{S_x}{\sqrt{n}} = \sqrt{\frac{\sum(x_i - \bar{x})^2}{n(n-1)}} \tag{1-2-5}$$

目前的各种函数计算器都具备误差统计功能，可以直接计算测量列的算术平均值、标准偏差等。同学们应熟练使用函数计算器对实验数据进行处理。

# 五、间接测量的标准偏差传递

直接测量的结果有误差，由直接测量值经过运算而得到的间接测量的结果也会有误差，这就是误差的传递。

设间接测量量 $N$ 与各独立的直接测量量 $x$，$y$，$z$，…的函数关系为 $N = f(x, y, z, \cdots)$，在对 $x$，$y$，$z$，…进行有限次测量的情况下，间接测量的最佳值为

$$\bar{N} = f(\bar{x}, \bar{y}, \bar{z}, \cdots)$$

在只考虑随机误差的情况下，每次直接测量的结果为

$$\bar{x} \pm S_{\bar{x}}, \ \bar{y} \pm S_{\bar{y}}, \ \bar{z} \pm S_{\bar{z}}, \cdots$$

由于误差是微小量，因此由数学中全微分公式可以推导出标准偏差的传递公式为

$$S_{\bar{N}} = \sqrt{\left(\frac{\partial f}{\partial x}\right)^2 S_x^2 + \left(\frac{\partial f}{\partial y}\right)^2 S_y^2 + \left(\frac{\partial f}{\partial z}\right)^2 S_z^2 + \cdots} \tag{1-2-6}$$

式（1-2-6）不仅可以用来计算间接测量量 $N$ 的标准偏差，而且还可以用来分析各直接测量量的误差对最后结果的误差的影响大小，从而为改进实验提出了方向。在设计一项实验时，误差传递公式能为合理地组织实验、选择测量仪器提供重要的依据。

一些常用函数标准偏差的传递公式如表 1-2-1 所示。

表 1-2-1　　　　　　　　　　　常用函数标准偏差传递公式

| 函数表达式 | 标准偏差传递公式 |
|---|---|
| $N = x \pm y$ | $S_{\bar{N}} = \sqrt{S_x^2 + S_y^2}$ |
| $N = xy$ 或 $N = \dfrac{x}{y}$ | $\dfrac{S_{\bar{N}}}{N} = \sqrt{\left(\dfrac{S_x}{x}\right)^2 + \left(\dfrac{S_y}{y}\right)^2}$ |

续表

| 函数表达式 | 标准偏差传递公式 |
|---|---|
| $N = kx$ | $S_{\overline{N}} = \| k \| S_{\overline{x}}$ ; $\dfrac{S_{\overline{N}}}{N} = \dfrac{S_{\overline{x}}}{x}$ |
| $N = x^n$ | $\dfrac{S_{\overline{N}}}{N} = n \dfrac{S_{\overline{x}}}{x}$ |
| $N = \sqrt[n]{x}$ | $\dfrac{S_{\overline{N}}}{N} = \dfrac{1}{n} \dfrac{S_{\overline{x}}}{x}$ |
| $N = \dfrac{x^p y^q}{z^r}$ | $\dfrac{S_{\overline{N}}}{N} = \sqrt{p^2 \left( \dfrac{S_{\overline{x}}}{x} \right)^2 + q^2 \left( \dfrac{S_{\overline{y}}}{y} \right)^2 + r^2 \left( \dfrac{S_{\overline{z}}}{z} \right)^2}$ |
| $N = \sin x$ | $S_{\overline{N}} = \| \cos x \| S_{\overline{x}}$ |
| $N = \ln x$ | $S_{\overline{N}} = \dfrac{S_{\overline{x}}}{x}$ |

# 第三节  测量不确定度及其估算

## 一、不确定度的基本概念

不确定度是指由于测量误差的存在而对被测量值不能肯定的程度，是表征被测量的真值所处的量值范围的评定。实验结果不仅要给出测量值 $X$，同时还要标出测量的总不确定度 $U$，最终写成 $x=X\pm U$ 的形式，这表示被测量的真值在（$X-U$，$X+U$）的范围之外的可能性（或概率）很小。显然，测量不确定度的范围越窄，测量结果就越可靠。

引入不确定度概念后，测量结果的完整表达式中应包含：①测量值；②不确定度；③单位。我国的《国家计量规范 JJG1027-91 测量误差及数据处理》中把置信度 $P=0.95$ 作为广泛采用的约定概率，当取 $P=0.95$ 时，可不必注明。

与误差表示方法一样，引入相对不确定度 $E_x$，即不确定度的相对值。

$$E_x = \frac{U_x}{x} \times 100\%$$

## 二、直接测量不确定度的简化估算方法

由于误差的复杂性，准确计算不确定度已经超出了本课程的范围。因此，大学物理实验中采用具有一定近似性的不确定度估算方法。

不确定度按其数值的评定方法可归并为两类分量：多次测量用统计方法评定的 A 类分量 $U_A$；用其他非统计方法评定的 B 类分量 $U_B$。总不确定度由 A 类分量和 B 类分量按"方、和、根"的方法合成，即

$$U = \sqrt{U_A^2 + U_B^2} \tag{1-3-1}$$

1. A 类分量的估算

在只进行有限次测量时，随机误差不完全服从正态分布规律，而是服从 $t$ 分布（又称学生分布）规律。此时对随机误差的估计，要在贝塞尔公式的基础上乘上一个因子。在相同条件下对同

一被测量做 $n$ 次测量，不确定度的 A 类分量等于测量值的标准偏差 $S_x$ 乘以因子 $t_p(n-1)/\sqrt{n}$，即

$$U_A = \frac{t_p(n-1)}{\sqrt{n}} S_x \qquad (1-3-2)$$

式（1-3-2）中 $t_p(n-1)$ 是与测量次数 $n$、置信概率 $P$ 有关的量，置信概率 $P$ 及测量次数 $n$ 确定后，$t_p(n-1)$ 也就确定了，可从专门的数据表中查得。在 $P=0.95$ 时，$t_p(n-1)/\sqrt{n}$ 的部分数据可以从表 1-3-1 中查得。

表 1-3-1　　　　　　　　　　　　$t_p(n-1)/\sqrt{n}$ 部分数据表（$P$=0.95）

| 测量次数 $n$ | 2 | 3 | 4 | 5 | 6 | 7 | 8 | 9 | 10 |
|---|---|---|---|---|---|---|---|---|---|
| $t_p(n-1)/\sqrt{n}$ | 8.98 | 2.48 | 1.59 | 1.24 | 1.05 | 0.93 | 0.84 | 0.77 | 0.72 |

当测量次数 $n$=6～8 时，取 $t_p(n-1)/\sqrt{n} \approx 1$ 误差并不很大。这时式（1-3-2）可简化为

$$U_A = S_x$$

有关的计算表明，在 $n$=6～8 时，作 $U_A = S_x$ 近似，置信概率近似为 0.95 或更大，即足以保证被测量的真值落在 $\bar{x} \pm S_x$ 范围内的概率接近或大于 0.95。所以，我们可以直接把 $S_x$ 的值当做测量结果的总不确定度的 A 类分量 $U_A$。当然，测量次数 $n$ 不在上述范围或要求误差估计比较精确时，要从有关数据表中查出相应的因子 $t_p(n-1)/\sqrt{n}$ 的值。

2. B 类分量的简化估算

作为基础训练，在大学物理实验中一般只考虑仪器误差所带来的总不确定度的 B 类分量。

测量是用仪器或量具进行的，任何仪器都存在误差。仪器误差一般是指误差限，即在正确使用仪器的条件下，测量结果与真值之间可能产生的最大误差，用 $\Delta_仪$ 表示。仪器误差产生的原因和具体误差分量的分析计算已超出了本课程的要求范围。我们约定，大多数情况下简单地把仪器误差 $\Delta_仪$ 直接当做总不确定度中用非统计方法估计的 B 类分量 $U_B$，即

$$U_B = \Delta_仪 \qquad (1-3-3)$$

物理实验中几种常用仪器的仪器误差如表 1-3-2 所示。

表 1-3-2　　　　　　　　　　物理实验中常用仪器的仪器误差

| 仪 器 名 称 | 量　程 | 分度值（准确度等级） | 仪 器 误 差 |
|---|---|---|---|
| 钢直尺 | 0～300 mm | 1 mm | ±0.1 mm |
| 钢卷尺 | 0～1 000 mm | 1 mm | ±0.5 mm |
| 游标卡尺 | 0～300 mm | 0.02 mm，0.05 mm，0.1 mm | 分度值 |
| 螺旋测微计（一级） | 0～100 mm | 0.01 mm | ±0.004 mm |
| TW-1 物理天平 | 1 000 g | 100 mg | ±50 mg |
| WI-1 物理天平 | 1 000 g | 50 mg | ±50 mg |
| TG928A 分析天平 | 200 g | 10 mg | ±5 mg |
| 水银温度计 | −30～300 ℃ | 0.2 ℃，0.1 ℃ | 分度值 |
| 读数显微镜 |  | 0.01 mm | ±0.004 mm |
| 数字式测量仪器 |  |  | 最末一位的一个单位或按仪器说明估算 |
| 指针式电表 |  | $a$=0.1，0.2，0.5，1.0，1.5，2.5，5.0 | ±量程×$a$% |

3. 总不确定度的合成

由式（1-3-1）、式（1-3-2）和式（1-3-3）知，总不确定度为

$$U = \sqrt{\left(\frac{t_p(n-1)}{\sqrt{n}} S_x\right)^2 + \Delta_{\text{仪}}^2} \qquad (1\text{-}3\text{-}4)$$

当 $P=0.95$，$n \approx 6 \sim 8$ 时

$$U = \sqrt{S_x^2 + \Delta_{\text{仪}}^2}$$

式（1-3-4）是物理实验中常用的不确定度估算公式。

4. 单次测量的不确定度

如果因为 $S_x < \frac{1}{3}\Delta_{\text{仪}}$，或因估算出的 $U_A$ 对实验的最后结果影响甚小，或因条件限制而只能进行单次测量，这时的不确定度估算只能根据仪器误差、测量方法、实验条件以及操作者技术水平等实际情况，进行合理估计，不能一概而论。在一般情况下，简化的做法是采用仪器误差或其数倍的大小作为单次直接测量的不确定度的估计值。当实验中只要求测量一次时，取 $U=\Delta_{\text{仪}}$ 并不意味着只测一次比多次测量时 $U$ 的值小，只说明 $\Delta_{\text{仪}}$ 和用 $\sqrt{U_A^2 + \Delta_{\text{仪}}^2}$ 估算出的结果相差不太。

【例 1-3-1】 用螺旋测微计测量某一铜环的厚度 7 次，测量数据如表 1-3-3 所示。

表 1-3-3 测量数据

| $i$ | 1 | 2 | 3 | 4 | 5 | 6 | 7 |
|---|---|---|---|---|---|---|---|
| $H_i$/mm | 9.515 | 9.514 | 9.518 | 9.516 | 9.515 | 9.513 | 9.517 |

求 $H$ 的算术平均值、标准偏差和不确定度，写出测量结果。

【解】 $\overline{H} = \frac{1}{7}\sum_{i=1}^{7} H_i = \frac{1}{7} \times (9.515 + 9.514 + \cdots + 9.517) = 9.515 \text{ mm}$

$$S_H = \sqrt{\frac{1}{7-1}\sum_i^7 (H_i - \overline{H})^2}$$

$$= \sqrt{\frac{1}{6} \times (9.515 - 9.515)^2 + (9.514 - 9.515)^2 + \cdots + (9.517 - 9.515)^2]}$$

$$= 0.0018 \text{ mm}$$

$$U_H = \sqrt{S_H^2 + \Delta_{\text{仪}}^2} = \sqrt{0.0018^2 + 0.004^2} = 0.005 \text{ mm}$$

所以 $H = 9.515 \pm 0.005 \text{ mm}$

计算结果表明，$H$ 的真值以 95% 的置信概率落在[9.510 mm，9.520 mm]区间内。

## 三、间接测量的不确定度

对于间接测量 $N=f(x, y, z, \cdots)$，设各直接测量结果为 $x = \overline{x} \pm U_x$，$y = \overline{y} \pm U_y$，$z = \overline{z} \pm U_z$，$\cdots$，则间接测量结果的不确定度 $U_N$ 可套用标准偏差传递公式进行估算，即

$$U_N = \sqrt{\left(\frac{\partial f}{\partial x}\right)^2 U_x^2 + \left(\frac{\partial f}{\partial y}\right)^2 U_y^2 + \left(\frac{\partial f}{\partial z}\right)^2 U_z^2 + \cdots} \qquad (1\text{-}3\text{-}5)$$

如果我们先对间接测量量 $N=f(x, y, z, \cdots)$ 函数式两边取自然对数，再求全微分可得到计算相对不确定度的公式如下：

$$\frac{U_N}{N}=\sqrt{\left(\frac{\partial \ln f}{\partial x}\right)^2 U_x^2+\left(\frac{\partial \ln f}{\partial y}\right)^2 U_y^2+\left(\frac{\partial \ln f}{\partial z}\right)^2 U_z^2+\cdots} \qquad (1\text{-}3\text{-}6)$$

当间接测量所依据的数学公式较为复杂时，计算不确定度的过程也较为烦琐。如果函数形式主要以和差形式出现时，一般采用式（1-3-5）；而函数形式主要以积、商或乘方、开方等形式出现时，用式（1-3-6）会使计算过程较为简便。

**【例1-3-2】** 已知某铜环的外径 $D=(2.995\pm0.006)\,\mathrm{cm}$，内径 $d=(0.997\pm0.003)\,\mathrm{cm}$，高度 $H=(0.9516\pm0.0005)\,\mathrm{cm}$，求该铜环的体积及其不确定度，并写出测量结果。

**【解】** $V=\dfrac{\pi}{4}(D^2-d^2)H=\dfrac{3.1416}{4}\times(2.995^2-0.997^2)\times0.9516=5.96\,\mathrm{cm}^3$

$$\ln V=\ln\frac{\pi}{4}+\ln(D^2-d^2)+\ln H$$

$$\frac{\partial \ln V}{\partial D}=\frac{2D}{D^2-d^2},\ \frac{\partial \ln V}{\partial d}=-\frac{2d}{D^2-d^2},\ \frac{\partial \ln V}{\partial H}=\frac{1}{H}$$

$$\frac{U_V}{V}=\sqrt{\left(\frac{2D}{D^2-d^2}\right)^2 U_D^2+\left(-\frac{2d}{D^2-d^2}\right)^2 U_d^2+\left(\frac{1}{H}\right)^2 U_H^2}$$

$$=\sqrt{\left(\frac{2\times2.995\times0.006}{2.995^2-0.997^2}\right)^2+\left(\frac{2\times0.997\times0.003}{2.995^2-0.997^2}\right)^2+\left(\frac{0.0005}{0.9516}\right)^2}$$

$$=0.0046$$

$$U_V=0.0046\times V=0.0046\times5.96=0.03\,\mathrm{cm}^3$$

所以 $V=(5.96\pm0.03)\,\mathrm{cm}^3$

# 第四节　有效数字及运算规则

## 一、有效数字的基本概念

任何测量结果都存在不确定度，测量值的位数不能任意的取舍，要由不确定度来决定，即测量值的末位数要与不确定度的末位数对齐。如体积的测量值 $\overline{V}=5.961\,\mathrm{cm}^3$，其不确定度 $U_V=0.03\,\mathrm{cm}^3$，由不确定度的定义及 $U_V$ 的数值可知，测量值在小数点后的百分位上已经出现误差，因此，$\overline{V}=5.961$ 中的"6"已是有误差的欠准确数，其后面一位"1"已无保留的意义，所以测量结果应写为 $V=(5.96\pm0.03)\,\mathrm{cm}^3$。另外，数据计算都有一定的近似性，计算时既不必超过原有测量准确度而取位过多，也不能降低原测量准确度，即计算的准确性和测量的准确性要相适应。所以在数据记录、计算以及书写测量结果时，必须按有效数字及其运算法则来处理。熟练地掌握这些知识，是大学物理实验的基本要求之一，也为将来科学处理数据打下基础。

测量值一般只保留一位欠准确数，其余均为准确数。所谓有效数字是由所有准确数字和一位欠准确数字构成的，这些数字的总位数称为有效位数。

一个物理量的数值与数学上的数有着不同的含义。例如，在数学意义上 4.60=4.600，但在物理测量中（如长度测量），4.60 cm≠4.600 cm，因为 4.60 cm 中的前两位"4"和"6"是准确数，最后一位"0"是欠准确数，共有三位有效数字。而 4.600 cm 则有四位有效数字。实际上这两种写法表示了两种不同精度的测量结果，所以在记录实验测量数据时，有效数字的位数不能随意增减。

## 二、直接测量的读数原则

直接测量读数应反映出有效数字，一般应估读到测量器具最小分度值的 1/10。但由于某些仪表的分度较窄、指针较粗或测量基准较不可靠等，可估读 1/5 或 1/2 分度。对于数字式仪表，所显示的数字均为有效数字，不需估读，误差一般出现在最末一位。例如，用毫米刻度的米尺测量长度，如图 1-4-1（a）所示，$L$=1.67 cm。"1.6"是从米尺上读出的"准确"数，"7"是从米尺上估读的"欠准确"数，但是有效的，所以读出的是三位有效数字。若如图 1-4-1(b)所示时，$L$=2.00 cm，仍是三位有效数字，而不能读写为 $L$=2.0 cm 或 $L$=2 cm，因为这样表示分别只有两位或一位有效数字。如图 1-4-1（c）所示，$L$=90.70 cm，有四位有效数字。若是改用厘米刻度米尺测量该长度时，如图 1-4-1（d）所示，则 $L$=90.7 cm，只有三位有效数字。所以，有效数字位数的多少既与使用仪器的精度有关，又与被测量物体本身的大小有关。

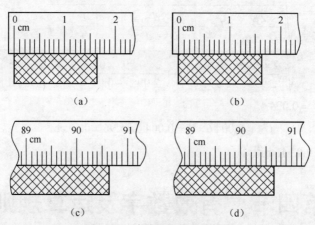

图 1-4-1　直接测量的有效数字

在单位换算或小数点位置变化时，不能改变有效数字位数，而是应该运用科学计数法，把不同单位用 10 的不同幂次表示。例如，1.2 m 不能写作 120 cm，1 200 mm 或 1 200 000 μm，应记为

$$1.2 \text{ m}=1.2\times10^2 \text{ cm}=1.2\times10^3 \text{ cm}=1.2\times10^6 \text{ μm}$$

它们都是两位有效数字。反之，把小单位换成大单位，小数点移位，在数字前出现的"0"不是有效数字，如 2.42 mm=0.242 cm=0.002 42 m，它们都是三位有效数字。

## 三、有效数字运算规则

间接测量的计算过程即为有效数字的运算过程，存在不确定度的传递问题。严格说来，应根据间接测量的不确定度合成结果来确定运算结果的有效数字。但是在不确定度估算之前，可根据下列的有效数字运算法则粗略地算出结果。

有效数字运算的原则是：运算结果只保留一位欠准确数字。

1. 加减运算

根据不确定度合成理论，加减运算结果的不确定度等于参与运算的各量不确定度平方和的开方，其结果大于参与运算各量中的最大不确定度。如：

$$N=x+y$$

$$U_N = \sqrt{U_x^2 + U_y^2} > U_x \,(\text{或}\,U_y)$$

因此，加减运算结果的有效数字的末位应与参与运算的各数据中不确定度最大的末位对齐，即计算结果的欠准确数字与参与运算的各数值中最先出现的欠准确数字对齐。下面例题中在数字上方加一短线的为欠准确数字。

**【例 1-4-1】** 32.1+3.235 和 116.9−1.652 的计算结果各应保留几位数字?

**【解】** 先观察一下具体计算过程:

$$
\begin{array}{r}
32.\overline{1} \\
+\ \ 3.23\overline{5} \\
\hline
35.\overline{335}
\end{array}
\qquad
\begin{array}{r}
116.\overline{9} \\
-\ \ 1.65\overline{2} \\
\hline
115.\overline{248}
\end{array}
$$

可见，一个数字与一个欠准确数字相加或相减，其结果必然是欠准确数字。按照运算结果保留一位欠准确数字的原则

$$32.1+3.235=35.3 \qquad 116.9−1.652=115.2$$

分别为三位有效数字和四位有效数字。

2. 乘除运算

乘除运算结果的相对不确定度，等于参与运算各量的相对不确定度平方和的开方，因此运算结果的相对不确定度大于参与运算各量中的最大相对不确定度。我们知道，有效数字位数越少，其相对不确定度越大。所以，乘除运算结果的有效数字位数，与参与运算各量中有效数字位数最少的相同。

**【例 1-4-2】** 1.111 1×1.11 的计算结果应保留几位数字?

**【解】** 计算过程如下:

$$
\begin{array}{r}
1.111\ \overline{1} \\
\times\ \ \ \ 1.1\overline{1} \\
\hline
\overline{1}\ \overline{1}\ \overline{1}\ \overline{1}\ \overline{1} \\
1\ 1\ 1\ 1\ \overline{1} \\
1\ 1\ 1\ 1\ \overline{1} \\
\hline
1.2\ \overline{3}\ \overline{3}\ \overline{3}\ \overline{2}\ \overline{1}
\end{array}
$$

因为一个数字与一个欠准确数字相乘，其结果必然是欠准确数字。所以，由上面的运算过程可见，小数点后面第二位的"3"及其后的数字都是欠准确数字，所以

$$1.111\ 1 \times 1.11=1.23$$

为三位有效数字。与上面叙述的乘除运算法则是一致的。

除法是乘法的逆运算，取位法则与乘法相同，这里不再举例说明。

对于一个间接测量，如果它是由几个直接测量值通过相乘除运算而得到的，那么，在进行测量时应考虑各直接测量值的有效数字位数要基本相仿，或者说它们的相对不确定度要比较接近。如果相差悬殊，那么精度过高的测量就失去意义。

3. 乘方、立方、开方运算

运算结果的有效数字位数与底数的有效位数相同。

4. 函数运算

有效数字的四则运算规则，是根据不确定度合成理论和有效数字的定义总结出来的。所以，对于对数、三角函数等函数运算，原则上也要从不确定度传递公式出发来寻找其运算规则。先看两个例子。

【例 1-4-3】 $a$=3 068±2，求 $y=\ln a=?$

【解】 按照不确定度传递公式

$$U_y = \frac{1}{a}U_a = \frac{1}{3\ 068} \times 2 = 0.000\ 7$$

所以 $\qquad\qquad\qquad\qquad y=\ln a=8.028\ 8$

【例 1-4-4】 $\theta=60°0'±3'$，求 $x=\sin\theta=?$

【解】 由不确定度传递公式

$$U_x = |\cos\theta|U_\theta = |\cos 60°|\frac{3\times\pi}{60\times 180} = 0.000\ 4$$

所以 $\qquad\qquad\qquad\qquad x=\sin 60°0'=0.866\ 0$

当直接测量的不确定度未给出时，上述过程可简化为通过改变自变量末位的一个单位，观察函数运算结果的变化情况来确定其有效数字。例如，$a$=20°6′中的"6′"是欠准确数字，由计算器运算结果为 $\sin 20°6'=0.343\ 659\ 695\cdots$，$\sin 20°7'=0.343\ 932\ 851\cdots$，两种结果在小数点后面第四位出现了差异，所以 $\sin 20°6'=0.343\ 6$。同理，$\ln 598=6.393\ 590\ 754\cdots$，$\ln 599=6.395\ 261\ 598\cdots$，所以 $\ln 598=6.394$。但是，这种方法是较粗糙的，有时与正确结果会出现明显差异。

5. 常数

公式中的常数，如 $\pi$，e，$\sqrt{2}$ 等，它们的有效数字位数是无限的，运算时一般根据需要，比参与运算的其他量多取一位有效数字即可。例如：

$S=\pi r^2$，$r$=6.042 cm，$\pi$ 取为 3.141 6，所以 $S=3.141\ 6\times 6.042^2=114.7\ cm^2$。

$\theta$=129.3+$\pi$，$\pi$ 取为 3.14，$\theta$=129.3+3.14=132.4 rad。

## 四、测量结果数字取舍规则

数字的取舍采用"四舍六入五凑偶"规则，即欲舍去数字的最高位为 4 或 4 以下的数，则"舍"；若为 6 或 6 以上的数，则"入"；被舍去数字的最高位为 5 时，前一位数为奇数，则"入"，前一位数为偶数，则"舍"。其目的在于使"入"和"舍"的机会均等，以避免用"四舍五入"规则处理较多数据时，因入多舍少而引入计算误差。

例如，将下列数据保留到小数点后第二位：

$\qquad\qquad$ 8.086 1→8.09，8.084 5→8.08，8.085 0→8.08，8.075 4→8.08

通常约定不确定度最多用两位数字表示，且仅当首位为 1 或 2 时保留两位。尾数采用"只进不舍"的原则，在运算过程中只需取两位数字计算即可。

有效数字运算规则和数字取舍规则的采用，目的是保证测量结果的准确度不致因数字取舍不当而受到影响。同时，也可以避免因保留一些无意义的欠准确数字而做无用功，浪费时间和精力。现在由于计算器的应用已十分普及，计算过程多取几位数字也并不花费多少精力，不会给计算带来什么困难。但是，实验结果的正确表达仍然是值得重视的，实验者应该能正确判断实验结果是几位有效数字，正确结果该怎么表示。

# 第五节　实验数据处理基本方法

数据处理是指从获得数据开始到得出最后结论的整个加工过程，包括数据记录、整理、计算、分析和绘制图表等。数据处理是实验工作的重要内容，涉及的内容很多，这里仅介绍一些基本的数据处理方法。

# 一、列表法

对一个物理量进行多次测量或研究几个量之间的关系时，往往借助于列表法把实验数据列成表格。其优点是，使大量数据表达清晰醒目，条理化，易于检查数据和发现问题，避免差错，同时有助于反映出物理量之间的对应关系。所以，设计一个简明醒目、合理美观的数据表格，是每一个同学都要掌握的基本技能。

列表没有统一的格式，但所设计的表格要能充分反映上述优点，应注意以下几点。

（1）各栏目均应注明所记录的物理量的名称（符号）和单位。

（2）栏目的顺序应充分注意数据间的联系和计算顺序，力求简明、齐全、有条理。

（3）表中的原始测量数据应正确反映有效数字，数据不应随便涂改，确实要修改数据时，应将原来数据画条线以备随时查验。

（4）对于函数关系的数据表格，应按自变量由小到大或由大到小的顺序排列，以便于判断和处理。

# 二、图解法

图线能够直观地表示实验数据间的关系，找出物理规律，因此图解法是数据处理的重要方法之一。图解法处理数据，首先要画出合乎规范的图线，其要点如下。

1. 选择图纸

作图纸有直角坐标纸（即毫米方格纸）、对数坐标纸和极坐标纸等，根据作图需要选择。在物理实验中比较常用的是毫米方格纸，其规格多为 17 cm×25 cm。

2. 曲线改直

由于直线最易描绘，且直线方程的两个参数（斜率和截距）也较易算得。所以对于两个变量之间的函数关系是非线性的情形，在用图解法时应尽可能通过变量代换将非线性的函数曲线转变为线性函数的直线。下面为几种常用的变换方法：

（1）$xy=c$（$c$ 为常数）。令 $z=\dfrac{1}{x}$，则 $y=cz$，即 $y$ 与 $z$ 为线性关系。

（2）$x=c\sqrt{y}$（$c$ 为常数）。令 $z=x^2$，则 $y=\dfrac{1}{c^2}z$，即 $y$ 与 $z$ 为线性关系。

（3）$y=ax^b$（$a$ 和 $b$ 为常数）。等式两边取对数得，$\lg y=\lg a+b\lg x$。于是，$\lg y$ 与 $\lg x$ 为线性关系，$b$ 为斜率，$\lg a$ 为截距。

（4）$y=ae^{bx}$（$a$ 和 $b$ 为常数）。等式两边取自然对数得，$\ln y=\ln a+bx$。于是，$\ln y$ 与 $x$ 为线性关系，$b$ 为斜率，$\ln a$ 为截距。

3. 确定坐标比例与标度

合理选择坐标比例是作图法的关键所在。作图时通常以自变量作横坐标（$x$ 轴），因变量作纵坐标（$y$ 轴）。坐标轴确定后，用粗实线在坐标纸上描出坐标轴，并注明坐标轴所代表物理量的符号和单位。

坐标比例是指坐标轴上单位长度（通常为 1 cm）所代表的物理量大小。坐标比例的选取应注意以下几点：

（1）原则上做到数据中的可靠数字在图上应是可靠的，即坐标轴上的最小分度（1 mm）对应于实验数据的最后一位准确数字。坐标比例选得过大会损害数据的准确度。

（2）坐标比例的选取应以便于读数为原则，常用的比例为"1∶1"、"1∶2"、"1∶5"（包括"1∶0.1"、"1∶10"、…），即每厘米代表"1"、"2"、"5"倍率单位的物理量。切勿采用复杂的比例关系，如"1∶3"、"1∶7"、"1∶9"等，这样不但不易绘图，而且读数困难。

（3）坐标比例确定后，应对坐标轴进行标度，即在坐标轴上均匀地（一般每隔2 cm）标出所代表物理量的整齐数值，标记所用的有效数字位数应与实验数据的有效数字位数相同。标度不一定从零开始，一般用小于实验数据最小值的某一数作为坐标轴的起始点，用大于实验数据最大值的某一数作为终点，这样图纸可以被充分利用。

4. 数据点的标出

实验数据点在图纸上用"+"符号标出，符号的交叉点正是数据点的位置。若在同一张图上作几条实验曲线，各条曲线的实验数据点应该用不同符号（如"×""⊙"等）标出，以示区别。

5. 曲线的描绘

由实验数据点描绘出平滑的实验曲线，连线要用透明直尺或三角板、曲线板等拟合。根据随机误差理论，实验数据应均匀分布在曲线两侧，与曲线的距离尽可能小。个别偏离曲线较远的点，应检查标点是否错误，若无误，表明该点可能是错误数据，在连线时不予考虑。对于仪器、仪表的校准曲线和定标曲线，连接时应将相邻的两点连成直线，整个曲线呈折线形状。

6. 注解与说明

在图纸上要写明图线的名称、坐标比例及必要的说明（主要指实验条件），并在恰当地方注明作者姓名、日期等。

7. 直线图解法求待定常数

直线图解法首先是求出斜率和截距，进而得出完整的线性方程。其步骤如下：

（1）选点。在直线上紧靠实验数据两个端点内侧取两点 $A(x_1, y_1)$，$B(x_2, y_2)$，并用不同于实验数据的符号标明，在符号旁边注明其坐标值（注意有效数字）。若选取的两点距离较近，计算斜率时会减少有效数字的位数。这两点既不能在实验数据范围以外取点，因为它已无实验根据，也不能直接使用原始测量数据点计算斜率。

（2）求斜率。设直线方程为 $y=a+bx$，则斜率为

$$b = \frac{y_2 - y_1}{x_2 - x_1}$$

（3）求截距。截距的计算公式为

$$a = y_1 - bx_1$$

【例 1-5-1】 金属电阻与温度的关系可近似表示为 $R=R_0(1+at)$，$R_0$ 为 $t=0$ ℃时的电阻，$a$ 为电阻的温度系数。实验数据如表 1-5-1 所示，试用图解法建立电阻与温度关系的经验公式。

表 1-5-1　　　　　　　　　　　　　　实验数据

| $i$ | 1 | 2 | 3 | 4 | 5 | 6 | 7 |
|---|---|---|---|---|---|---|---|
| $t$/℃ | 10.5 | 26.0 | 38.3 | 51.0 | 62.8 | 75.5 | 85.7 |
| $R$/Ω | 10.423 | 10.892 | 11.201 | 11.586 | 12.025 | 12.344 | 12.679 |

【解】　温度 $t$ 起点 100 ℃，电阻 $R$ 起点 10.400 Ω。比例测算，$t$ 轴：$\dfrac{90.0-10.0}{17}=4.7$，故取

为 5.0 ℃/cm；$R$ 轴：$\dfrac{12.800-10.400}{25}=0.096$，故取为 0.100 Ω/cm。对照比例选择原则得知，选取的比例满足要求。所绘图线如图 1-5-1 所示。

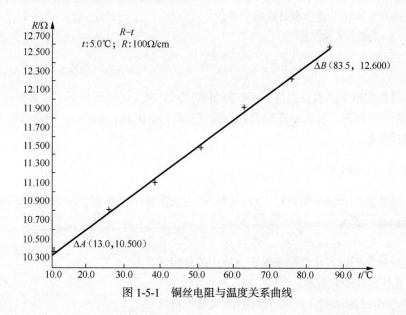

图 1-5-1　铜丝电阻与温度关系曲线

在图线上取两点 $A$（13.0，10.500）和 $B$（83.5，12.600），斜率和截距计算如下：

$$b=\frac{y_2-y_1}{x_2-x_1}=\frac{12.600-10.500}{83.5-13.0}=\frac{2.100}{70.5}=0.029\,8 \ \Omega/℃$$

$$R_0=R_1-bt_1=10.500-0.029\,8\times13.0=10.500-0.387=10.113 \ \Omega$$

$$a=\frac{b}{R_0}=\frac{0.029\,8}{10.113}=2.95\times10^{-3}/℃$$

所以，铜丝电阻与温度的关系为

$$R=10.113\times(1+2.95\times10^{-3}t) \ \Omega$$

# 三、逐差法

当两个变量之间存在线性关系，且自变量为等差级数变化的情况下，用逐差法处理数据，既能充分利用实验数据，又具有减小误差的效果。具体做法是将测量得到的偶数组数据分成前后两组，将对应项分别相减，然后再求平均值。

例如，在弹性限度内，弹簧的伸长量 $x$ 与所受的载荷（拉力）$F$ 满足线性关系

$$F=kx$$

实验时等差地改变载荷，测得一组实验数据如表 1-5-2 所示。

表 1-5-2　　　　　　　　　　　　　　实验数据

| 砝码质量/kg | 1.000 | 2.000 | 3.000 | 4.000 | 5.000 | 6.000 | 7.000 | 8.000 |
|---|---|---|---|---|---|---|---|---|
| 弹簧伸长位置/cm | $x_1$ | $x_2$ | $x_3$ | $x_4$ | $x_5$ | $x_6$ | $x_7$ | $x_8$ |

求每增加 1 kg 砝码，弹簧的平均伸长量 $\Delta x$。

若不加思考进行逐项相减，很自然会采用下列公式计算

$$\Delta x = \frac{1}{7}\big[(x_2 - x_1) + (x_3 - x_2) + \cdots + (x_8 - x_7)\big] = \frac{1}{7}(x_8 - x_1)$$

结果发现除 $x_1$ 和 $x_8$ 外，其他中间测量值都未用上，它与一次增加 7 个砝码的单次测量等价。若用多项间隔逐差，即将上述数据分成前后两组，前一组（$x_1$, $x_2$, $x_3$, $x_4$），后一组（$x_5$, $x_6$, $x_7$, $x_8$），然后对应项相减求平均，即

$$\Delta x = \frac{1}{4 \times 4}\big[(x_5 - x_1) + (x_6 - x_2) + (x_7 - x_3) + (x_8 - x_4)\big]$$

这样全部测量数据都用上，保持了多次测量的优点，减少了随机误差，计算结果比前面的要准确些。逐差法计算简便，特别是在检查具有线性关系的数据时，可随时"逐差验证"，及时发现数据规律或错误数据。

## 四、最小二乘法

由一组实验数据拟合出一条最佳直线，常用的方法是最小二乘法。设物理量 $y$ 和 $x$ 之间满足线性关系，则函数形式为

$$y = a + bx$$

最小二乘法就是要用实验数据来确定方程中的待定常数 $a$ 和 $b$，即直线的截距和斜率。

我们讨论最简单的情况，即每个测量值都是等精度的，且假定 $x$ 和 $y$ 值中只有 $y$ 有明显的测量随机误差。如果 $x$ 和 $y$ 均有误差，只要把误差相对较小的变量作为 $x$ 即可。由实验测量得到一组数据为（$x_i$, $y_i$; $i=1$, 2, $\cdots$, $n$），其中 $x = x_i$ 时对应的 $y = y_i$。由于测量总是有误差的，我们将这些误差归结为 $y_i$ 的测量偏差，并记为 $\varepsilon_1$, $\varepsilon_2$, $\cdots$, $\varepsilon_n$，见图 1-5-2。这样，将实验数据（$x_i$, $y_i$）代入方程 $y = a + bx$ 后，得

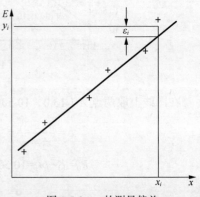

图 1-5-2　$y_i$ 的测量偏差

$$\left.\begin{array}{l} y_1 - (a + bx_1) = \varepsilon_1 \\ y_2 - (a + bx_2) = \varepsilon_2 \\ \quad\vdots \\ y_n - (a + bx_n) = \varepsilon_n \end{array}\right\} \qquad (1\text{-}5\text{-}1)$$

我们要利用方程组（1-5-1）来确定 $a$ 和 $b$，那么 $a$ 和 $b$ 要满足什么要求呢？显然，比较合理的 $a$ 和 $b$ 是使 $\varepsilon_1$, $\varepsilon_2$, $\cdots$, $\varepsilon_n$ 数值上都比较小。但是，每次测量的误差不会相同，反映为 $\varepsilon_1$, $\varepsilon_2$, $\cdots$, $\varepsilon_n$ 大小不一，而且符号也不尽相同。所以只能要求总的偏差最小，即

$$\sum_{i=1}^{n} \varepsilon_i^2 \to \min$$

令

$$S = \sum_{i=1}^{n} \varepsilon_i^2 = \sum_{i=1}^{n} (y_i - a - bx_i)^2$$

使 $S$ 为最小的条件是

$$\frac{\partial S}{\partial a} = 0, \quad \frac{\partial S}{\partial b} = 0, \quad \frac{\partial^2 S}{\partial a^2} > 0, \quad \frac{\partial^2 S}{\partial b^2} > 0$$

由一阶微商为零得

$$\left.\begin{array}{l}\dfrac{\partial S}{\partial a} = -2\sum_{i=1}^{n}(y_i - a - bx_i) = 0 \\[3mm] \dfrac{\partial S}{\partial b} = -2\sum_{i=1}^{n}(y_i - a - bx_i)x_i = 0\end{array}\right\}$$

解得

$$a = \frac{\displaystyle\sum_{i=1}^{n}x_i\sum_{i=1}^{n}(x_iy_i) - \sum_{i=1}^{n}x_i^2\sum_{i=1}^{n}y_i}{\left(\displaystyle\sum_{i=1}^{n}x_i\right)^2 - n\sum_{i=1}^{n}x_i^2}$$

$$b = \frac{\displaystyle\sum_{i=1}^{n}x_i\sum_{i=1}^{n}y_i - n\sum_{i=1}^{n}(x_iy_i)}{\left(\displaystyle\sum_{i=1}^{n}x_i\right)^2 - n\sum_{i=1}^{n}x_i^2}$$

令 $\bar{x} = \dfrac{1}{n}\sum_{i=1}^{n}x_i$，$\bar{y} = \dfrac{1}{n}\sum_{i=1}^{n}y_i$，$\bar{x}^2 = \left(\dfrac{1}{n}\sum_{i=1}^{n}x_i\right)^2$，$\overline{x^2} = \dfrac{1}{n}\sum_{i=1}^{n}x_i^2$，$\overline{xy} = \dfrac{1}{n}\sum_{i=1}^{n}(x_iy_i)$，则

$$a = \bar{y} - b\bar{x}$$

$$b = \frac{\bar{x}\cdot\bar{y} - \overline{xy}}{\bar{x}^2 - \overline{x^2}}$$

如果实验是在已知 $y$ 和 $x$ 满足线性关系下进行的，那么用上述最小二乘法线性拟合（又称一元线性回归）可解得斜率 $b$ 和截距 $a$，从而得出回归方程 $y=a+bx$。如果实验是要通过对 $x$，$y$ 的测量来寻找经验公式，则还应判断由上述一元线性拟合所确定的线性回归方程是否恰当。这可用下列相关系数 $r$ 来判别

$$r = \frac{\overline{xy} - \bar{x}\cdot\bar{y}}{\sqrt{(\overline{x^2} - \bar{x}^2)(\overline{y^2} - \bar{y}^2)}}$$

式中：$\bar{y}^2 = \left(\dfrac{1}{n}\sum_{i=1}^{n}y_i\right)^2$，$\overline{y^2} = \dfrac{1}{n}\sum_{i=1}^{n}y_i^2$

可以证明，$|r|$ 值总是在 0 和 1 之间。$|r|$ 值越接近 1，说明实验数据点密集地分布在所拟合的直线的近旁，用线性函数进行回归是合适的。$|r|=1$ 表示变量 $x$，$y$ 完全线性相关，拟合直线通过全部实验数据点。$|r|$ 值越小线性越差，一般 $|r|\geq 0.9$ 时可认为两个物理量之间存在较密切的线性关系，此时用最小二乘法直线拟合才有实际意义，如图 1-5-3 所示。

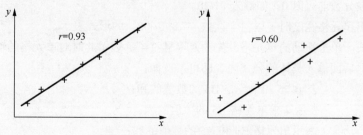

图 1-5-3 相关系数与线性关系图

# 第六节　用 Excel 软件进行实验数据处理

Excel 是一个功能较强的电子表格软件，具有强大的数据处理、分析和统计等功能。它最显著的特点是函数功能丰富、图表种类繁多。用户能在表格中定义运算公式，利用软件提供的函数功能进行复杂的数学分析和统计，并利用图表来显示工作表中的数据点及数据变化趋势。在大学物理实验中，可帮助我们处理数据、分析数据、绘制图表。Excel 软件操作便捷、掌握容易，用于实验数据的处理非常方便。下面简单介绍其在实验数据处理中的一些基本方法。

## 一、基本概念

### 1. 工作表

启动 Excel 后，系统将打开一个空白的工作表。工作表有 256 列，用字母 A，B，C，…命名；有 65 536 行，用数字 1，2，3，…命名。

### 2. 工作簿

一个 Excel 文件称为一个工作簿，一个新工作簿最初有 3 个工作表，标识为 Sheet1，Sheet2，Sheet3。若标签为白色即为当前工作表，单击其他标签即可成为当前工作表。

### 3. 单元格

工作表中行与列交叉的小方格称为单元格，Excel 中的单元格地址来自于它所在的行和列的地址，如第 C 列和第 3 行的交叉处是单元格 C3，单元格地址称为单元格引用。单击一个单元格就使它变为活动单元格，它是输入信息以及编辑数据和公式的地方。

### 4. 表格区域

表格区域是指工作表中若干个单元格组成的矩形块。

指定区域：用表格区域矩形块中的左上角和右下角的单元格坐标来表示，中间用":"隔开。如 A3:E6 为相对区域，\$A\$3:\$E\$6 为绝对区域，\$A3:\$E6 或 A\$3:E\$6 为混合区域。

### 5. 工作表中内容的输入

（1）输入文本。文本可以是数字、空格和非数字字符的组合，如 1234,1+2，A&ab,中国等。单击需输入的单元格，输入后，按方向键或回车键来结束。

（2）输入数字。在 Excel 中数字只可以为下列字符：

$$0\ 1\ 2\ 3\ 4\ 5\ 6\ 7\ 8\ 9 + - (\ )\ ,\ *\ /\ \%\ .\ E$$

输入负数：在数字前冠以减号"−"，或将其置于括号中。

输入分数：在分数前冠以 0，如键入 01/20。

数字长度超出单元格宽度时，以科学计数"7.89E+08"的形式表示。

（3）输入公式。单击活动的单元格，先输入等号"="，表示此时对单元格的输入内容是一个公式，然后在等号后面输入具体的公式内容即可。例如：

| | |
|---|---|
| =55+B5 | 表示 55 和单元格 B5 的数值的和； |
| =4*B5 | 表示 4 乘单元格 B5 的数值的积； |
| =B4+B5 | 表示单元格 B4 和 B5 的数值的和； |
| =SUM(A1：A6) | 表示区域 A1 到 A6 的所有数值的求和。 |

（4）输入函数。Excel 包含许多预定义的或称内置的公式，它们称为函数。在常用工具栏中点击 $f_x$，打开对话框（图 1-6-1），选择函数进行简单的计算，或将函数组合后进行复杂的运算；还可以在单元格里直接输入函数进行计算。

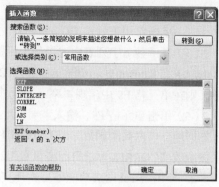

图 1-6-1　Excel 函数对话框

函数的输入方法：

① 单击将要在其中输入公式的单元格；

② 单击工具栏中 $f_x$，或由菜单栏"插入"中的"$f_x$函数（F）..."进入；

③ 在弹出的"插入函数"对话框中选择需要的函数；

④ 单击"确定"在弹出的函数对话框中按要求输入内容；

⑤ 单击"确定"得到运算结果。

# 二、使用 Excel 处理物理实验数据

物理实验中实验数据的处理、不确定度的计算、绘制表格和实验数据的图示等，这些工作可以利用 Excel 中的内置工作表函数得到很方便的解决。在实验数据处理中经常使用的一些函数有：求和函数（SUM）、算术平均值函数（AVERAGE）、标准偏差函数（STDEV）、计算函数（COUNT,COUNTIF）、线性回归拟合方程的斜率函数（SLOPE）、线性回归拟合方程的截距函数（INTERCEPT）、线性回归拟合方程的预测值函数（FORECAST）、相关系数函数（CORREL）、$t$分布函数（TINV）、最大值函数（MAX）、最小值函数（MIN）、近似函数（ROUND, ROUNDDOWN,ROUNDUP, INT）和一些数学函数（SIN, COS, TAN, LN, LOG10, EXP, PI, SQRT, POWER）等。

下面介绍几种物理实验数据处理方法：

1. 最小二乘法线性拟合处理物理实验数据

最小二乘法线性拟合是大学物理实验数据处理的基本方法之一。在大学物理实验中，经常要观测两个有函数关系的物理量，根据两个量的许多组观测数据来确定它们的函数关系曲线，并借助线性或曲线方程的参数来求出这些物理量。但其计算量较大，绘图时误差也大，而利用 Excel 的函数功能可以很方便地处理实验数据。

例如："普朗克常数测定实验"中，测得不同频率下的光电效应的截止电压在表中 D4：D8 区域，由光电效应方程：$U_s = \dfrac{h}{e} v - \dfrac{W_s}{e}$ 知，$U_s$ 和 $v$ 满足线性关系 $y = kx + b$ $\left( y = U_s, \ x = v, \ k = \dfrac{h}{e}, \ b = -\dfrac{W_s}{e} \right)$，由实验数据并应用最小二乘法可求出其系数 $k$ 和 $b$，从而导出关系式 $U_s = \dfrac{h}{e} v - \dfrac{W_s}{e}$，由 $h = ek$ 求出 $h$。首先求解线性回归拟合方程 $y = kx + b$ 的斜率，具体过程见图 1-6-2。

| | A | B | C | D | E | F | G |
|---|---|---|---|---|---|---|---|
| 1 | | | 普朗克常数测定实验数据处理 | | | | |
| 2 | | | | | | | |
| 3 | 序号 | 波长/nm | 频率/$10^{14}$Hz | $U_s$/V | $h/e$ | $h/10^{-33}$JS | |
| 4 | 1 | 365 | 8.22 | 1.73 | | | |
| 5 | 2 | 405 | 7.41 | 1.23 | | | |
| 6 | 3 | 436 | 6.88 | 0.98 | | | |
| 7 | 4 | 546 | 5.49 | 0.6 | | | |
| 8 | 5 | 577 | 5.2 | 0.44 | | | |
| 9 | | | | | 0.4 | 0.634 | |
| 10 | | | | | | | |

图 1-6-2　实验数据

具体操作步骤如下：

（1）单击单元格 E9；

（2）单击常用工具栏"$f_x$"按钮；

（3）在函数名字列表中选择斜率函数"SLOPE"，单击"下一步"按钮；

（4）在 Known-y's 框输入"D4：D8"，在 Known-x's 框输入"C4：C8"，单击"完成"按钮，则在单元格 E9 中出现斜率 $k$ 的数据；

（5）单击单元格 F9，输入"=1.6 * E9"，即可求出普朗克常数 $h$。

同理，可由截距函数"INTERCEPT"求得线性回归拟合方程 $y = kx+b$ 的截距 $b$；又可由相关系数函数"CORREL"求得因变量数组和自变量数组的相关系数 $R$ 的平方。

2. 使用 Excel 图表功能处理物理实验数据

Excel 的图表功能为物理实验数据的作图、拟合直线、拟合曲线、拟合方程以及求相关系数等带来了极大的方便。其操作步骤为：

（1）选定数据表中包含所需数据的所有单元格；

（2）单击工具栏中的 ，或单击菜单栏中的"插入（I），选定" 图表（H）…"栏，进入"图表向导—4 步骤之 1"的对话框（图 1-6-3），选出希望得到的图表类型，如"XY 散点图"，再单击"下一步"按其要求完成本对话框内容的输入，最后单击"完成"，便可得到图表；

（3）选中图表，单击"图表"主菜单，单击"添加趋势线"命令；

（4）单击"类型"标签，选中"线性"等类型中的一个；

（5）单击"选项"标签，可选中"显示公式""显示 $R$ 平方值"等复选框，再单击"确定"便可得到拟合直线或曲线、拟合方程和相关系数 $R$ 平方的数值。

图 1-6-3　Excel 图表向导

例如："普朗克常数测定实验"中，实验数据如前所述，利用以上步骤进行处理，可得图 1-6-4。

由图 1-6-4 可得 $k$ =0.40，从而可算出 $h$ 的值。

Excel 的数据处理功能非常强大，以上只简单介绍了其中很少的一部分功能，以抛砖引玉之用。

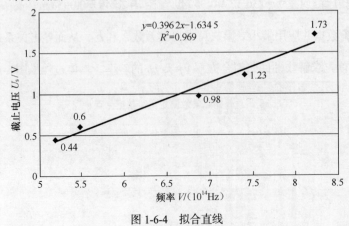

图 1-6-4　拟合直线

【练习题】

1. 试判断下列测量是直接测量还是间接测量。你还能举出哪些例子?

（1）用弹簧秤测量力的大小;

（2）用天平称物体质量;

（3）用伏安法测量电阻;

（4）用单摆测量重力加速度。

2. 试比较下列测量的优劣。

（1）$x_1 = 55.98 \pm 0.03$ mm;

（2）$x_2 = 0.488 \pm 0.004$ mm;

（3）$x_3 = 0.009\,8 \pm 0.001\,2$ mm;

（4）$x_4 = 1.98 \pm 0.05$ mm。

3. 用电子秒表（$\Delta_仪 = 0.01$ s）测量单摆摆动 20 个周期的时间 $t$, 测量数据如表 1-1 所示。

表 1-1　　　　　　　　　　　　　　　测量数据

| $i$ | 1 | 2 | 3 | 4 | 5 | 6 | 7 |
| --- | --- | --- | --- | --- | --- | --- | --- |
| $t/s$ | 20.12 | 20.19 | 20.11 | 20.13 | 20.14 | 20.12 | 20.17 |

试求单摆摆动周期 $T$ 及测量不确定度, 并写出测量结果。

4. 利用单摆测重力加速度 $g$, 当摆角 $\theta < 5°$ 时有 $T \approx 2\pi\sqrt{l/g}$ 的关系。式中 $l$ 为摆长, $T$ 为摆动周期, 它们的测量结果分别为 $l = 97.69 \pm 0.03$ cm, $T = 1.984 \pm 0.023$ s, 试求重力加速度 $g$ 的测量值及其不确定度, 并写出测量结果。

5. 试推导下列间接测量的不确定度合成公式。

（1）$f = \dfrac{u\upsilon}{u + \upsilon}$;

（2）$f = \dfrac{D^2 - L^2}{4D}$;

（3）$n = \dfrac{\sin\frac{1}{2}(\alpha + \delta)}{\sin\frac{\alpha}{2}}$。

6. 已知某圆柱体的质量 $m = 236.12 \pm 0.05$ g, 直径 $d = 2.345 \pm 0.005$ cm, 高 $h = 8.21 \pm 0.05$ cm。求圆柱体的密度及不确定度, 并分析直接测量值 $m$, $d$ 和 $h$ 的不确定度对间接测量值 $\rho$ 的影响程度的大小。

7. 改正下列错误, 写出正确答案。

（1）0.108 60 的有效数字为六位;

（2）$P = （31\,690 \pm 300）$ kg;

（3）$d = 10.813\,5 \pm 0.017\,6$ cm;

（4）$E = 1.98 \times 10^{11} \pm 3.27 \times 10^9$ N/m$^2$;

（5）$g = 9.795 \pm 0.003\,6$ m/s$^2$;

（6）$R = 6\,371$ km $= 6\,371\,000$ m $= 6371\,00\,000$ cm;

8. 根据有效数字运算规则计算下列各题。

（1）$\dfrac{76.013}{40.03 - 2.0} =$

（2）$\dfrac{50.00 \times (18.30 - 16.3)}{(103 - 3.0) \times (1.00 + 0.001)} =$

（3）$\dfrac{25^2 + 493.0}{\ln 406.0} =$

（4）$\dfrac{\sin \dfrac{1}{2}(60°2' + 51°20')}{\sin 30°1'} =$

9. 一定质量的气体，当体积一定时压强与温度的关系为

$$p = p_0 (1 + \beta t) \ \text{cmHg}$$

通过实验测得一组数据如表 1-2 所示。

表 1-2　　　　　　　　　　　　　　测量数据

| $i$ | 1 | 2 | 3 | 4 | 5 | 6 | 7 |
|---|---|---|---|---|---|---|---|
| $t/℃$ | 7.5 | 16.0 | 23.5 | 30.5 | 38.0 | 47.0 | 54.5 |
| $p/\text{cmHg}$ | 73.8 | 76.6 | 77.8 | 80.2 | 82.0 | 84.4 | 86.6 |

试用作图法求出 $p_0$，$\beta$，并写出经验公式。

10. 试用最小二乘法对练习题 9 的数据进行直线拟合，求出 $p_0$ 和 $\beta$ 值。

11. 用伏安法测量电阻的实验数据如表 1-3 所示。

表 1-3　　　　　　　　　　　　　　实验数据

| $i$ | 1 | 2 | 3 | 4 | 5 | 6 | 7 | 8 |
|---|---|---|---|---|---|---|---|---|
| $U/V$ | 0.00 | 2.00 | 4.00 | 6.00 | 8.00 | 10.00 | 12.00 | 14.00 |
| $I/\text{mA}$ | 0.00 | 3.85 | 8.15 | 12.05 | 15.80 | 19.90 | 23.05 | 28.10 |

试用逐差法求电阻 $R$。

# 第二章
# 预备知识

## 第一节　物理实验基本知识

### 一、物理实验分析方法

物理实验的基本任务是测量，为了完成对物理量的测量，应在实验前根据对实验测量精度的要求，进行具体分析，选择合适的测量方法和测量仪器。选择正确的测量方法和测量仪器，不仅仅要对影响实验测量精度的众多因素进行分析，找出对实验结果影响较大的主要因素，抛开那些与主要原因相比影响小得多的次要因素，选择适合的测量方法，同时，也应在众多的测量仪器中选择满足实验测量精度要求的实验仪器。归纳来讲物理实验精度分析法包含以下几个方面。

1. 分清影响物理实验精度的次要因素

在物理实验过程中，存在着影响实验测量精度的诸多因素。突出重点抓住对实验精度影响较大的主要因素，合理地调整主要因素，满足实验测量精度要求。

2. 基本误差分析与确定

受实验条件、实验环境、实验仪器和观测者等偶然因素的影响，每个物理实验的误差都存在一个最低限度——基本误差。基本误差会因为偶然因素的不同，其大小也不相同。另外，物理实验过程中由于各因素之间存在着相互影响和相互制约，单纯地提高其中一个或几个量的测量精度，往往并不能有效地提高实验测量精度。

3. 测量方法的选择

对于测量同一种物理量但其量值范围不同的情况，为获得相同的测量精度，将采用不同的测量方法。而对于量值相同的测量情况，由于测量精度的要求不同，也可以采用不同的测量方法。根据量值范围和测量精度要求，分析选择合适的测量方法，在物理实验中占有重要位置。

4. 仪器配置的选择

使用单一仪器进行测量时，为了满足不同的实验测量精度，应选择不同的测量仪器。若需使用由多件实验仪器组成的成套仪器进行测量，将根据实验精度的要求对实验仪器进行选择。单纯地选择其中一种或几种高精度实验仪器，往往不仅不能有效地提高实验测量精度，而且将会增加实验投入，有时还会影响到实验的顺利进行。客观地分析和合理地进行实验仪器的配置，是顺利完成物理实验的必备条件。

## 二、物理实验的基本测量方法

物理实验是以一定的物理现象、物理规律和物理学原理为依据，确立合适的物理模型，研究各物理量之间关系的科学实验。物理实验与物理量测量既有区别又有联系，现代的物理实验都离不开定量的测量和计算。所以，实验方法包含测量方法和数据处理方法两个方面。

物理实验待测的物理量非常广泛，包括力学量、热学量、电磁学量、光学量等，测量的方法也很多，本节仅介绍几种具有共性的基本测量方法。这些测量方法是进行物理实验的思想方法，而不是指具体的测量过程和方式。学习并掌握好这些基本的实验思想方法，可指导我们进行实验方案的选择、实验测量的进行，有助于提高实验工作和科学研究的能力。

1. 比较法

比较法是最普遍、最常用的测量方法。所谓比较法是将待测量与同类物理量的标准量具或标准仪器直接或间接地进行比较，测出其量值的方法。

例如，用米尺测量物体的长度就是最简单的直接比较测量。用经过标定的电表、秒表、电子秤测量电量、时间、质量等，其直接测出的读数也可看做是直接比较的结果。要注意的是采用直接比较法的量具及仪器必须是经过标定的。有些物理量难于直接比较，需要通过某种关系将待测量与某种标准量进行间接比较，求出其大小。例如，用物质的热膨胀与温度之间的关系做成的水银温度计就是利用一种间接比较法。

实际上，所有测量都是将待测量与标准量进行比较的过程，只不过比较的形式不都是那么明显而已。

2. 放大法

实验中经常需要测量一些微小物理量，由于待测量太小，以至无法被实验者或仪器直接感觉和反映，此时可设计相应的装置或采用某种方法将被测量放大，然后再进行测量。放大法包括积累放大、光学放大、电子学放大等。

例如，螺旋测微计和读数显微镜都是利用螺旋放大法进行精密测量的，将与被测物关联的测量尺面与螺杆连在一起，螺杆尾端加上一个圆盘，称为鼓轮，其边缘等分刻成 50 格，鼓轮每转一圈，恰使测量尺面移动 0.5 mm，那么鼓轮转动一小格，尺面移动了 0.01 mm。若鼓轮外径为 16 mm，则周长约为 50 mm，鼓轮上每一格弧长相当于 1 mm 的长度，也就是说，尺面移动 0.01 mm 时，则反映在鼓轮上变化了 1 mm，于是微小位移被放大了 100 倍，测量精度也就提高了 100 倍。

又如，用秒表测量单摆摆动周期，一般都是测量累计摆动 50 或 100 个周期的时间。设所用机械秒表的仪器误差为 0.1 s，某单摆周期约为 2 s，则测量单个周期时间间隔的相对误差为 $0.1/2 = 0.05$，即 5%。若测量 100 个周期的累计时间，则相对误差为 $0.1/200 = 0.0005$，即 0.05%，提高了测量精度。

测量长度微小变化的光杠杆（详见金属杨氏弹性模量测定实验）是通过光学原理，把变化角度成倍放大，并利用光线形成一个很长的指针来测量的。

在有些测量装置中则利用电子学原理来实现被测量的放大，如测量微弱电信号（电流、电压或功率）都需要用到电子学放大法，这种装置一般称为放大器。

3. 换测法

在实验中，有很多物理量由于其属性关系，很难用仪器或仪表直接测量，或者因条件所限无法提高测量的准确度。此时可以根据物理量之间的定量关系和各种效应把不易测量的待测量转换成容易测量的物理量进行测量，然后再反求待测量，这种方法即为换测法。

间接测量过程常采用换测法。由于物理量之间存在多种关系和效应，将会有多种不同的换测法，这恰恰反映了物理实验中最有启发性和开创性的一面。随着科学技术的不断发展，科学实验不断地向高精度、宽量程、快速测量、遥感测量和自动化测量方向发展，这一切都与转换测量紧密相关。

（1）参量换测法。利用物理量之间的某种变换关系，以达到测量某一物理量的方法称为参量换测法。这种方法几乎贯穿于整个物理实验中。例如，实验中测量钢丝的杨氏模量 $E$，是以应变与应力成线性变化的规律，将 $E$ 的测量转换成对应力 $F/S$ 和应变 $\Delta L/L$ 的测量后得到 $E = \dfrac{F/S}{\Delta L/L}$。

（2）能量转测法。它是利用物理学中的能量守恒定律以及能量形式上的相互转换规律进行转换测量的方法。实现能量转换的器件称为传感器，它是能量换测法的关键所在。例如，用热电偶测量温度，是利用材料的温差电动势原理，将温度测量转换成对热电偶的温差电动势的测量，它属于热电换测法。此外，实验中还常用到压电换测法（压力和电势间的变换，如话筒和扬声器），光电换测法（光信号转换为电信号，如光电管、光电倍增管、光电池、光敏二极管等器件）及磁电换测法（磁学量与电学量的转换，如霍尔元件）等，具体原理可参阅有关实验，这里不作介绍。

4. 模拟法

模拟法是指人们依据相似理论，人为制造一个类同于研究对象的物理现象或过程，用模型的测试替代对实际对象的测试。

在实际测量中，限于条件，有许多现象是不可能直接观察的。例如，一个大的水利工程，在论证和设计阶段，要做一定相应的实验，如洪水的冲击、地震的危害等。这些过程不仅不能按实验要求随时再现，就是有一定手段再现其后果也不容乐观。还有一些比较抽象的现象，例如电场或磁场的性质，一则仪器难引入，再则仪器引入后就无法消除这些装置对原始状态的影响，达不到测量的目的。为了解决这一类问题，通常采用模拟法。

模拟法分为物理模拟和数学模拟两大类。

（1）物理模拟。人为制造的"模型"与实际"原型"有相似的物理过程和相似的几何形状，以此为基础的模拟方法即为物理模拟。例如，为了研究高速飞行器上各部位的受力，人们首先制造一个与原型几何形状相似的模型，并放入风洞，创造一个与实际空中飞行完全相似的物理过程，通过对模型各部件受力情况的测试，达到在短时间内以较小的代价获得可靠的实验数据的目的。

（2）数学模拟。模型和原型遵循相同的数学规律，而在物理实质上毫无共同之处，这种模拟方法称为数学模拟，如静电场用稳恒电流场来模拟。

随着计算机技术的高速发展和广泛应用，现在人们可以通过计算机模拟实验过程，从而可预测实验的可能结果。这是一种新的模拟方法，属于计算物理研究的内容。

物理实验中还用到其他许多实验方法，如补偿法、干涉法等，这些内容可参考有关实验，这里不作介绍。在具体的实验中，往往是把各种方法综合起来应用。因此，实验者只有对各种实验方法有深刻的了解，才能在未来的实际工作中得心应手地综合应用。

# 三、物理实验中的基本调整与操作技术

实验中的调整和操作技术十分重要，正确的调整和操作不仅可将系统误差减小到最低限度，而且对提高实验结果的准确度有直接影响。有关仪器设备的调整和操作技术内容相当广泛，需要通过具体的实验训练逐步积累起来。每一个实验的内容与方法仅具有启发性的意义，没有普遍意义。熟练的实验技术和能力只能来源于实践。

在实验过程中，我们必须养成良好的习惯，在进行任何测量前首先要调整好仪器，并且按正确的操作规程去做，必须牢记任何正确的结果都来自仔细的调节、严格的操作、认真的观察和合理的分析。

这里只介绍一些最基本的具有一定普遍意义的调整和操作技术，有些问题将在具体的实验中介绍。

## 1. 零位调整

一个初学者往往不注意仪器或量具的零位是否正确，总以为它们在出厂时都已校正好了，但实际情况并非如此。由于环境的变化或经常使用而引起磨损等原因，它们的零位往往已经发生了变化。因此在实验前总需要检查和校准仪器的零位，否则将人为地引入误差。

零位校准的方法一般有两种：一种是测量仪器有零位校正器的，如电流表、电压表等，则应调整校正器，使仪器测量前指针处于零位；另一种是仪器不能进行零位校正或调整较困难的，如端面磨损的米尺、螺旋测微计、游标卡尺等，则在测量前应记下初读数，即"零位读数"，以便在测量结果中加以修正。

## 2. 水平、垂直调整

通常情况下，多数仪器都要求在"水平"或"垂直"条件下工作。例如，天平的正确工作状态应首先调它的底座螺钉至天平水平；又如，福廷式气压计应在垂直状态下读数才正确，只有满足上述条件，其测量结果才在误差范围内。

水平调节常借助水准器，垂直状态的判断一般则用重锤。几乎所有需要调节水平或垂直状态的仪器都在底座上装有 3 个螺丝，其中两个是可以调节的，借助水准器或重锤，可将仪器调整至水平或垂直状态。

## 3. 逐次逼近法

任何调整几乎都不能一次完成，都要依据一定的判断，经过仔细、反复的调节。逐次逼近法正是一种快速而有效的调整方法。天平调平衡，电桥调平衡，补偿法测电动势时调整补偿点等，在调整过程中，应首先确定平衡点所在的范围，然后逐渐缩小这个范围直至最后调到平衡点。例如，调整电桥平衡时，若待测电阻 $R_x$ 与其他桥臂上的已知电阻满足关系 $R_x = \dfrac{R_1}{R_2} R_0$，电桥平衡时检流计示值为零。通常 $\dfrac{R_1}{R_2}$ 事先选定，因此 $R_0$ 高于和低于平衡值时，检流计偏转方向正好相反。若 $R_0 = 2\,000\,\Omega$ 时，检流计左偏 5 个分度，而 $R_0 = 3\,000\,\Omega$ 时，右偏 3 个分度，据此可知平衡值应在 $2\,000 \sim 3\,000\,\Omega$ 之间。再调整 $R_0$ 为 $2\,500\,\Omega$ 时，左偏 2 个分度，$R_0 = 2\,600\,\Omega$ 时右偏 1 个分度，则 $R_0$ 的平衡值应在 $2\,500 \sim 2\,600\,\Omega$ 之间。如此逐次逼近，可迅速找到平衡点。

## 4. 先定性、后定量原则

实验初学者往往急于获得测量结果，盲目操作，当实验进行到中途甚至结束时才发现问题或错误，不得不返工。然而，一个训练有素的实验工作者，则是采用先定性、后定量的原则进行实验，即在定量测量前，先对实验变化的全过程进行定性观察，对实验数据的变化规律有一初步的了解，并进行必要的分析。在感性认识的基础上，再着手进行定量测量。对数据无明显变化的范围，可增大测量的间距以减少测量点，反之，对变化大的应多测几个点。用作图法处理实验数据时，需根据图上数据点来拟合图线，尤其在拟合曲线时，往往需要更多的数据点。例如，光电效应法测普朗克常数实验中，应先对不同频率的入射光对应的截止电压作出初步判断，据此决定测量范围和分配测量间距，采用不等间距测量，在截止电压附近多测几个点，这样作图就比较合理。

# 第二节 设计性实验基础知识

设计性实验是对科学实验全过程进行初步训练的教学实验,它主要着眼于在实验中要调动学生的学习主动性和积极性及学生智力的开发,培养学生分析问题、解决问题的能力;它可对学生实验技能和理论知识综合应用的能力进行检验,学生通过自己查阅资料、拟定实验方案、选择仪器、测试和处理数据,写出研究式的实验报告来培养自己的工程设计能力和创新能力。这类实验课题一般由实验室提出,具有综合性、典型性、探索性、一定研究性和部分设计性,要求学生自行推导有关理论,确定实验方法,选择配套仪器设备(实验室也帮助选择和确定),进行实验,最后写出比较完整的实验报告。

设计性实验设计及实验方案的选择,要注意其正确性与合理性,并能在实验中得到检验。设计性实验应包括这样几个内容:选择实验方法与测量方法,选择测量条件与配套仪器以及测量数据的合理处理方法等,而这些需要根据研究的要求、实验精度的要求以及现有的主要仪器来确定。

要完成设计性实验,需要误差理论和实验知识。实验中要考虑各种误差出现的可能性,分析其产生的原因,发现和检验系统误差的存在,估计其大小,并消除或减小其影响。

学生在进行设计性实验课题时要注意要求上的差别。如有的设计性实验重在对实验现象的观察与分析,有的则重在实验规律的探索、结果的比较或实验内容的变通、引申,因而设计性实验特别注重实验后的分析与讨论。

设计性实验报告一般要求有以下内容:

(1)实验题目;

(2)实验目的、任务及要求;

(3)实验原理,扼要写出设计思路;

(4)根据要求及误差要求选择仪器和测量条件;

(5)设计线路或装置图,算出元件参数及仪器规格;

(6)实验步骤要点;

(7)实验数据记录及数据处理,误差分析,对结果进行分析评价;

(8)得出结论,进行讨论。

实验方案的选择一般来说应包括:实验方法和测量方法的选择;测量仪器和测量条件的选择;数据处理方法的选择;进行综合分析和误差合理估算,拟定实验程序等。

## 一、实验方法的选择

实验方法的选择应遵循"最优化"原则。首先要根据课题所要研究的对象,提出各种可能的实验方法,确定用什么物理规律去测被测物理量,并确立被测量与可测量之间关系的各种可能的方法。然后,结合可提供的仪器、比较各种方法能达到的实验精度、适用条件、完成实验的可行性及经济性,以确定最佳实验方法;或选择其中几种分别进行实践后,再确定最佳方法。

## 二、测量方法的选择

测量方法的选择应遵循"误差最小"原则。实验方法选定后,为使各物理量测量结果的误差最小,需要进行误差来源及误差传递的分析,并结合可能提供的仪器,确定合适的具体测量方法。因为测量同一物理量，可提供选用的往往有多种测量方法。如在测量时间方面，就有光电计时法、火花打点计时法和频闪照相法等多种具体测量法。

选择什么方法应重在考虑测量结果的误差范围是否符合要求，以及实验室能提供的实验仪器设备。在仪器已确定的情况下，对某一量的测量，若有某几种测量方法供选择，则应选测量结果误差最小的方法。

### 三、测量仪器的选择

测量仪器的选择，要遵循"误差均分"原则。通常要考虑以下 4 个因素：①分辨率。即测量仪器能够测量的最小值。②精确度。常用最大误差 $\Delta_仪$或标准误差 $\sigma_仪$及各自的相对误差表征。所以，一般就以课题要求的相对误差范围选定仪器，看其 $\Delta_仪$和 $\sigma_仪$数值大小是否符合课题要求。③有效（实用）性。④价格。由于后面两点受主观条件因素的影响较大，一般较关注前两个因素。而对一般科学仪器来说，仪器的分辨率和精度是相互关联的，因而在选择仪器时，更主要的是考虑仪器的选择和分配。对多个物理量的测量，要选择多种仪器，会遇到选择什么样精度的仪器以及如何配套使用的问题。应从总体优化的角度来考虑各仪器的误差合理分配。

### 四、测量条件的选择

测量条件的选择应遵循"最有利"原则。在测量方案、测量方法及仪器已被确定的情况下，有的还需确定测量的最有利条件。即确定在什么条件下进行测量引起的误差最小。从数学上说，"最有利"是求函数极值的问题，测量条件是可以由各自变量对误差函数求导数并令其为零而得到。

# 第三节　光学实验基础知识

光学实验是物理实验的一个重要部分，其主要特点是：实验与理论课的联系比较密切，测量精度高，数据重复性好，实验仪器比较精密、贵重、易损，调试要求严格，实验规律性强。因此，在实验前应当充分预习实验内容，了解实验的基本原理，熟悉仪器的基本构造和调节方法；在实验中正确操作仪器，仔细观察、分析仪器调整过程中出现的各种现象，掌握调整规律，正确记录和处理数据；在实验后认真总结经验，不断提高实验技能。

## 一、光学仪器的使用及注意事项

透镜、棱镜等光学元件大多数是用光学玻璃制成的，它们的光学表面都经过仔细的研磨和抛光，有些还镀有一层或多层薄膜。对这些元件或其材料的光学性能（例如折射率、反射率、透射率等）都有一定的要求，而它们的机械性能和化学性能可能很差，若使用和维护不当，则会降低光学性能，甚至损坏报废。造成损坏的常见原因有摔坏、磨损、污损、发霉、腐蚀等。

为了安全使用光学元件和仪器，必须遵守以下规则。

（1）必须在了解仪器的操作和使用方法后再使用。

（2）轻拿轻放，勿使仪器或光学元件受到冲击或震动，特别要防止摔落。不使用的光学元件应随时装入专用盒内并放在桌面的里侧。

（3）切忌用手触摸元件的光学表面。如必须用手拿光学元件时，只能接触其磨砂面，如透镜的边缘、棱镜的上下底面等。

（4）光学表面上如有灰尘，可用实验室专备的干燥脱脂棉轻轻拭去或用橡皮球吹掉。

（5）光学表面上若有轻微的污痕或指印，可用清洁的镜头纸轻轻拂去，但不要加压擦拭，更不准用手帕、普通纸片、衣角袖口等擦拭。若表面有严重的污痕或指印，应由实验室人员用丙酮或酒精清洗。所有镀膜均不能触碰或擦拭。

（6）不要对着光学元件说话、打喷嚏等，以防止唾液或其他溶液溅落在光学表面上。

（7）调整光学仪器时，要耐心细致，一边观察一边调整，动作要轻、慢，严禁盲目及粗鲁操作。

（8）仪器用毕应放回箱（盒）内或加罩，防止灰尘玷污。

（9）注意眼睛安全。一方面要了解光学仪器的性能，以保证正确、安全使用仪器。另一方面光学实验中用眼的机会很多，因此要注意对眼睛的保护，不要使其过分疲劳。特别是对激光光源，绝对不允许用眼睛直接观察激光束，以免灼伤眼球。

（10）对机械部分操作要轻、稳。光学仪器的机械可动部分很精密，操作时动作要轻，用力要均匀平稳，不得强行扭动，也不要超过其行程范围，否则将会大大降低其精度。

此外，在暗房中工作应先放妥并熟记各仪器、元件、药瓶的位置，操纵移动仪器、元件时，手应由外向里紧贴桌面，轻缓挪动，避免碰翻或带落其他器件，要注意用电安全。

## 二、光学仪器的基本调节技术

### 1. 消除视差

如果测量时需要用眼睛判断空间前后分离的两条准线是否重合，则会出现视差。如电表的指针和面板间总是离开一定的距离，因此，当眼睛在不同位置观察时，读得的示值就会有差异，这就是视差。通常精度较高的电表在面板上装有平面镜，正确的读数方法应是视线垂直于面板，使指针与刻度槽下平面镜中的像重合。

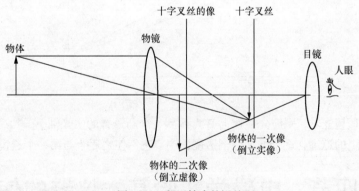

图 2-3-1　望远镜中的视差

实验中，常用带有叉丝的测微目镜、望远镜和读数显微镜等。光学仪器对观测物进行非接触测量，从结构上讲，这些光学仪器并无原则上的不同，区别仅是物镜焦距长短不同。若观测物经物镜成像后落在叉丝所在平面内，此时便无视差，读数就正确。判断有无视差，可通过人眼稍稍晃动，观察被测物和叉丝之间是否存在相对运动来判断，并可通过仔细调节目镜（连同叉丝）与物镜之间的距离，使被观察物体经物镜后成像在叉丝所在的平面内，直至基本上无相对运动为止。图 2-3-1 中表示叉丝的像和物体的二次像不在同一平面内，因此存在视差。

### 2. 等高共轴调节

光学实验中经常要用到一个或多个透镜成像。为了获得质量好的像，必须使各个透镜的主光轴重合（即共轴），并使物体位于透镜的主光轴附近。此外透镜成像公式中的物距、像距等都是沿主光轴计算长度的，为了测量准确，必须使透镜的主光轴与带有刻度的导轨平行。为达到上述要求的调节我们统称为共轴调节。调节方法如下。

（1）粗调。将光源、物和透镜靠拢，调节它们的取向和高低左右位置，凭眼睛观察，使它们的中心处在一条和导轨平行的直线上，使透镜的主光轴与导轨平行，并且使物（或物屏）和成像平面（或像屏）与导轨垂直。这一步因单凭眼睛判断，调节效果与实验者的经验有关，故称为粗调。通常应再进行细调（要求不高时可只进行粗调）。

（2）细调。这一步骤要靠其他仪器或成像规律来判断和调节，不同的装置可能有不同的具体调节方法。下面介绍物与单个凸透镜共轴的调节方法。

使物与单个凸透镜共轴实际上是指将物上的某一点调到透镜的主光轴上。要解决这一问题，首先要知道如何判断物上的点是否在透镜的主光轴上，根据凸透镜成像规律即可判断。如图 2-3-2 所示，当物 AB 与像屏之间的距离 $b$ 大于 $4f$（$f$ 为凸透镜的焦距）时，将凸透镜沿光轴移到 $O_1$ 或 $O_2$ 位置都能在屏上成像，一次成大像 $A_1B_1$，一次成小像 $A_2B_2$。物点 A 位于光轴上，则两次像的 $B_1$ 和 $B_2$ 点一定都不在光轴上，而且不重合。但是，小像的 $B_2$ 点总是比大像的 $B_1$ 点更接近光轴。据此可知，若要将 B 点调到凸透镜光轴上，只需记住像屏上小像的 $B_2$ 点位置（屏上贴有坐标纸供记录位置时作参照物），调节透镜（或物）的高低左右，使 $B_1$ 向 $B_2$ 靠拢。这样反复调节几次直到 $B_1$ 与 $B_2$ 重合，即说明 B 点已调到透镜的主光轴上了。

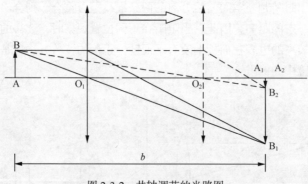

图 2-3-2　共轴调节的光路图

若要调多个透镜光轴，则应先将物上 B 点调到一个凸透镜的主光轴上，然后，同样根据轴上物点的像总在轴上的道理，逐个增加待调透镜，调节它们使之逐个与第一个透镜共轴。

# 第四节　电磁学实验基本仪器的使用

本节介绍电磁学实验中常见的一些仪器，如直流电源、电表（包括电流表和电压表）、变阻器及电阻箱，还将介绍电磁学实验中一般应遵循的操作规则。同学们在实验以前，应认真阅读这部分内容。

## 一、电源

实验室常用的电源有直流电源和交流电源。

常用的直流电源有直流稳压电源、干电池和蓄电池。直流稳压电源的内阻小，输出功率较大，电压稳定性好，而且输出电压连续可调，使用十分方便，它的主要指标是最大输出电压和最大输出电流，如 DH1718C 型直流稳压电源最大输出电压为 30 V，最大输出电流为 5 A。干电池的电动势约为 1.5 V，使用时间长了，电动势下降得很快，而且内阻也随之增大。铅蓄电池的电动势约为 2 V，输出电压比较稳定，储存的电能也比较大，但需经常充电，比较麻烦。

交流电源一般使用 50 Hz 的单相或三相交流电。市电每相 220 V，如需用高于或低于 220 V 的单相交流电压，可使用变压器将电压升高或降低。

不论使用哪种电源，都要注意安全，千万不要接错，而且切忌电源两端短接。使用时注意，不得超过电源的额定输出功率，对直流电源要注意极性的正负，常用"红"端表示正极，"黑"端表示负极，对交流电源要注意区分相线、零线和地线。

## 二、电表

电表的种类很多，在电学实验中，以磁电式电表应用最广，实验室常用的是便携式电表。磁电式电表具有灵敏度高，刻度均匀，便于读数等优点，适合于直流电路的测量，其结构可以简单地用图 2-4-1 表示，永久磁铁的两个极上连着带圆孔的极掌，极掌之间装有圆柱形软铁制的铁芯，极掌和铁芯之间的空隙磁场很强，磁力线以圆柱的轴线为中心呈均匀辐射状。在圆柱形铁心和极掌间空隙处放有长方形线圈，两端固定了转轴和指针，当线圈中有电流通过时，它将因为受磁力矩而偏转，同时固定在转轴上的游丝产生反方向的扭力矩。当两者达到平衡时，线圈停在某一位置，偏转角的大小与流过线圈的电流成正比，电流方向不同，线圈的偏转方向也不同。下面具体介绍几种磁电式电表。

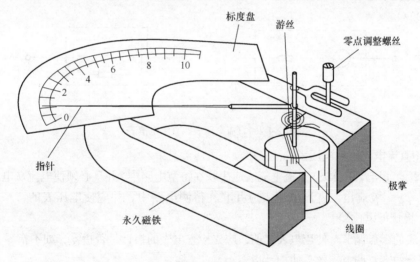

图 2-4-1 电表的构造图

### 1. 灵敏电流计

灵敏电流计的特征是指针零点在刻度中央，便于检测不同方向的直流电。灵敏电流计常用在电桥和电位差计的电路中做平衡指示器，即检测电路中有无电流，故又称检流计，如图 2-4-1 所示。检流计有以下主要规格。

（1）电流计常数：偏转一小格时，通过检流计的电流值，一般约为 $10^{-6}$ A 小格。

（2）内阻：一般约为 150 Ω。

检流计主要用于检测小电流或小电位差。使用时，为防止过大电流损坏电表，常串联一个可变电阻，这个电阻称为保护电阻。实际应用中，为使检流计的检测灵敏度不因串联保护电阻而降低，总是在电路中接近平衡时，再将保护电阻逐步减小到零。

## 2. 直流电压表

直流电压表是用来测量直流电路中两点之间电压的。根据电压大小的不同，可分为毫伏表（mV）和伏特表（V）等。电压表是将表头串联一个适当大的分压电阻而构成的，如图 2-4-2（a）所示。它的主要规格如下。

（1）量程。即指针偏转满度时的电压值。例如，伏特表量程为 0～7.5 V，0～15 V，0～30 V，表示该表有 3 个量程，第 1 个量程加上 7.5 V 电压时偏转满度，第 2 个、第 3 个量程加上 15 V、30 V 电压时偏转满度。

（2）内阻。即电表两端的电阻，同一伏特表不同量程内阻不同。例如，0～7.5 V，0～15 V，0～30 V 伏特表，它的 3 个量程内阻分别为 1 500 Ω、3 000 Ω和 6 000 Ω，但因为各量程的每伏欧姆数都是 200 Ω/V，所以伏特表内阻一般用Ω/V 统一表示，可用下式计算某量程的内阻。

内阻 = 量程 × 每伏欧姆数

## 3. 直流电流表

直流电流表用来测量直流电路中的电流。根据电流大小的不同，可分为安培表（A）、毫安表（mA）和微安表（μA），电流表是在表头的两端并联一个适当的分流电阻而构成的，如图 2-4-2（b）所示。它的主要规格如下。

（1）量程。即指针偏转满度时的电流值，安培表和毫安表一般都是多量程的。

（2）内阻。一般安培表的内阻在 0.1 Ω以下。毫安表、微安表的内阻可从 100～200 Ω到 1 000～2 000 Ω。

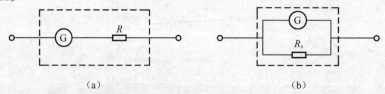

（a）        （b）

图 2-4-2　直流电压表和直流电流表

## 4. 使用直流电流表和电压表的注意事项

（1）电表的连接及正负极。直流电流表应串联在待测电路中，并且必须使电流从电流表的"+"极流入，从"−"极流出。直流电压表应并联在待测电路中，并应使电压表的"+"极接高电位端，"−"极接低电位端。

（2）电表的零点调节。使用电表之前，应先检查电表的指针是否指零，如不指零，应小心调节电表面板上的零点调节螺丝，使指针指零。

（3）电表的量程。实验时应根据被测电流或电压的大小，选择合适的量程。如果量程选得太大，则指针偏转太小，造成测量误差太大；量程选得太小，则过大的电流或电压会使电表损坏。在不知道测量值范围的情况下，应先选用最大量程，根据指针偏转的情况再改用合适的量程。

（4）视差问题。读数时应使视线垂直于电表的刻度盘，以免产生视差。级别较高的电表，在刻度线旁边装有平面反射镜，读数时，应使指针和它在平面镜中的像重合。

## 5. 电表误差

（1）测量误差。电表测量产生的误差主要有如下两类。

① 仪器误差。由于电表结构和制作上的不完善所引起，如轴承摩擦、分度不准、刻度尺划的不精密、游丝的变质等原因的影响，使得电表的指示与其值有误差。

② 附加误差。这是由于外界因素的变动对仪表读数产生影响而造成的。外界因素指的是温度、

电场、磁场等。

当电表在正常情况下（符合仪表说明书上所要求的工作条件）运用时，不会有附加误差，因而测量误差可只考虑仪器误差。

（2）电表的测量误差与电表等级的关系。各种电表根据仪器误差的大小共分为 7 个等级，即 0.1，0.2，0.5，1.0，1.5，2.5，5.0。根据仪表的级数可以确定电表的测量误差。例如，0.5 级的电表表明其相对额定误差为 0.5%。它们之间的关系可表示如下：

$$相对额定误差 = \frac{绝对误差}{表的量程}$$

$$仪器误差 = 量程 \times 仪表等级\%$$

例如，用量程为 15 V 的伏特表测量时，表上指针的示数为 7.28 V，若表的等级为 0.5 级，读数结果应如何表示？

$$仪器误差（\Delta V_{仪}）= 量程 \times 表的等级\% = 15 \times 0.5\%$$

$$= 7.5\% = 0.08 \text{ V（误差取一位）}$$

$$相对误差 = \frac{\Delta V}{V} = \frac{0.08}{7.28} = 1\%$$

由于用镜面读数较准确，可忽略读数误差，因此绝对误差只用仪器误差。读数结果为

$$V = (7.28 \pm 0.08) \text{ V}$$

（3）根据电表的绝对误差确定有效数字。例如，用量程为 15 V，0.5 级的伏特表测量电压时，应读几位有效数字？

根据电表的等级数和所用量程可求出：

$$\Delta V = 15 \times 0.5\% = 0.08 \text{ V}$$

故读数值时只需读到小数点后两位，以下位数的数值按数据的舍入规则处理。

6. 数字电表

数字电表是一种新型的电测仪表，在测量原理、仪器结构和操作方法上都与指针式电表不同，数字电表具有准确度高、灵敏度高、测量速度快的优点。

数字电压表和电流表的主要规格是：量程、内阻和精确度。数字电压表内阻很高，一般在 MΩ以上，要注意的是其内阻不能用统一的每伏欧姆数表示，说明书上会标明各量程的内阻。数字电流表具有内阻低的特点。

下面着重介绍数字电表的误差表示方法以及在测量时如何选用数字电表的量程。

数字电压表常用的误差表示方法为

$$\Delta = \pm(a\%V_X + b\%V_m) \tag{2-4-1}$$

式中：$\Delta$ 为绝对误差值；$V_X$ 为测量指示值；$V_m$ 为满度值；$a$ 为误差的相对项系数；$b$ 为误差的固定项系数。

从式（2-4-1）可以看出，数字电压表的绝对误差分为两部分：式中第 1 项为可变误差部分；第 2 项为固定误差部分，与被测值无关。

由式（2-4-1）还可得到测量值的相对误差 $r$ 为

$$r = \frac{\Delta}{V_X} = \pm\left(a\% + b\%\frac{V_m}{V_X}\right) \tag{2-4-2}$$

式（2-4-2）说明，满量程时 $r$ 最小，随着 $V_X$ 的减小 $r$ 逐渐增大，当 $V_X$ 略大于 $0.1V_m$ 时，$r$ 最

大。当 $V_X \leqslant 0.1V_m$ 时，应该换下一个量程使用，这是因为数字电压表量程是十进位的。

例如，一个数字电压表在 2.000 0 V 量程时，若 $a=0.02$，$b=0.01$，其绝对误差为

$$\Delta = \pm(0.02\%V_X + 0.01\%V_m)$$

当 $V_X=0.1V_m=0.200\ 0$ V 时，相对误差为

$$r = \pm(0.02\% + 10 \times 0.01\%) = \pm0.12\%$$

满量程时，$r$ 值只有 ±0.03%。所以，在使用数字电压表时，应选合适的量程，使其略大于被测量值，以减小测量值的相对误差。

## 三、电阻

实验室常用的电阻除了有固定阻值的定值电阻以外，还有电阻值可变的电阻，主要有电阻箱和滑线变阻器。

1. 电阻箱

电阻箱外形如图 2-4-3（b）所示，它的内部有一套用锰铜线绕成的标准电阻，按图 2-4-3（a）连接。旋转电阻箱上的旋钮，可以得到不同的电阻值。在图 2-4-3（b）中，每个旋钮的边缘都标有数字 0，1，2，…，9，各旋钮下方的面板上刻有 ×0.1，×1，×10，…，×10000 的字样，称为倍率。当每个旋钮上的数字旋到对准其所示倍率时，用倍率乘上旋钮上的数值并相加，即为实际使用的电阻值。如图 2-4-3 所示的电阻值为

$$R = 8 \times 10\ 000 + 7 \times 1\ 000 + 6 \times 100 + 5 \times 10 + 4 \times 1 + 3 \times 0.1 = 87\ 654.3\ \Omega$$

电阻箱的规格如下。

（1）总电阻。即最大电阻，如图 2-4-3 所示的电阻箱总电阻为 99 999.9 Ω。

（2）额定功率。它指电阻箱每个电阻的功率额定值，一般电阻箱的额定功率为 0.25 W，可以由它计算额定电流，例如，用 100 Ω挡的电阻时，允许的电流 $I = \sqrt{\dfrac{W}{R}} = \sqrt{\dfrac{0.25}{100}} = 0.05\ \text{A}$，各挡允许通过的电流值，如表 2-4-1 所示。

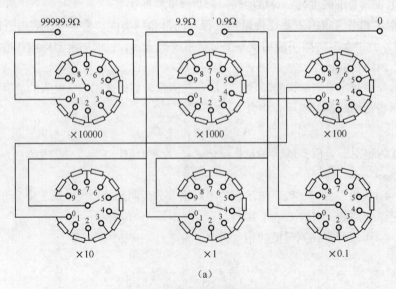

（a）

图 2-4-3　电阻箱内部连接及外形图

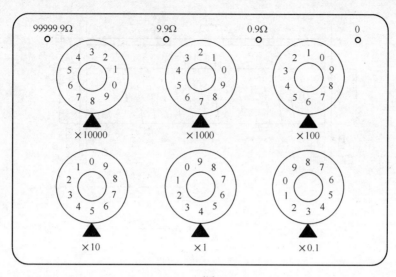

（b）

图 2-4-3 电阻箱内部连接及外形图（续）

表 2-4-1 电阻箱各挡允许通过的电流值

| 旋 钮 倍 率 | ×0.1 | ×1 | ×10 | ×100 | ×1 000 | ×10 000 |
|---|---|---|---|---|---|---|
| 允许负载电流/A | 1.5 | 0.5 | 0.15 | 0.05 | 0.015 | 0.005 |

（3）电阻箱的等级。电阻箱根据其误差的大小分为若干个准确等级，一般分为 0.02，0.05，0.1，0.2 等，它表示电阻值相对误差的百分数。例如，0.1 级，当电阻为 87 654.3 Ω时，其误差为 87 654.3 × 0.1% ≈ 87.7 Ω。

电阻箱面板上方有 0，0.9 Ω，9.9 Ω，99 999.9 Ω 4 个接线柱，0 分别与其余 3 个接线柱构成所使用的电阻箱的 3 种不同调整范围。使用时，可根据需要选择其中一种，如使用电阻小于 10 Ω时，可选 0 和 9.9 Ω两个接线柱，这种接法可避免电阻箱其余部分的接触电阻对使用的影响，不同级别的电阻箱，规定允许的接触电阻标准亦不同。例如，0.1 级规定每个旋钮的接触电阻不得大于 0.002 Ω，在电阻较大时，它带来的误差微不足道，但在电阻值较小时，这部分误差却很可观。例如，一个六钮电阻箱，当阻值为 0.5 Ω时接触电阻所带来的相对误差为 $\frac{6 \times 0.002}{0.05} = 2.4\%$，为了减少接触电阻，一些电阻箱增加了小电阻的接头。如图 2-4-3 所示的电阻箱，当电阻小于 10 Ω时，用 0 和 9.9 Ω接头可使电流只经过 ×1 Ω，×0.1 Ω这两个旋钮，即把接触电阻限制在 2 × 0.002 = 0.004 Ω以下；当电阻小于 1 Ω时，用 0 和 0.9 接头可使电流只经过 ×0.1 Ω这个旋钮，接触电阻就小于 0.002 Ω。标准误差和接触电阻误差之和就是电阻箱的误差。

2. 滑线变阻器

滑线变阻器的结构如图 2-4-4 所示，电阻丝密绕在绝缘瓷管上，电阻丝上涂有绝缘物，各圈电阻丝之间相互绝缘。电阻丝的两端与固定接线柱 A、B 相连，A、B 之间的电阻为总电阻。滑动接头 C 可以在电阻丝 AB 之间滑动，滑动接头与电阻丝接触处的绝缘物被磨掉，使滑动接头与电阻丝接通。C 通过金属棒与接线柱 C′相连，改变 C 的位置，就改变 AC 或 BC 之间的电阻值。使用滑线变阻器，虽然不能准确地读出其电阻值的大小，但却能近似连续地改变电阻值。

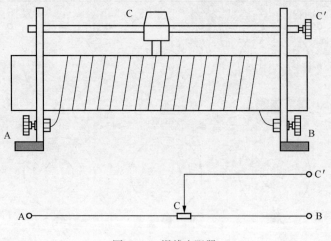

图 2-4-4　滑线变阻器

滑动变阻器的规格：

（1）全电阻。AB 间的全部电阻值；

（2）额定电流。滑线变阻器允许通过的最大电流。

滑线变阻器有如下两种用法。

（1）限流电路。如图 2-4-5 所示，A、B 两接线柱使用一个，另一个空着不用。当滑动 C 时，AC 间电阻改变，从而改变了回路总电阻，也就改变了回路的电流（在电源电压不变的情况下）。因此，滑线变阻器起到了限制（调节）回路电流的作用。

为了保证线路安全，在接通电源前，必须将 C 滑至 B 端，使 $R_{AC}$ 有最大值，回路电流最小。然后逐步减小 $R_{AC}$ 值，使电流增至所需要的数值。

（2）分压电路。如图 2-4-6 所示，滑线变阻器两端 A、B 分别与开关 K 两接线柱相连，滑动接头 C 和一固定端 A 与用电部分连接。接通电源后，AB 两端电压 $V_{AB}$ 等于电源电压 $E$。输出电压 $V_{AC}$ 是 $V_{AB}$ 的一部分，随着滑动端 C 位置的改变，$V_{AC}$ 也在改变。当 C 滑至 A 时，输出电压 $V_{AC}=0$，当 C 端滑至 B 时，$V_{AC}=V_{AB}$，输出电压最大。所以分压电路中输出电压可以调节在从零到电源电压之间的任意数值上，为了保证安全，接通电源前，一般应使输出电压 $V_{AC}$ 为零，然后逐步增大 $V_{AC}$，直至满足线路的需要。

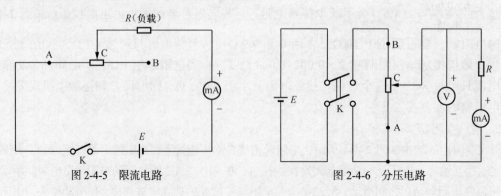

图 2-4-5　限流电路　　　　　　　图 2-4-6　分压电路

# 四、开关

开关通常以它的刀数（即接通或断开电路的金属杆数目）及每把刀的掷数（每把刀可以形成

的通路数）来区分开关。经常使用的有单刀单掷开关、单刀双掷开关、双刀单掷开关、双刀双掷开关及换向开关等。开关的符号如图 2-4-7 所示。

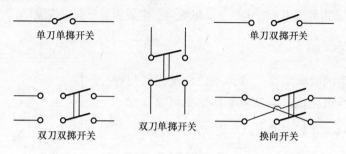

图 2-4-7　开关的符号

# 五、电磁学实验操作规程

## 1. 准备

做实验前要认真预习，做到心中有数，并准备好数据表。实验时，先要把本组实验仪器的规格弄清楚，然后根据电路图要求摆好仪器位置（基本按电路图排列次序，但也要考虑到读数和操作方便）。

## 2. 连线

要在理解电路的基础上连线。例如，先找出主回路，由最靠近电源开关的一端开始接线（开关都要断开）。先连主回路再连支路。一般在电源正极、高电位处用红色或浅色导线连接，电源负极、低电位处用黑色或深色导线连接。

## 3. 检查

接好电路后，先复查电路连接是否正确，再检查其他的是否都符合要求，例如，开关是否打开，电表和电源正负极是否接错，量程是否正确，电阻箱数值是否正确，变阻器的滑动端（或电阻箱各挡旋钮）位置是否正确，等等。直到一切都做好，再请教师检查，经同意后，方可接通电源。

## 4. 通电

在闭合开关通电时，要首先想好通电瞬间各仪表的正常反应是怎样的（例如电表指针是指零不动或是应摆动到什么位置等），闭合开关时要密切注意仪表反应是否正常，并随时准备不正常时断开开关。实验过程中需要暂停时，应断开开关，若需要更换电路，应将电路中各个仪器拨到安全位置然后断开开关，拆去电源，再改换电路，经教师重新检查后，才可接通电源继续做实验。

## 5. 实验

细心操作，认真观察，及时记录原始实验数据，原始数据须经教师过目并签字。原始实验数据单应一律附在实验报告后一并交上。

## 6. 安全

实验时一定要爱护仪器和注意安全。在教师未讲解，未弄清注意事项和操作方法之前不要乱动仪器。不管电路中有无高压，要养成避免用手或身体接触电路中导体的习惯。

## 7. 归整

实验做完后，应将电路中仪器旋钮拨到安全位置，关掉电源开关，经教师检查原始实验数据后再拆线，拆线时应先拆去电源，最后将所有仪器放好。

### 【实验仪器】

直流稳压电源、滑线变阻器、电压表、电流表、电阻箱、导线、检流计。

### 【实验内容与步骤】

根据部分电路的欧姆定律，导体中的电流强度与这段导体两端的电压成正比，与这段导体的电阻成反比，即 $I = \dfrac{U}{R}$。按图 2-4-8 接好电路。开始时 $R_A$ 取最大值，经教师检查后接通电源，逐渐减小 $R_A$，观察电流表示数，调 $R_A$（即滑动 $c$ 点），使电流表得到两次不同的读数 0.075 A、0.100 A，记下相对应的电压表上的两次读数，填入表 2-4-2 中，并用公式 $R = \dfrac{U}{I}$ 算出实验值 $R$，与理论值比较，求出相对误差。

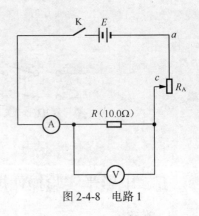

图 2-4-8　电路 1

表 2-4-2　　　　　　　　　　　　测　量　结　果

| 次　　数 | $I$/A | $U$/V | $R = \dfrac{U}{I}$ /Ω |
|---|---|---|---|
| 1 | 0.075 | | |
| 2 | 0.100 | | |

并联是将各种用电器连接在电路里的主要方法，在并联电路中的总电流强度等于各支路中电流强度之和，各支路两端的电压都相等。并联的几个导体的总电阻的倒数，等于各导体的电阻的倒数之和，电流的分配跟电阻成反比。例如，$R_1$ 和 $R_2$ 两个电阻并联，则

$$I = I_1 + I_2 \qquad U = U_1 = U_2$$

$$\frac{1}{R} = \frac{1}{R_1} + \frac{1}{R_2} \qquad \frac{I_1}{I_2} = \frac{R_2}{R_1}$$

按图 2-4-9 接好电路，把 $R_A$ 的滑动点 $c$ 滑到靠近 $a$ 点，经教师检查后接通电源。滑动 $c$，观察电压表偏转情况。调 $R_A$ 使电流表读数分别为 0.075 A、0.100 A，并记下相应的电压表读数，用电流表测出总电流 $I$ 后，将电流表拆下分别再接入 $R_1$、$R_2$ 两支路中去，测出支路电流 $I_1$ 和 $I_2$，将结果填入表 2-4-3 中。

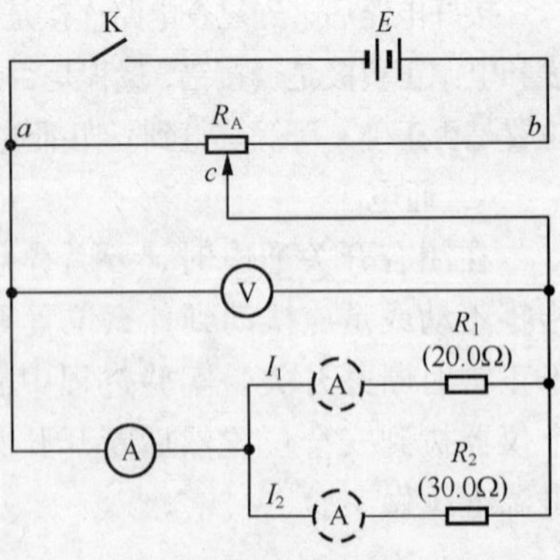

图 2-4-9　电路 2

表 2-4-3　　　　　　　　　　　　测　量　结　果

| 次　　数 | $I$/A | $I_1$/A | $I_2$/A | $U$/V |
|---|---|---|---|---|
| 1 | 0.075 | | | |
| 2 | 0.100 | | | |

$$\overline{R} = \frac{R_1 + R_2}{2} \qquad 理论值 \ R_理 = 10.0 \ \Omega$$

$$E_r = \frac{\left| \overline{R} - R_{理} \right|}{R_{理}} \times 100\%$$

由公式 $R = \dfrac{U}{I}$，求出 $R_1$ 和 $R_2$ 并联的等效电阻，再求出两次测量值的平均值 $\overline{R}$。

由公式 $R_{并} = \dfrac{R_1 \cdot R_2}{R_1 + R_2}$，求出理论值 $R_{并}$。

$$E_r = \frac{\left| \overline{R} - R_{并} \right|}{R_{并}} \times 100\%$$

## 【思考题】

1. 用一个量程为 3 V，1 000 Ω/V 的电压表测量电压，测得结果为 2.5 V，此时电压表的内阻是多少？

2. 如果把分压电路连接成图 2-1 的形式，对吗？会出现什么情况？

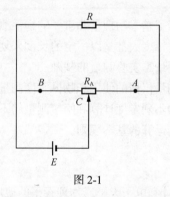

图 2-1

# 第三章
# 基础实验

## 实验一  质量与密度的测定

长度、质量、密度的测量概括了基本物理量和重要的物性测量。就长度而言，在各种各样的测量仪器中虽然其外观不同，但其标度大都是以一定的长度来划分的。物理实验中的测量大都可以归为长度的测量，因此长度的测量是实验测量的基础。

本实验旨在使学生掌握基本测量仪器的使用和物体密度测量的基本方法。学习单次直接测量的不确定度估计，多次直接测量的不确定度计算和间接测量的不确定度计算及不确定度合成与测量结果的表示。掌握有效数字及其运算的基本规则。

### 【实验目的】

1. 掌握游标卡尺、螺旋测微计和电子天平或物理天平的使用方法。
2. 学习测定固体和液体密度的基本方法。
3. 掌握不确定度及有效数字的运算规则。

### 【实验原理】

1. 长度测量

（1）游标卡尺。

游标卡尺主要由主尺和游标两部分组成，如图 3-1-1 所示。游标是在主尺上附加一个沿主尺滑动的小尺，这个小尺就叫游标。利用这个小尺可把米尺估读的那位数值精确地读出。游标可分为直游标和角游标，其原理都是一样的。

游标刻度尺共刻有 $n$ 个分格，而 $n$ 个分格的总长和主尺上的 $n-1$ 个最小分格的总长度相等。设主尺上每个分格的长度为 $y$，游标上每个分格的长度为 $x$，则有

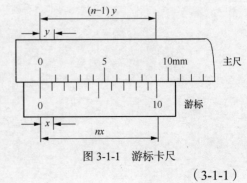

图 3-1-1  游标卡尺

$$nx = (n-1)y \tag{3-1-1}$$

主尺与游标每个刻度之差 $\Delta x = y - x = \dfrac{y}{n}$，称为游标卡尺的最小读数值，即最小分度值。主尺

的最小分度是毫米，若 $n=10$，则游标刻度尺上 10 个等分格的总长度和主尺上的 9 mm 相等，每个游标分度是 0.9 mm，则主尺与游标每个分度之差 $\Delta x =1-0.9=0.1$ mm，称做 10 分度游标卡尺；如 $n=20$，则游标卡尺的最小分度为 $\frac{1}{20}$ mm=0.05 mm，称为 20 分度游标卡尺；还有常用的 $n=50$ 的游标卡尺，其分度值为 $\frac{1}{50}$ mm=0.02 mm。

游标卡尺的读数是以主尺的"0"线与游标的"0"线之间的距离来表示的。读数可分为两步：首先，从游标上"0"线在主尺上的位置读出整数部分（毫米位）；其次，根据游标上与主尺对齐的刻线读出不足一分格的小数部分，二者相加就是测量值。读毫米以下的小数部分时应细心寻找游标上哪根线与主尺上的刻度线对的最齐，对的最齐的那根线就是我们要找的小数部分。

（2）螺旋测微计。

螺旋测微计（千分尺）是比游标卡尺更精密的长度测量仪器。它的量程是 25 mm，分度值是 0.01 mm。螺旋测微计的主要构造是一个微动螺杆，螺距是 0.5 mm。当螺杆旋转一周时，它沿轴线方向移动 0.5 mm。螺旋杆是和螺旋柄相连的，在柄上附有沿圆周的刻度，共有 50 个等分格，当螺旋柄上的刻度过一个分格时，螺旋杆沿轴线方向移动的距离是 $\frac{0.5}{50}$ mm，即 0.01 mm。螺旋测微计的外形结构如图 3-1-2 所示。

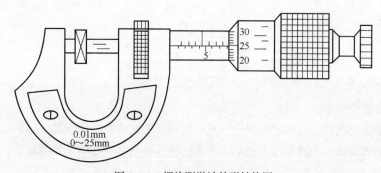

图 3-1-2 螺旋测微计外形结构图

读数可分为两步：首先观察固定标尺读数准线（即微分筒前沿）所在的位置，可以从固定标尺上读出整数部分，每格 0.5 mm，即可读到 0.5 mm。然后再以固定标尺的刻线为读数准线，读出 0.5 mm 以下的数值，估读到最小分度的 $\frac{1}{10}$，然后两者相加，如图 3-1-3（a）和（b）所示。

在图 3-1-3（a）中，整数部分是 5.5 mm，因固定标尺的读数准线已超过了 $\frac{1}{2}$ 刻线，所以是 5.5 mm，而圆周刻度上是 15 刻线对的最齐，即

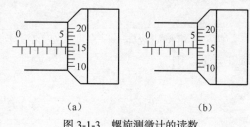

（a） （b）

图 3-1-3 螺旋测微计的读数

0.150 mm。所以其值为 5.5+0.150=5.650 mm。在图 3-1-3（b）中，整数部分（主尺部分）是 5 mm，而圆周刻度是 15，其值为 5+0.150=5.150 mm。

2. 物体密度测定

（1）固体密度的测定。

若一物体的质量为 $m$，体积为 $V$，则其密度为

$$\rho = \frac{m}{V} \tag{3-1-2}$$

可见，通过测定 $m$ 和 $V$ 可求出 $\rho$。$m$ 可用物理天平或电子天平测定。对于体积可视具体形状采用不同的方法，对几何形状规则的物体，其体积可用长度测量仪器进行测定。

当待测物是一直径为 $d$，高度为 $h$ 的圆柱体时，则有

$$\rho = \frac{4m}{\pi d^2 h} \tag{3-1-3}$$

对于形状不规则的物体密度，可用流体静力称衡法测定。首先，称出待测物体在空气中的质量 $m_1$，然后将物体没入水中，称出其在水中的质量 $m_2$，则物体在水中受到的浮力为

$$F = (m_1 - m_2)g \tag{3-1-4}$$

根据阿基米德原理，浸没在液体中的物体所受浮力的大小等于所排开的同体积液体的重量。因此

$$F = \rho_0 V g \tag{3-1-5}$$

其中 $\rho_0$ 为液体的密度，液体的密度是随温度变化的，液体在某一温度下的密度 $\rho_0$ 通常可从常数表中查到。$V$ 是排开液体的体积也即物体的体积。联立式（3-1-4）和式（3-1-5）可得

$$V = \frac{m_1 - m_2}{\rho_0} \tag{3-1-6}$$

由此得

$$\rho = \frac{m_1}{m_1 - m_2} \cdot \rho_0 \tag{3-1-7}$$

（2）液体密度的测定。

对于液体密度可用比重瓶法进行测定。在一定温度下比重瓶的容积是一定的。如将液体注入比重瓶中，将毛玻璃塞由上而下自由塞上，多余的液体将从塞中心的毛细管溢出，瓶中液体的体积将保持一定。

比重瓶的体积可通过注入蒸馏水，由天平称质量算出，若称得空比重瓶的质量为 $m_1$，充满蒸馏水时的质量为 $m_2$，则

$$m_2 = m_1 + \rho V$$

$$V = \frac{m_2 - m_1}{\rho} \tag{3-1-8}$$

如果再将待测液体——密度为 $\rho'$ 的液体（如淡盐水）注入比重瓶，再称待测液体和比重瓶的质量为 $m_3$，则

$$\rho' = \frac{m_3 - m_1}{V}$$

将式（3-1-8）代入上式得

$$\rho' = \frac{m_3 - m_1}{m_2 - m_1} \cdot \rho \tag{3-1-9}$$

（3）用比重瓶测粒状固体密度（自行设计）。

## 【实验仪器】

游标卡尺、螺旋测微计、电子天平或物理天平、烧杯、比重瓶、温度计、移液管、蒸馏水、淡盐水、待测圆柱体、粒状固体物等。

## 【实验内容与步骤】

1. 固体密度测定

（1）用游标卡尺测量金属圆柱体的高度 $h$，用螺旋测微计测量金属圆柱体的直径 $d$，求出金属圆柱体的体积 $V$ 及其不确定度 $u_V$。

（2）用电子天平或物理天平称待测金属圆柱体质量 $m$，由体积 $V$ 和质量 $m$ 求出金属圆柱体的密度 $\rho$ 及其不确定度。

2. 用比重瓶法测定液体（淡盐水）的密度

（1）用电子天平测出空比重瓶的质量 $m_1$。

（2）用移液管将比重瓶中充满蒸馏水（其密度为 $\rho$，记下液体温度查表可得），称其质量 $m_2$。

（3）将比重瓶内的蒸馏水倒出，烘干比重瓶，然后将待测密度为 $\rho'$ 的淡盐水注入比重瓶，再称（瓶+淡盐水）的质量 $m_3$。

（4）由公式 $\rho' = \dfrac{m_3 - m_1}{m_2 - m_1} \cdot \rho$ 计算淡盐水密度 $\rho'$ 及其不确定度。

3. 用比重瓶测定粒状固体密度（自行设计）

## 【数据记录与处理】

1. 圆柱体的体积

用游标卡尺测量圆柱体的高度 $h$，用螺旋测微计测量圆柱体的直径 $d$，将测量数据填入表 3-1-1 中。

表 3-1-1　　　　　　　仪器＿＿＿＿＿　　最小分度＿＿＿＿＿　　零点 $\delta$ ＿＿＿＿＿

| 测量次数 | 1 | 2 | 3 | 4 | 5 | 6 | 7 | 8 | 平均值 |
|---|---|---|---|---|---|---|---|---|---|
| 高度 $h$/mm | | | | | | | | | |
| 直径 $d$/mm | | | | | | | | | |

（1）直接测量的不确定度计算。

① 高度 $h$ 的不确定度计算：

A 类不确定度：$u_{A\bar{h}} = \sqrt{\dfrac{\sum\limits_{i=1}^{n}(h_i - \bar{h})^2}{n(n-1)}} = $＿＿＿＿＿＿mm

B 类不确定度：$u_B = \Delta_{仪} = 0.02$ mm（卡尺的最小分度值）

总不确定度：$u_h = \sqrt{u_{A\bar{h}}^2 + u_B^2} = $＿＿＿＿＿＿mm

高度 $h$ 的测量结果：$h = \bar{h} \pm u_h = $＿＿＿＿＿＿ ± ＿＿＿＿＿＿mm（由不确定度 $u_h$ 确定测量结果有效数字的位数）

② 圆柱体直径 $d$ 的不确定度计算：

A 类不确定度：$u_{A\bar{d}} = \sqrt{\dfrac{\sum\limits_{i=1}^{n}(d_i - \bar{d})^2}{n(n-1)}} = $ _____ mm

B 类不确定度：$u_B = \Delta_{\text{仪}} = 0.004$ mm

总不确定度：$u_d = \sqrt{u_{A\bar{d}}^2 + u_B^2} = $ _____ mm

直径 $d$ 的测量结果：$d = \bar{d} \pm u_d = $ _____ $\pm$ _____ mm（由不确定度 $u_d$ 确定测定结果有效数字的位数）

（2）间接测量的不确定度计算。

圆柱体的体积 $V = \dfrac{\pi}{4} d^2 h = $ _____ mm³ = _____ cm³

$$\frac{u_V}{V} = \sqrt{\left(2\frac{u_d}{d}\right)^2 + \left(\frac{u_h}{h}\right)^2} = \underline{\hspace{2cm}}$$

$$u_V = V\sqrt{\left(2\frac{u_d}{d}\right)^2 + \left(\frac{u_h}{h}\right)^2} = \underline{\hspace{1.5cm}} \text{mm}^3 = \underline{\hspace{1.5cm}} \text{cm}^3$$

测量结果：$V \pm u_V = $ _____ $\pm$ _____ cm³（由 $u_V$ 确定结果有效数字位数）

2．金属圆柱体密度

（1）用电子天平（或物理天平）测圆柱体的质量（单次测量）。

质量的测量值：$m = $ _____ g

质量的不确定度：$u_m = $ _____ g（$u_m$ 为单次测量的不确定度为 0.001 g）

质量的测量结果：$m \pm u_m = $ _____ $\pm$ _____ g

（2）圆柱体的密度及不确定度计算。

$$\rho = \frac{m}{V} = \frac{4m}{\pi d^2 h} = \underline{\hspace{2cm}} \text{g/cm}^3$$

$$\frac{u_\rho}{\rho} = \sqrt{\left(\frac{u_m}{m}\right)^2 + 2^2\left(\frac{u_d}{d}\right)^2 + \left(\frac{u_h}{h}\right)^2} = \underline{\hspace{2cm}}$$

$$u_\rho = \sqrt{\left(\frac{u_m}{m}\right)^2 + 2^2\left(\frac{u_d}{d}\right)^2 + \left(\frac{u_h}{h}\right)^2} \cdot \rho = \underline{\hspace{1.5cm}} \text{g/cm}^3$$

圆柱体密度的测量结果：$\rho \pm u_\rho = $ _____ $\pm$ _____ g/cm³

3．液体的密度

① 用电子天平测定空比重瓶质量 $m_1$；

② 比重瓶中充满蒸馏水的质量 $m_2$；

③ 比重瓶中充满淡盐水（待测液）的质量 $m_3$。

将测量数据填入表 3-1-2 中。

表 3-1-2　　　　　　　水温 $t = $ _____ ℃，$\rho = $ _____ g/cm³

| 空瓶 $m_1$/g | $m_1 \pm u_{m_1} = $ _____ $\pm$ _____ g |
|---|---|
| （瓶 + 水）$m_2$/g | $m_2 \pm u_{m_2} = $ _____ $\pm$ _____ g |
| （瓶 + 盐水）$m_3$/g | $m_3 \pm u_{m_3} = $ _____ $\pm$ _____ g |

$$\rho' = \rho\frac{m_3 - m_1}{m_2 - m_1} = \underline{\hspace{3cm}} \text{g/cm}^3$$

$$\frac{u\rho'}{\rho'} = \sqrt{\left(\frac{2}{m_2 - m_1}\right)^2 \cdot u_m^2} = \underline{\hspace{2cm}} (u_{m_1} = u_{m_2} = u_{m_3} = u_m)$$

$$u_{\rho'} = \sqrt{\left(\frac{2}{m_2 - m_1}\right)^2 \cdot u_m^2} \cdot \rho' = \underline{\hspace{3cm}} \text{g/cm}^3$$

液体密度的测量结果：$\rho' \pm u_{\rho'} = \underline{\hspace{2cm}} \pm \underline{\hspace{2cm}} \text{g/cm}^3$

## 【仪器简介及使用注意事项】

1. 电子天平

电子天平如图 3-1-4 所示。

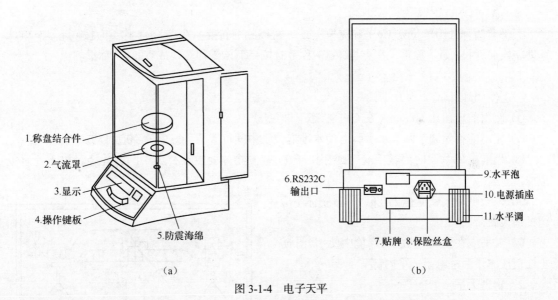

1. 称盘结合件
2. 气流罩
3. 显示
4. 操作键板
5. 防震海绵

6. RS232C 输出口
7. 贴牌 8. 保险丝盒
9. 水平泡
10. 电源插座
11. 水平调

（a）　　　　　　　　　　（b）

图 3-1-4　电子天平

合适的安放位置和正确的操作是获得精确称重的关键。为了获得精确的称得结果，天平必须在使用前通电 60 min 预热，以达到其稳定状态。

（1）电子天平的操作方法。

① 校准：

● 按"TARE"键，显示"0.000g"。

● 在显示"0.000g"时，按"CAL"键，显示"CAL"。

● 在显示"CAL"时在秤盘中央加上校准砝码，同时关上防风罩的玻璃门，等待天平内部自动校准。

● 当显示出现"+200.000g"同时蜂鸣器响了一下后天平校准结束。

● 移去校准砝码，天平稳定后显示"0.000g"。

● 如果在按"CAL"键后出现"CAL-E"说明校准出错，可按"TARE"键。

● 天平显示"0.000g"。

● 再按"CAL"键进行校准。

② 称重:
- 在天平显示"0.000g"时,将称重样品放在秤盘上,同时关上玻璃门。
- 请等待天平稳定后显示单位"g"。
- 读取称重结果。

③ 去皮:
- 在天平空盘时显示"0.000g"。
- 将空容器放在天平秤盘上,随后显示容器的重量值"+50.056g"。
- 去皮:按"TARE"键,即显示"0.000g"。
- 给容器加上称重样品,显示净重量值"+42.356g"。
- 按"TARE"键后显示"0.000g",然后移去称重样品及容器,天平显示负的累加值"−92.412g"。

④ 单位转换:
- 按"UNIT"键

天平有两种常用单位克(g)和克拉(ct),可以相互转换。在克(g)称重时按一下"UNIT"键即转换成克拉(ct)称重,在克拉(ct)称重时按一下该键即转换成克(g)称重。

其中,1克拉(ct)=0.2克(g)。

(2)使用注意事项。

① 使用前应预热60 min(在OFF状态下即可)。

② 使用前首先调节两个水平脚,使水准泡位于中间位置,调好后就不应再动。

③ 校准砝码拿取时要戴手套(或用镊子)。被测物体要放在秤盘中间,并轻轻放入,避免碰撞。

④ 该天平最大载荷是210 g,称量物体不应超过最大载荷。

⑤ 天平应在无风、防震的环境中使用,并防止任何液体渗漏进电子天平内部。

2. 物理天平

物理天平是常用的测量物体质量的仪器,构造如图3-1-5所示。天平的横梁上装有三个刀口,中间刀口置于支柱上,两侧刀口各悬一秤盘。横梁下面固定一个指针,当横梁摆动时,指针尖端就在支柱下方的标尺前摆动。制动旋钮可以使横梁上升或下降,横梁下降时,制动螺钉就会把它托住,以免磨损刀口。横梁两边两个平衡螺母是天平空载时调平衡的,横梁上装有游码,用于1 g以下的质量称量,支柱左边的托板,可以托住不被称衡的物体。

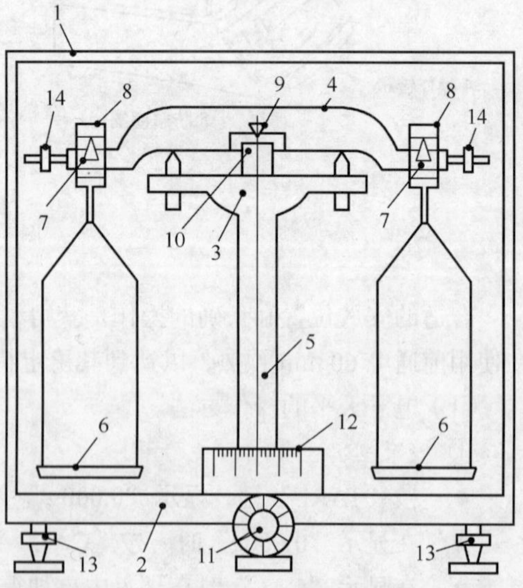

(1)物理天平的规格由下列两个参量表示。

① 感量是指天平平衡时,为使指针产生可觉察的偏转,在一端需加的最小质量。感量越小,天平的灵敏度越高(本实验中使用的物理天平的感量为0.02 g)。

1—玻璃外框　2—底座　3—支架　4—横梁　5—指针
6—秤盘　7,8—秤盘与横梁间的刀口与刀承
9,10—横梁与支架间的刀口与刀承　11—升降旋钮
12—刻度板　13—水平调节螺丝　14—零点调节螺丝
图3-1-5　物理天平的构造

② 称量是允许称衡的最大质量（本实验中使用的天平其称量为 200 g）。

（2）使用物理天平时应当注意以下几点。

① 使用前，应调节天平底脚螺钉，使底板上水准仪中气泡处于正中，以保证支柱铅直。

② 要调准零点，即先将游码移到横梁左端零线上，将两托盘分别挂在两边刀口上，然后再支起横梁，观察指针是否停在零点（或在零点附近左右偏转相同格数）；如不在零点，可以调节平衡螺母，使指针指向零点。

③ 称物体时，被称物体放在左盘，砝码放在右盘，取放砝码时，要用盒中的镊子，严禁用手抓砝码。

④ 取放物体或砝码，移动游码或调节平衡螺母时，都应将横梁制动，以免损坏刀口。

⑤ 测量完毕，应将托盘从刀口上取下，将砝码放回盒中。

3. 游标卡尺

① 游标卡尺使用前，应先将卡口合拢，检查游标的"0"线和主尺的"0"线是否对齐。如不对齐应记下零点读数，首先应分清是正值还是负值，并对测量值加以修正。

② 推动游标刻度尺时，不要用力过猛，卡住被测物体松紧适当，更应避免卡住物体后再移动物体，以防卡口受损。

③ 用完后两卡口要留有间隙，然后放入盒内，避免随便放在桌上或潮湿的地方。

4. 螺旋测微计

① 螺旋测微计使用前，应先将两测量面合拢，检查固定标尺的中线是否与圆周刻度的零线对齐，若不对齐，应记下零点读数，首先分清是正值还是负值，并对测量值加以修正。螺旋测微计零点正负值的区分如图 3-1-6 所示。

② 测量时，两测量面与被测物距离较大时，可以转动微分筒。当两测量面与被测物快接触时，要转动测力装置。当两测量面与被测物接触好了，测力装置会发出"咔咔"的打滑声，即可停止转动，进行读数了。

③ 测量完毕，两测量面之间要留有一定间隙，并放入盒内。

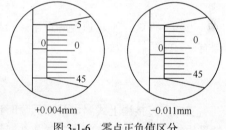

+0.004mm　　　　−0.011mm

图 3-1-6　零点正负值区分

【思考题】

1. 一个物理量在直接测量的情况下，其不确定度是怎样确定的？测量结果有效数字的位数是怎样确定的？

2. 已知圆柱体密度 $\rho = \dfrac{4m}{\pi d^2 h}$，要求 $\dfrac{u_\rho}{\rho} = \dfrac{u_m}{m} + 2\dfrac{u_d}{d} + \dfrac{u_h}{h} \leqslant 1\%$，如何选择测量仪器才能满足测量精度的要求？

3. 用比重瓶测定液体的密度时，试分析以下情况会使结果偏大还是偏小。

（1）测空比重瓶 $m_1$ 时比重瓶不干燥。

（2）测（瓶+纯水）$m_2$，瓶外有水没擦干。

（3）测（瓶+待测液）$m_3$ 时，用手握了瓶。

（4）实验时，温度升高 1 ℃。

# 实验二　气垫导轨上的力学实验

气垫导轨是一种阻力很小的多用途的力学实验仪器。它利用气源将压缩气体送入轨道内腔，气流从导轨表面的小孔喷出，使导轨表面与滑块之间形成一层很薄的"气垫"，将滑块托浮起来，使运动的接触摩擦大大减小，从而可以观察和研究在近似无阻力的情况下物体的各种运动规律以及验证某些物理定律。

## 【实验目的】

1. 掌握气垫导轨的调整和操作方法，学会使用电脑通用计数器。
2. 在气垫上测定滑块的速度和加速度。
3. 验证动量守恒定律，了解完全弹性碰撞和完全非弹性碰撞的特点。

## 【实验原理】

1. 平均速度和瞬时速度的测量

做直线运动的物体在 $\Delta t$ 时间内的位移为 $\Delta x$，则物体在 $\Delta t$ 时间内平均速度为

$$\bar{\upsilon} = \frac{\Delta x}{\Delta t} \tag{3-2-1}$$

当 $\Delta t \to 0$ 时，平均速度趋近于一个极限，即物体在该点的瞬时速度。用 $\upsilon$ 来表示瞬时速度，则有

$$\upsilon = \lim_{\Delta t \to 0} \frac{\Delta x}{\Delta t}$$

实验上直接用上式测量某点的瞬时速度是很困难的，一般在一定误差范围内，用极短的 $\Delta t$ 内的平均速度代替瞬时速度。通常装在滑块上的挡片为 U 形，挡光宽度为 $\Delta l$，利用测时器测得挡光时间，则

$$\upsilon = \frac{\Delta l}{\Delta t}$$

2. 匀变速直线运动

若滑块受一恒力，它将做匀变速直线运动，可采用在导轨一端加一滑轮，从滑块引出细线跨过滑轮和重物相连，也可以把气垫导轨一端垫高成一斜面来实现。采用前者可改变外力，不但可测得加速度，还可以验证牛顿第二定律。采用后者，因在测量过程中受外界干扰较小，测量误差较小，在测量加速度的基础上，还可以测量当地的重力加速度。匀变速运动方程为

$$\upsilon = \upsilon_0 + at$$
$$s = \upsilon_0 t + \frac{1}{2}at^2$$
$$\upsilon^2 = \upsilon_0^2 + 2as$$
$$a = \frac{\upsilon^2 - \upsilon_0^2}{2s}$$

其中，$\upsilon_0$ 和 $\upsilon$ 分别为滑块经过前、后两光电门的瞬时速度，$s$ 为两光电门的距离。

3. 验证动量守恒定律

如果一个力学系统所受合外力为零或在某方向上的合外力为零，则该力学系统总动量守恒或在某方向上守恒。即

$$\sum m_i \upsilon_i = 恒矢量$$

实验中用两质量分别为 $m_1$，$m_2$ 的滑块来碰撞（见图 3-2-1），若忽略空气阻力，根据动量守恒得出

$$m_1 \upsilon_{10} + m_2 \upsilon_{20} = m_1 \upsilon_1 + m_2 \upsilon_2$$

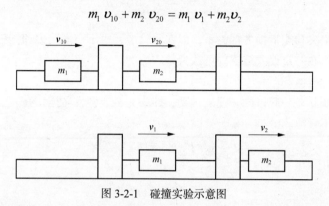

图 3-2-1 碰撞实验示意图

对于完全弹性碰撞，要求两个滑行器的碰撞面带有用弹性良好的弹簧组成的缓冲器，我们可用钢圈做完全弹性碰撞器；对于完全非弹性碰撞，碰撞面可用尼龙搭扣、橡皮泥或油灰；一般非弹性碰撞用一般金属，如合金、铁等。无论哪种碰撞，必须保证是对心碰撞。

当两滑块在水平的导轨上做对心碰撞时，忽略空气阻力，且不计其他任何水平方向的外力的影响，因此这两个滑块组成的力学系统在水平方向动量守恒。由于滑块做一维运动，上式中的矢量 $\upsilon$ 可改成标量成 $\upsilon$，$\upsilon$ 的方向由正负号决定，若与所选取的坐标轴方向相同，则取正号，反之，则取负号。

（1）完全弹性碰撞。

完全弹性碰撞的标志是碰撞前后动量守恒，动能也守恒，即

$$m_1 \upsilon_{10} + m_2 \upsilon_{20} = m_1 \upsilon_1 + m_2 \upsilon_2 \tag{3-2-2}$$

$$\frac{1}{2} m_1 \upsilon_{10}^2 + \frac{1}{2} m_2 \upsilon_{20}^2 = \frac{1}{2} m_1 \upsilon_1^2 + \frac{1}{2} m_2 \upsilon_2^2 \tag{3-2-3}$$

由式（3-2-2）、式（3-2-3）解得碰撞后的速度为

$$\upsilon_1 = \frac{(m_1 - m_2)\upsilon_{10} + 2m_2\upsilon_{20}}{m_1 + m_2}$$

$$\upsilon_2 = \frac{(m_2 - m_1)\upsilon_{20} + 2m_1\upsilon_{10}}{m_1 + m_2}$$

如果 $m_1 = m_2$，则 $\upsilon_1 = \upsilon_{20}, \upsilon_2 = \upsilon_{10}$，即质量相等的两滑块发生完全弹性碰撞后交换速度。

如果 $\upsilon_{20} = 0$，则有

$$\upsilon_1 = \frac{(m_1 - m_2)\upsilon_{10}}{m_1 + m_2}$$

$$\upsilon_2 = \frac{2m_1\upsilon_{10}}{m_1 + m_2}$$

动量损失率为

$$\frac{\Delta p}{p_0} = \frac{p_0 - p_1}{p_0} = \frac{m_1 \upsilon_{10} - (m_1 \upsilon_1 + m_2 \upsilon_2)}{m_1 \upsilon_1} \qquad (3\text{-}2\text{-}4)$$

能量损失率为

$$\frac{\Delta E}{E_0} = \frac{E_0 - E_1}{E_0} = \frac{\frac{1}{2} m_1 \upsilon_{10}^2 - \left(\frac{1}{2} m_1 \upsilon_1^2 + \frac{1}{2} m_2 \upsilon_2^2\right)}{\frac{1}{2} m_1 \upsilon_{10}^2} \qquad (3\text{-}2\text{-}5)$$

理论上，动量损失和能量损失都为零，但在实验中，由于空气阻力和气垫导轨本身的原因，不可能完全为零，但在一定误差范围内可认为是守恒的。

（2）完全非弹性碰撞。

碰撞后，两滑块黏在一起以同一速度运动，即为完全非弹性碰撞。在完全非弹性碰撞中，系统动量守恒，动能不守恒。

$$m_1 \upsilon_{10} + m_2 \upsilon_{20} = (m_1 + m_2)\upsilon$$

在实验中，让 $\upsilon_{20} = 0$，则有

$$m_1 \upsilon_{10} = (m_1 + m_2)\upsilon$$

$$\upsilon = \frac{m_1 \upsilon_{10}}{m_1 + m_2}$$

动量损失率

$$\frac{\Delta p}{p_0} = 1 - \frac{(m_1 + m_2)\upsilon}{m_1 \upsilon_{10}} \qquad (3\text{-}2\text{-}6)$$

## 【实验仪器】

气垫导轨一套、电脑通用计数器、DC-2 型气泵、垫块。

## 【实验内容与步骤】

1. 气垫导轨的水平调节

静态调节法：调节导轨一端的单脚螺钉，使滑块在导轨上保持不动或稍微左右摆动而无定向移动，那么导轨已调平。

动态调节法：调节两光电门的间距，使之约 50 cm（以指针为准）。接通电脑通用计数器开关，按功能键，电脑处于 $S_2$ 计时挡，用挡光条遮挡光电门，学习用电脑通用计数器测量遮光时间。在滑块上装上 U 形挡光片，然后使滑块以某一初速度在导轨来回滑行，观察滑块经过两光电门的时间 $\Delta t_1$ 和 $\Delta t_2$ 的数据，若滑块经过第 1 个光电门的时间 $\Delta t_1$ 总是略小于经过第 2 个光电门的时间 $\Delta t_2$（两者相差 2% 以内），就可认为导轨已调水平。

2. 物体匀速直线运动

接通气泵，轻轻放上装有 1 cm U 形挡光片的滑块。给滑块一初速度，测量并记录滑块分别经过两光电门的时间 $\Delta t_1$、$\Delta t_2$，依据式（3-2-1），求滑块经过光电门时的速度 $\upsilon_1$，$\upsilon_2$，填入表 3-2-1 中。

3. 匀变速运动中速度与加速度的测量

（1）先将气垫导轨调平，然后在一端单脚螺钉下置一厚度 $h = 2 \times 10^{-2}$ m 的垫块，使导轨成一斜面。

（2）在滑块上装上 U 形挡光片和在导轨上置好光电门，打开计时装置。

（3）使滑块从距导轨垫高的一端约 0.3 m 处放置第一个光电门，第二个光电门放在距第一个光电门 0.5 m 处。接通电源、气源，电脑处于 $S_2$ 计时挡，将滑块轻轻放在导轨垫高的一端约 0.2 m 处由静止开始自然下滑，做初速度为零的匀加速运动，记下挡光时间 $\Delta t$，重复 5 次。

（4）改变两光电门的距离 $D=0.8$ m，重复上述测量。

（5）将各测量结果填入表 3-2-2 中。

（6）求滑块的加速度。

4. 验证动量守恒定律

（1）调节气轨水平，并使光电测量系统处于正常工作状态。

（2）在质量相等（$m_1 = m_2$）的两滑块上，分别装上 $1 \times 10^{-2}$ m 的挡光片和弹性碰撞器，并使滑块装有弹性碰撞器的两端相对，将一个滑块（如 $m_2$）静止于两个光电门之间，另一滑块（如 $m_1$）置于第一个光电门之外，使它以一定的速度向静止滑块碰撞。

（3）当 $m_1$ 通过第 1 个光电门时，$m_2$ 通过第 2 个光电门时，分别测出 $\Delta t_{10}$，$\Delta t_2$。

（4）重复以上步骤 3 次，将所测数据填入记录表 3-2-3 中，根据式（3-2-4）和式（3-2-5），验证其完全弹性碰撞动量和动能是否守恒。

（5）研究完全非弹性碰撞时，将滑块上装有非弹性碰撞器的两端相对，重复以上步骤 3 次，将所测数据填入表 3-2-4 中，根据式（3-2-6），验证其完全非弹性碰撞动量是否守恒。

## 【数据记录与处理】

$D$ 表示两光电门距离，$\Delta l$ 表示挡光板两次挡光的距离，滑块质量分别为 $m_1$、$m_2$ 对应的初速度为 $v_{10}$、$v_{20}$，末速度为 $v_1$、$v_2$。

表 3-2-1　　　　　　　　　　气轨调平时，时间和速度记录表

| 项目次数 | $\Delta l =$ m | | | |
|---|---|---|---|---|
|  | $\Delta t_1 /$s | $v_1 /$(m/s) | $\Delta t_2 /$s | $v_2 /$(m/s) |
| 1 |  |  |  |  |
| 2 |  |  |  |  |
| 3 |  |  |  |  |

表 3-2-2　　　　　　　　　　测斜面上滑块的加速度的数据表

| 项目次数 | $\Delta l =$ m | | | | | | | |
|---|---|---|---|---|---|---|---|---|
|  | $D_1 =$ m | | | | $D_2 =$ m | | | |
|  | $\Delta t_1 /$s | $v_1 /$(m/s) | $\Delta t_2 /$s | $v_2 /$(m/s) | $\Delta t_1 /$s | $v_1 /$(m/s) | $\Delta t_2 /$s | $v_4 /$(m/s) |
| 1 |  |  |  |  |  |  |  |  |
| 2 |  |  |  |  |  |  |  |  |
| 3 |  |  |  |  |  |  |  |  |
| 4 |  |  |  |  |  |  |  |  |
| 5 |  |  |  |  |  |  |  |  |
| $\bar{v}_1 =$ | m/s, $\bar{v}_2 =$ | | m/s | $\bar{v}_3 =$ | m/s, $\bar{v}_4 =$ | | m/s | |
| $a =$ | | | | $a =$ | | | | |

$$\frac{|v_2 - v_1|}{v_1} \times 100\% =$$

表 3-2-3　　　　　　　　　　　验证完全弹性碰撞动量守恒和能量定律的数据表

| 项目次数 | $\Delta t_{10}/s$ | $v_{10}/(m/s)$ | $\Delta t_2/s$ | $v_2/(m/s)$ |
|---|---|---|---|---|
| 1 | | | | |
| 2 | | | | |
| 3 | | | | |

$m_1 = m_2 = $　　　　kg，$v_{20} = 0$，$D = $　　　　m，$\Delta l = $　　　　m

$$\frac{\Delta p}{p_0} =$$

$$\frac{\Delta E}{E_0} =$$

表 3-2-4　　　　　　　　　　　验证完全非弹性碰撞动量守恒定律的数据表

| 项目次数 | $\Delta t_{10}/s$ | $v_{10}/(m/s)$ | $\Delta t_1/s$ | $v_1/(m/s)$ | $\Delta t_2/s$ | $v_2/(m/s)$ |
|---|---|---|---|---|---|---|
| 1 | | | | | | |
| 2 | | | | | | |
| 3 | | | | | | |

$v_{20} = 0$，$m_1 = $　　　　kg，$m_2 = $　　　　kg，$D = $　　　　m，$\Delta l = $　　　　m

$$\frac{\Delta p}{p_0} =$$

## 【仪器简介】

1. 气垫导轨及相关仪器

气垫导轨是一种多用途的力学实验仪器。它利用从导轨表面的小孔喷出的气流，使导轨表面与滑块之间形成一层很薄的"气垫"，将滑块托浮起来，使运动的接触摩擦大大减小，从而可以进行一种较精确的定量研究，以及验证某些物理规律。

气垫导轨是一个一端封闭的中空长直导轨，导轨表面有很多小气孔，压缩空气从小孔中喷出，在滑块和导轨间产生 $0.5 \times 10^{-4} \sim 2.0 \times 10^{-4}$ m 厚的空气层，即"气垫"，依靠这层气垫和大气的压差将滑块托起，使滑块在气轨上做近似无摩擦的运动。全套设备包括导轨、气源、计时系统三大部分。

（1）导轨和底座。

导轨和底座都采用优质铝合金型材，使之轻便、不易变形。导轨长 1.555 m，宽 0.045 m，两轨面相互成直角，并经精细加工，具有较高的直度和表面光洁度。在一侧下部有一刻度尺，用来确定滑块运动距离，轨面上钻有两排等距离排列的小孔，孔距为 $2.0 \times 10^{-2} \sim 2.5 \times 10^{-2}$ m，孔径为 $0.6 \times 10^{-3}$ m，在导轨两端加上端盖形成气室，导轨一端装有进气口。在导轨底部装有三个底脚螺旋，分居导轨两端，双脚端螺旋用来调节轨面两侧线高度相等，单脚端螺旋用来调节轨面水平，或者将不同厚度的垫块放到该螺旋下，以得到不同斜度的斜面。

（2）气源。

气源是向气垫导轨管腔内输送压缩空气的设备。要求气源有气流量大、供气稳定、噪音小、能连续工作的特点，一般实验室采用专用小型气源，价格便宜、移动方便，适于单机工作。气垫导轨的进气口和气源相连，进入导轨内的压缩空气，由导轨表面上的小孔喷出，从而托浮起滑块，托起的高度一般在 $1 \times 10^{-4}$ m 以上。专用小型气源电动机转速较高，容易发热，不能长时间连续开机。

（3）电脑通用计数器。

① 它是一种高精度的计时仪器，可以用于测量很短暂的时间。它可以测量的最小时间间隔是 0.01 ms（即读数精度可达 $1 \times 10^{-5}$ s），最大时间间隔是 99.999 9 s。

电脑通用计数器工作原理是利用石英晶体振荡器所产生的高频电脉冲去推动计数器计数。挡光板第一次挡光时电脑通用计数器开始计时（前沿触发），第二次挡光时它停止计时，挡光板两次挡光的时间间隔，即计时挡 $S_2$ 显示的时间。

② 按键介绍。

功能键：用于 10 种功能的选择及取消显示数据、复位。多次按下功能键可选择所需的功能。本实验主要使用"计时 2（$S_2$）"功能，即滑块经过两光电门时，滑块上挡光片挡光时间间隔 $\Delta t$ 或滑块的速度 $v$（视设定的单位而定）。

转换键：用于测量单位的转换、挡光片宽度的设定及简谐运动周期值设定。按下转换键小于 1 s 时，测量值在时间或速度之间转换；按下转换键大于 1 s 时，可重新选择所用挡光片的宽度。每次开机时挡光片的宽度自动设定为 1 cm。测量速度前，请确认所用挡光片的宽度与设定挡光片的宽度相等。

取数键：本仪器会自动保留前 20 组测量结果（自上一次清零后开始记录），按下取数键，可依次显示存储的测量结果。当显示"E×"时，提示将显示存入的第 10 s 组测量结果；每个测量结果将显示约 10 s，然后再显示下一组测量结果。

③ 使用电脑通用计数器应注意：

a. 电脑通用计数器使用中电源为 220V，50Hz。

b. 接通 220 V 电源后，按下电源开关，数码管点亮，按下功能选择复位键，设定在计时功能，让带有凹形挡光片的滑行器通过光电门即可显示两次挡光时间间隔。

2. 气垫导轨的调平

先进行粗调（即静态调平），再进行细调（即动态调平）。

（1）静态调平法。

打开气源将压缩空气送入导轨，将滑块轻轻置于导轨上，使滑块在导轨上自由滑动。滑块运动的方向，是导轨低的一端，可调节导轨一端的单个底脚螺丝，直到滑块不动或有微小滑动，但无一定的方向为止，则可认为气轨已调平。横向水平调节一般要求不高，用眼睛观测滑块底部两侧气隙是否相同，如果倾斜，可调节气轨一端的双底脚螺丝，直到滑块两侧气隙高度相同。

（2）动态调平法。

在导轨中部相隔一定距离放置两个光电门轻轻推动装有 U 形挡光片的滑块，观察滑块上挡光片经过光电门时计时器是否计时，如果计时器显示出计时数字，表明仪器正常，否则，应检查挡光片是否挡光，光电门的光敏二极管和小灯泡发的光是否对准，以及仪器选择挡、量程等是否正确等。

轻轻推一下滑块，测出滑块通过两光电门的时间 $\Delta t_1$ 和 $\Delta t_2$，由于空气阻力的存在，经过第二光电门的时间 $\Delta t_2$ 总是略大于经过第一光电门的时间 $\Delta t_1$，$\Delta t_2$ 与 $\Delta t_1$ 相差多少才被认为气垫导轨是水平呢?我们可以通过计算得到有关数据。

当滑块速度不太大时，空气阻力与滑块速度 $v$ 有如下关系：

$$F = -bv$$

式中：$b$ 为阻尼常数。根据牛顿第二定律，有

$$F = ma - bv \qquad (3\text{-}2\text{-}7)$$

式中，$m$ 为滑块质量。由式（3-2-7）得

$$a = -\frac{b}{m}v$$

$$\frac{\mathrm{d}v}{\mathrm{d}t} = -\frac{b}{m}\frac{\mathrm{d}s}{\mathrm{d}t}$$

$$\int_{v_1}^{v_2}\mathrm{d}v = -\frac{b}{m}\int_0^D \mathrm{d}s$$

式中：$v_1, v_2$ 为滑块通过两个光电门时的速度，$D$ 为两个光电门之间的距离。如果两光电门距离 $D=0.5\,\mathrm{m}$，滑块的质量 $m=0.25\,\mathrm{kg}$，阻尼常数 $b=4\times10^{-3}\,\mathrm{kg/s}$，则

$$v_1 - v_2 = 8\times10^{-3}\,\mathrm{m/s}$$

若挡光片上从第 1 次挡光到第 2 次挡光的距离 $\Delta l = 1\times10^{-2}\,\mathrm{m}$，设滑块通过第 1 光电门时的速度 $v_1 = 0.40\,\mathrm{m/s}$，则当滑块通过第 2 光电门时，速度损失约为 2%。由此可推得，如滑块通过两光电门的时间在 $3\times10^{-2}\,\mathrm{s}$ 以内，且通过两光电门的时间差小于 $1\times10^{-3}\,\mathrm{s}$；或时间在 0.03～0.05s，相差小于 $2\times10^{-3}\,\mathrm{s}$；时间在 0.05～0.1s，相差小于 $5\times10^{-3}\,\mathrm{s}$，则可以认为气垫导轨处于调平状态。

## 【注意事项】

1. 气轨表面要常用酒精棉球轻擦，不要在导轨表面加压以防止导轨变形及划伤，保证气轨表面的清洁度和光滑度，不用时加防尘罩。

2. 导轨与滑块内表面经过精密加工，配合密切，使用时要轻拿轻放，切勿使滑块跌落，严禁与导轨磕碰、划伤，以保持导轨表面有较高的平直度。

3. 每次实验开始应先打开气源，再轻轻放上滑块，实验结束时，应先取下滑块，再关闭气源，决不允许在未接通气源时，将滑块放在导轨上来回滑动。导轨不通气时不要将滑块放在导轨上，以免磨损。

4. 小型专用气源功率小，电机容易发热，连续工作不得超过 30 min。不进行测量时要把气源关掉，以免烧坏电机。

## 【思考题】

1. 用平均速度代替瞬时速度的依据是什么?必须保证哪些实验条件?

2. 测量物体下滑的加速度时，为什么每次滑块都从同一位置由静止开始自由下滑?

3. 验证系统动量守恒时，为什么先要调平气垫导轨?

4. 如实验结果显示两滑块在碰撞前后总动量有差别，分析原因。

5. 验证机械能守恒实验中，两个光电门应如何设置?

# 实验三  薄透镜焦距的测定

焦距是反映透镜光学特性最重要的物理量。不同焦距的透镜及透镜组组成了各种各样的光学仪器。为了正确使用光学仪器，必须掌握透镜成像的规律；学会光路调节的方法和透镜焦距的测量方法。

## 【实验目的】

1. 复习透镜成像的规律。
2. 学会简单光学系统的共轴调节。
3. 掌握薄透镜焦距的几种测量方法。

## 【实验原理】

1. 薄透镜的成像公式

所谓薄透镜是指其厚度比两折射球面的曲率半径小得多的透镜。在近轴光线的条件下，薄透镜成像规律可表示为

$$\frac{1}{u}+\frac{1}{v}=\frac{1}{f} \tag{3-3-1}$$

式中：$u$ 表示物距；$v$ 表示像距；$f$ 为透镜的焦距。$u$，$v$，$f$ 均从透镜的光心算起。其中，虚值为负，实值为正。

2. 凸透镜焦距的测量原理

（1）物距像距法

如图 3-3-1 所示，根据透镜成像规律，找到像的位置，测出物距 $u$ 和像距 $v$，代入式（3-3-1）可直接计算出焦距 $f$。

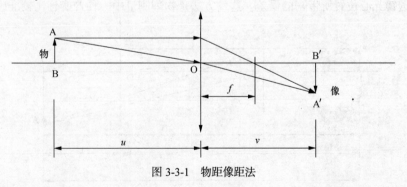

图 3-3-1  物距像距法

（2）自准法

如图 3-3-2 所示，将物放在凸透镜前焦面上，物上各点发出的光线经过透镜后变为不同方向的平行光，经与主光轴垂直的平面镜 M 反射回来，再次通过透镜，仍会聚于透镜的前焦面上，其会聚点将在光点相对于光轴的对称位置上。测出物与透镜之间的距离即为透镜焦距。

但是，以上两种方法有一个共同的缺点，就是光心的位置难以确定（因为透镜的光心与其几何中心一般不重合），这样就会为测量带来误差。

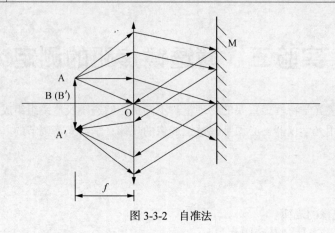

图 3-3-2　自准法

（3）共轭法

如图 3-3-3 所示，取物与像屏间距 $L > 4f$ 且在实验过程中保持不变。移动待测透镜，当其距物为 $u$ 时，屏上出现一个放大的清晰的像；当其距物为 $u'$ 时在屏上得到一个缩小的清晰的像。根据成像公式及各量的几何关系，可得

$$\frac{1}{u} + \frac{1}{v} = \frac{1}{f}$$

$$\frac{1}{u+e} + \frac{1}{v-e} = \frac{1}{f}$$

由两式得

$$e = v - u$$

又因为

$$L = v + u$$

得

$$v = \frac{L+e}{2}, \quad u = \frac{L-e}{2}$$

所以

$$f = \frac{uv}{u+v} = \frac{L^2 - e^2}{4L} \tag{3-3-2}$$

这个方法的优点是：把焦距的测量变为对可以精确测定的量 $L$ 和 $e$ 的测量，避免了在测量 $u$ 和 $v$ 时估计透镜光心位置所带来的误差。这种方法是物理测量中一种普遍且比较准确的方法。

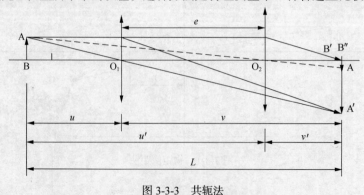

图 3-3-3　共轭法

3. 凹透镜焦距的测量原理

（1）物距像距法

如图 3-3-4 所示，物 AB 经凸透镜 $L_1$ 成像 A′B′。若在凸透镜和 A′B′间插入一个焦距为 $f$ 的凹透镜 $L_2$，然后调整 $L_2$ 与 $L_1$ 的间距，则由于凹透镜的发散作用，此时将成像于 A″B″。根据光线传播的可逆性，可认为物 A″B″经凹透镜成虚像 A′B′。

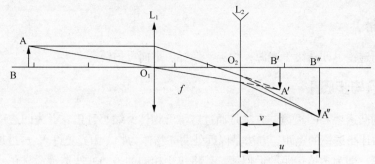

图 3-3-4 物距像距法

则此时 $O_2B'$ 为像距 $v$，再由凹透镜成像公式

$$\frac{1}{u} - \frac{1}{v} = -\frac{1}{f}$$

得 $$f = \frac{uv}{u-v}（式中皆取正值）\qquad（3-3-3）$$

（2）自准法

自准法光路图如图 3-3-5 所示。

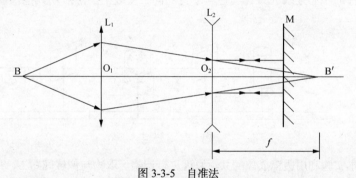

图 3-3-5 自准法

设凸透镜 $L_1$ 主光轴上有一物点 B，成像于位置 B′。固定凸透镜 $L_1$，并在 $L_1$ 和像 B′ 之间插入待测凹透镜 $L_2$ 和一平面反射镜 M，使 $L_2$ 与 $L_1$ 光心 $O_1O_2$ 共轴。移动 $L_2$ 可使由平面镜反射回的光线经 $L_2$、$L_1$ 后仍成像于 B 点。此时，从凹透镜射到平面镜的光将是一束平行光，B′点就成为由平面镜反射回的平行光的虚焦点，也就是凹透镜 $L_2$ 的焦点，测出 $L_2$ 的位置，则间距 $O_2B'$ 即为凹透镜的焦距。

自准法轴外物点的光路图如图 3-3-6 所示。

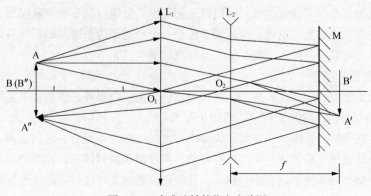

图 3-3-6 自准法轴外物点光路图

## 【实验仪器】

光具座、凸透镜、凹透镜、光源、物屏、像屏、平面反射镜。

## 【实验内容与步骤】

首先要区别凸透镜和凹透镜，方法是通过透镜看物体，缩小且正立者为凹透镜，否则为凸透镜。再来大致估计凸透镜的焦距，方法是以远处明亮物体为物（阳光更好），透过透镜成像，测出透镜至像的距离，即为透镜焦距的近似值。若将焦距相同的一凸一凹透镜紧靠在一起，近轴部分类似平玻璃，因此可借助凸透镜粗测凹透镜的焦距。

1. 共轴调节

所谓共轴是指使所用各光学元件主光轴重合，而且与光具座导轨平行。这样不仅能保证近轴光线的条件成立，也能保证光具座上的刻度指示数即为光轴上的相应位置。实验前必须进行共轴调节。

调节共轴的方法一般是先粗调再细调。

（1）粗调。如图 3-3-7 所示，放置所用元件，把它们依次共轴放置，并且先尽量靠拢，用眼睛观察，使各元件的中心连线大致在与导轨平行的同一直线上。然后用其他仪器或依靠成像规律进行细调。

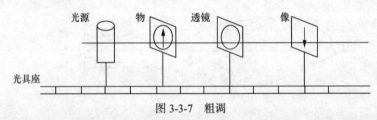

图 3-3-7　粗调

（2）细调。本实验利用透镜成像的共轭原理进行调整。取物与像屏间距 $L>4f$ 固定物和像屏。移动透镜到 $O_1$、$O_2$ 两处（图 3-3-3），屏上分别得到放大和缩小的像。显然，主光轴上的物点（即与系统共轴的物点）两次成像位置重合，而轴外物点（如 A 点），它的两次成像位置分开。而且大像点 $A''$ 离开小像点 $A'$ 的方向与物点偏离轴的方向相反。所以，调节轴外物点与系统共轴的方法是：先成物点的小像，且记下它在屏上的位置，然后再将透镜移到 $O_1$ 位置成大像，根据大像点离开小像点的方向判断物点偏离主轴的情况，再相应地调节物点，使大像重合于小像位置。如此反复多次直至两像点重合。

当然，物点偏高相当于透镜偏低，所以以上调节也可以通过调节透镜来完成。

如果系统中有两个以上的透镜，应先调节包括一个凸透镜的系统共轴，然后再加入第二个透镜，调节该透镜与原系统共轴。以此类推，直到最后都调试完毕。

2. 凸透镜焦距的测量

（1）物距像距法。如图 3-3-1 所示，将物放在凸透镜焦距以外，使之在屏上成清晰的像，测出 $u$、$v$（填入表 3-3-1），按式（3-3-1）算出焦距 $f$。

但要注意，在实际测量中，由于对成像清晰程度的判断总不免有一定的误差，故常采用左右逼近法读数。先使透镜（或像屏）由左向右移动，当像刚清晰时停止，记下透镜（或像屏）位置的读数；再使透镜（或像屏）自右向左移动，在像刚清晰时又可读得一数。取这两次读数的平均值作为成像清晰时透镜（或像）的位置。

表 3-3-1　　　　　　　　　　　　　　物距像距法测凸透镜焦距

像屏移动，物的位置 B_____，透镜位置 O_____，物距 $u=$_____　　　　　　单位：cm

| 次数 | 像的位置 Q | | 像距 $|Q-O|$ | 焦距 $f = \dfrac{uv}{u+v}$ | 不确定度 U |
|---|---|---|---|---|---|
| 1 | → | | | | |
| | ← | | | | |
| 2 | → | | | | |
| | ← | | | | |
| 3 | → | | | 平均值 $\overline{f}=$ | |
| | ← | | | | |
| 4 | → | | | | |
| | ← | | | | |
| 5 | → | | | | |
| | ← | | | | |

（2）自准法。如图 3-3-2 所示，将反射镜靠近透镜，然后调节透镜或物屏位置，使物的像又清晰地成在物屏上，则透镜到物屏的距离即为焦距。将测得数据填入表 3-3-2 中。

表 3-3-2　　　　　　　　　　　　　　自准法测凸透镜焦距　　　　　　　　　　　单位：cm

| 次数 | 物屏位置 B | | 透镜位置 O | 焦距 $f=|O-B|$ | 不确定度 U |
|---|---|---|---|---|---|
| 1 | → | | | | |
| | ← | | | | |
| 2 | → | | | | |
| | ← | | | | |
| 3 | → | | | | |
| | ← | | | | |
| 4 | → | | | | |
| | ← | | | | |
| 5 | → | | | | |
| | ← | | | | |

（3）对称位移法（又称共轭法）。如图 3-3-3 所示，取 $L>4f$ 且固定，然后移动透镜，当屏上出现清晰放大、缩小像时，分别记下透镜所在的位置 $O_1$、$O_2$ 的读数算出 e，由式（3-3-2）算出透镜焦距。

3. 凹透镜焦距的测量

（1）物距像距法。如图 3-3-4 所示，在凸透镜成像系统中插入一凹透镜 $L_2$ 于凸透镜 $L_1$ 和像 $A'B'$ 之间，向后移动像屏，重新得到清晰的像 $A''B''$。记下 $L_2$ 及两次像屏位置 $O_2$、$B'$、$B''$ 的读数，算出 $u$，$v$，代入式（3-3-3）算出凹透镜焦距。改变像屏和 $L_2$ 的位置，重复测量 5 次。

（2）自准法。如图 3-3-5 和图 3-3-6 所示，在凸透镜成像系统中插入一凹透镜 $L_2$ 和一平面镜 M 于 $L_1$ 和像 $A'B'$ 之间，移动 $L_2$，使像 $A''B''$ 成于物屏上，记下 $B'$ 和 $O_2$ 位置读数，则间距 $O_2B'$ 即为凹透镜焦距。

## 【思考题】

1. 共轭法测凸透镜焦距时，为什么要使物与像屏之间的距离大于四倍焦距？

2. 自准法测凸透镜焦距时，平面镜离透镜远近不同，以及平面镜法线方向不同（但都能成清晰的像）对焦距的测量值有无影响？对成像有何影响？画光路图说明之。

3. 请分析自准法同物距像距法成像位置的联系。

# 实验四  拉伸法测金属丝的杨氏模量

杨氏弹性模量是描述固体材料抗形变能力的重要物理量，是机械构件材料选择的重要依据，是工程中常用的重要参数。杨氏模量的测量方法很多，如振动法、梁的弯曲法、内耗法等。本实验采用拉伸法测量杨氏模量，其关键在于长度微小变化量的测量。

## 【实验目的】

1. 用拉伸法测金属丝的杨氏模量。

2. 掌握不同长度测量器具的选择和使用方法。

3. 掌握用光杠杆测长度微小变化量的原理和方法。

4. 学会用逐差法处理数据。

## 【实验原理】

任何物体（或材料）在外力作用下都会发生形变。当形变不超过某一限度时，撤走外力则形变随之消失，为一可逆过程，这种形变称为弹性形变，这一限度称为弹性极限。超过弹性极限，就会产生永久形变（亦称塑性形变），即撤去外力后形变仍然存在，此为不可逆过程。当外力进一步增大到某一点时，会突然发生很大的形变，该点称为屈服点。在达到屈服点不久，材料可能发生断裂。

在许多种不同的形变中，拉伸（或压缩）是最简单、最普遍的形变之一。人们在研究材料的弹性性质时，希望有这样一些物理量，它们与试样的尺寸、形状和外加的力无关，于是提出了应力 $F/S$（即力与力所作用的面积之比）和应变 $\Delta L/L$（即长度或尺寸的变化与原来的长度或尺寸之比）的概念。本实验用粗细均匀的金属丝做拉伸实验。设金属丝的原长为 $L$，横截面积为 $S$，在轴向拉力 $F$ 的作用下伸长了 $\Delta L$，根据胡克定律，在弹性限度内，应变与应力成正比关系，即

$$\frac{F}{S} = E\frac{\Delta L}{L} \tag{3-4-1}$$

式（3-4-1）中比例常数 $E$ 称为杨氏模量，常用单位为 $\mathrm{N/m^2}$。杨氏模量仅与材料的性质有关，其大小表征金属抗形变能力的强弱，数值上等于产生单位应变的应力。若实验测出在外力 $F$ 作用下钢丝的伸长量为 $\Delta L$，则可算出钢丝的杨氏模量

$$E = \frac{FL}{S\Delta L}$$

为了测定杨氏模量 $E$ 值，在上式中 $F$、$L$ 和 $S$ 都比较容易测定，而金属丝长度的微小变化量 $\Delta L$ 则很难用通常测长仪器准确地度量。

本实验采用光杠杆的光学放大作用实现对金属丝微小伸长量$\Delta L$的间接测量。测量系统的组成是光杠杆和尺读望远镜，如图3-4-1所示。光杠杆系统是由光杠杆镜架与尺读望远镜组成的，尺读望远镜由一把竖立的毫米刻度尺和在尺旁的一个望远镜组成。

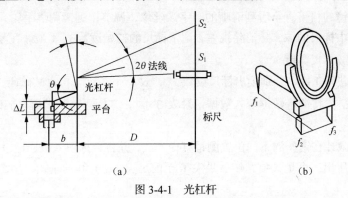

图3-4-1　光杠杆

将光杠杆和望远镜如图3-4-1所示放好，按仪器调节顺序调好全部装置后，就会在望远镜中看到经由光杠杆平面镜反射的标尺像。设开始时光杠杆的平面镜竖立，即镜面法线在水平位置，在望远镜中恰好能看到望远镜处标尺刻度$S_1$的像，读出叉丝在标尺上的读数记为$x_0$。当挂上重物使细钢丝受力伸长后，光杠杆的后足尖$f_1$随之绕两前足尖$f_2$、$f_3$下降$\Delta L$，光杠杆平面镜转过一较小角度$\theta$，法线也转过同一角度$\theta$。根据反射定理，从$S_1$处发出的光经过平面镜反射到$S_2$（$S_2$为标尺某一刻度）。由光路的可逆性，从$S_2$发出的光经平面镜反射后将进入望远镜中被观察到，从望远镜观测读数记为$x_i$。

由于偏转角度$\theta$很小，又由图3-4-1可知，$\theta \approx \tan \theta = \dfrac{\Delta L}{b}$，$2\theta \approx \tan 2\theta = \dfrac{|x_i - x_0|}{D}$，于是有

$$\Delta L = \frac{b}{2D}|x_i - x_0| \tag{3-4-2}$$

由式（3-4-2）可知，微小变化量$\Delta L$可通过较易测量的光杠杆常数$b$、$D$和$|x_i - x_0|$间接测量。实验中取$D \gg b$，光杠杆的作用是将微小变化$\Delta L$放大为标尺上的相应位置变化$|x_i - x_0|$，$\Delta L$被放大了$\dfrac{2D}{b}$倍。

由以上公式可得

$$E = \frac{2DFL}{Sb|x_i - x_0|} = \frac{8DmgL}{\pi d^2 b|x_i - x_0|} \tag{3-4-3}$$

式中：$d$为钢丝的直径；$m$为所加的砝码质量。式（3-4-3）为本实验的基本测量公式。

## 【实验仪器】

杨氏模量测定仪、砝码、螺旋测微计、游标卡尺、钢卷尺等。

## 【实验内容与步骤】

（1）调节杨氏模量测定仪三脚架的底脚螺丝使立柱铅直（平台水平）；检查圆柱能否在平台圆孔内上下自由移动；在圆柱下端悬挂砝码，使钢丝拉直。

（2）将平面镜的两前足尖$f_2$、$f_3$放在平台的凹槽内，后足尖$f_1$放在小圆柱上端且靠近钢丝处，仔细调节反射镜使其镜面处于铅直位置。

（3）将尺读望远镜靠近光杠杆，调节望远镜的俯仰及高低使其水平，并与光杠杆等高；将望

远镜置于平面镜前约 1.5 m 处，望远镜轴线与平面镜的法线基本平行。此时在望远镜目镜上方（紧靠目镜）沿其轴线方向应能看到反射镜中的标尺像，否则应左右移动望远镜或调节平面镜的俯仰角。调节标尺高低使其零刻度线与望远镜轴线基本等高。

（4）旋转望远镜的目镜直至看到清晰的十字叉丝像，调节望远镜调焦手轮，使在望远镜中能看到清楚的平面镜中标尺的像，并消除视差，记下标尺的初始读数 $x_0^+$（最好在零刻度附近，否则应调节望远镜俯仰或标尺高度）。

（5）逐次增加砝码 1 kg，分别读出标尺读数 $x_1^+$，$x_2^+$，$\cdots$，$x_6^+$。再每减砝码 1 kg 并读数一次，得 $x_6^-$，$x_5^-$，$\cdots$，$x_1^-$。将测量数据填入数据记录表 3-4-1，并用逐差法求出每加砝码 3 kg 引起的标尺读数变化量。

（6）用螺旋测微计在钢丝的不同位置测量直径 6 次，并将数据填入数据记录表 3-4-2。将光杠杆在预习报告本上压出三个足尖痕，作后足尖 $f_1$ 至前足尖 $f_2$、$f_3$ 间的垂线，用游标卡尺测量光杠杆常数 $b_0$。

（7）用钢卷尺测量钢丝的长度（即两夹头之间的距离）$L_0$ 和标尺至平面镜的距离 $D_0$，并记录数据。

## 【数据记录与处理】

① 记录标尺读数。

表 3-4-1　　　　　　　　　　　加减砝码后标尺的读数

| 载荷 $m_i$/kg | 1.000 | 2.000 | 3.000 | 4.000 | 5.000 | 6.000 |
|---|---|---|---|---|---|---|
| 标尺读数 $x_i^+$ /cm | | | | | | |
| 标尺读数 $x_i^-$ /cm | | | | | | |
| $\overline{x_i} = \dfrac{x_i^+ + x_i^-}{2}$ /cm | | | | | | |
| 加 3kg 标尺读数变化 $\overline{x_m} = \overline{x}_{i+3} - \overline{x}_i$/m | | | | | | |
| 平均值 $\overline{x} = \dfrac{1}{3}\sum\limits_{m=1}^{3}\overline{x_m} =$ | | | | | 标准偏差 $S_{\overline{x}} =$ | |

标尺仪器误差限 $U_{Bx} = 1 \times 10^{-4}$ m，$U_x = \sqrt{S_{\overline{x}}^2 + U_{Bz}^2}$，则 $x = \overline{x} \pm U_x =$

② 记录钢丝直径数据。

表 3-4-2　　　　　　　　　　　钢丝直径数据表

零位读数 $d_0 =$ 　　　　　　　　　　　　　　　　　　　　　　　　　　　单位：mm

| I | 1 | 2 | 3 | 4 | 5 | 6 |
|---|---|---|---|---|---|---|
| 测量读数 $d_i'$ | | | | | | |
| 测量值 $d_i = d_i' - d_0$ | | | | | | |

螺旋测微计误差限 $U_{Bd} = 4 \times 10^{-6}$m，A 类不确定度 $S_{\overline{d}_i} =$

$$U_d = \sqrt{S_{\overline{d}_i}^2 + U_{Bd}^2} =$$

则 $d = \bar{d}_i \pm U_d =$

③ 单次测量数据处理。本实验中 $L_0$、$D_0$、$b_0$ 只测量一次，由于本实验条件的限制，测量基准很难保证，它们的 B 类不确定度不能简单地由仪器误差决定，建议取 $U_L = 2 \times 10^{-3}$ m，$U_D = 2 \times 10^{-3}$ m，$U_b = 2 \times 10^{-5}$ m。

金属丝原长　$L = L_0 \pm U_L =$

标尺到平面镜的距离　$D = D_0 \pm U_D =$

光杠杆常数　$b = b_0 \pm U_b =$

④ 由式（3-4-3）求出钢丝的杨氏模量 $\bar{E}$（其中 $g = 9.794$ m/s²）。

⑤ $E$ 的不确定度 $U_E$ 由下式计算（不考虑 $m$，$g$ 的影响）：

$$U_E = \bar{E}\sqrt{\left(\frac{U_L}{L_0}\right)^2 + \left(\frac{U_D}{D_0}\right)^2 + \left(\frac{U_b}{b_0}\right)^2 + \left(2\frac{U_d}{\bar{d}_i}\right)^2 + \left(\frac{U_x}{x}\right)^2}$$

则相对误差 $\dfrac{U_E}{E} =$

⑥ 写出实验测量结果的最终表达式 $E = \bar{E} \pm U_E =$

## 【仪器简介】

1. 杨氏模量测定仪

如图 3-4-2 所示，支架底座上有三个螺丝用来调节支架铅直，并由支架下端的水准仪来判断。支架中部有一个可以沿支架上下运动的平台，用来承托光杠杆，平台上有一个圆孔，孔中有一个可以上下滑动的夹头，夹头下方有一个可以挂砝码的挂钩，金属丝的下端夹紧在夹头中，而金属丝的上端夹紧在横梁的夹头处。

2. 光杠杆

尺读望远镜放置在平台上的光杠杆如图 3-4-1 所示，是利用放大法测量微小长度变化的仪器。它实际

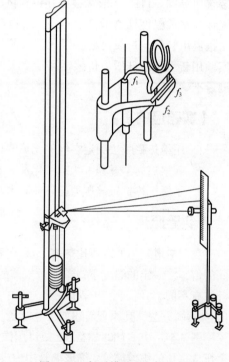

图 3-4-2　杨氏模量测定仪示意图

上是附有三个尖足的平面镜，且三个尖足是等腰三角形，后足在前两足的中垂线上。

3. 尺读望远镜

尺读望远镜组由望远镜和标尺组成。望远镜视筒内的分划线有上下对称两条水平划线，测量时，望远镜水平地对准光杠杆的反射镜，经反射镜反射的标尺的虚像又成实像于分划板上，从两条水平线上可读出标尺像上的读数。

## 【注意事项】

1. 注意保护好光杠杆。

2. 放砝码时要按顺序交叉放，轻拿轻放，注意安全。

## 【思考题】

1. 为什么铜丝长度只测量一次，且只需选用精度较低的测量仪器？而钢丝直径必须用精度较

高的仪器多次测量？

2. 请根据实验测得的数据计算所用光杠杆的放大倍数。如何提高光杠杆的放大倍数？

3. 在本实验中如何消除视差？

# 实验五　绝热膨胀法测定空气的比热容比

气体的定压比热容和定容比热容之比称为气体的比热容比，它是一个重要的热力学常数，在热力学方程中经常用到。传统的测量气体比热容比的方法是采用 Clement-Desormes 装置，此装置用一端开口的 U 形水银压强计测量气体的压强，用水银温度计测量气体的温度，但水银压强计和水银温度计测量精度不高，难以测量微小的压强变化和温度变化，同时若操作不当会使水银溢出管外，造成污染。因此，以前的实验装置测量气体比热容比，测量结果是粗略的。本实验用新型扩散硅压力传感器测量空气的压强，用电流型集成温度传感器测空气的温度变化，测量准确度高。

## 【实验目的】

1. 用绝热膨胀法测定空气的比热容比。

2. 观察热力学过程中状态变化及基本物理规律。

3. 了解气体扩散硅压力传感器和电流型集成温度传感器的原理及使用方法。

## 【实验原理】

我们知道气体的定压比热容 $C_P$ 和定容比热容 $C_V$ 的比值 $\gamma$（$\gamma = C_P/C_V$）随气体种类的不同而有不同的值，在一定的温度下，单原子气体的 $\gamma$ 值差不多相同，双原子气体的 $\gamma$ 值也差不多相同，但两者又有不同，$\gamma$ 值这个物理量在热力学中经常会用到，测定的方法也很多，本实验采用的是克里门-台索姆方法，其原理简述如下。

图 3-5-1 是一个储气瓶 C，瓶口用橡皮塞塞紧，橡皮塞上插入一个大口径的排气阀门 $S_2$ 和一个弯成直角的细玻璃管。细玻璃管用橡皮管与 U 形压差计的三通管相连，三通管一端连接一个单通阀门 $S_1$ 与打气球 A 相连。

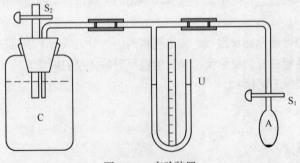

图 3-5-1　实验装置

先假定实验时，室内温度 $T_0$ 保持不变，用打气球 A，经 $S_1$ 将少量空气打入储气瓶内，关闭 $S_1$，此时瓶内气压为 $P_1$，显然比瓶外的气压略高，其数值可由压差计 U 的差值读出，设大气压强为 $P_0$，压差计两边的高度差为 $h_1$，则

$$P_1 = P_0 + h_1 \tag{3-5-1}$$

设想储气瓶中虚线下方之体积为一定量气体，其体积为 $V_1$，在瓶内温度稳定与室温相等以后（此时压差计读数为 $h_1$），将大口径阀门 $S_2$ 旋开，因瓶内压强大于瓶外压强，故瓶内一部分气体冲出瓶外（虚线上方的气体冲出瓶外），瓶内外压强相等，迅速关闭 $S_2$。于是瓶内体积为 $V_1$ 之气体恰好充满全瓶，设全瓶的体积为 $V_2$，这时瓶内的压强为 $P_0$（即与大气压强相等）。

因为 $S_2$ 的口径较大，打开时内外压强极易平衡，膨胀极快，时间极短，冲出瓶外的气体已经没有意义，留在瓶内的体积为 $V_1$ 的气体迅速膨胀到 $V_2$，压强减小，温度降低。这个过程时间极短（即 $S_2$ 打开到关闭），瓶内来不及有热量传递，我们可以认为是绝热过程，因此满足下式：

$$P_1 V_1^{\gamma} = P_0 V_2^{\gamma} \tag{3-5-2}$$

因为是绝热膨胀，瓶内温度下降到 $T_1$，再过几分钟瓶内气体通过瓶壁吸收热量，又恢复到室温 $T_0$，而瓶内气体的体积 $V_2$ 不变（所谓定容过程），温度升高，因此压强增加为 $P_2$，显然

$$P_2 = P_0 + h_2 \tag{3-5-3}$$

式中：$h_2$ 为放气后再次稳定下来后，压差计两边的高度差。

由波义耳-马略特定律可得

$$P_1 V_1 = P_2 V_2 \tag{3-5-4}$$

对式（3-5-4）两边同时做 $\gamma$ 次方的数学处理，可得

$$P_1^{\gamma} V_1^{\gamma} = P_2^{\gamma} V_2^{\gamma} \tag{3-5-5}$$

由式（3-5-2）及式（3-5-5）可得

$$\left(\frac{P_2}{P_1}\right)^{\gamma} = \frac{P_0}{P_1} \tag{3-5-6}$$

式（3-5-6）两边同时取对数

$$\gamma = \frac{\lg\left(\dfrac{P_1 - h_1}{P_1}\right)}{\lg\left(\dfrac{P_1 - h_1 + h_2}{P_1}\right)} = \frac{\lg\left(1 - \dfrac{h_1}{P_1}\right)}{\lg\left(1 - \dfrac{h_1 - h_2}{P_1}\right)} \tag{3-5-7}$$

由于 $P_1$ 接近一个大气压强，压差计读数 $h_1$ 及 $h_2$ 与大气压强相比甚小，故将式（3-5-7）展开为级数，略去高次项并无显著误差，则有

$$\gamma = \frac{h_1}{h_1 - h_2} \tag{3-5-8}$$

瓶内气体状态化图如图 3-5-2 所示。

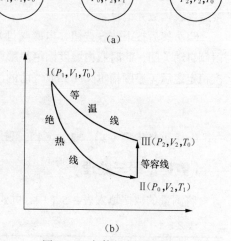

图 3-5-2 气体状态变化图

## 【实验仪器】

CH-BR1 空气比热容比测定仪的实验装置如图 3-5-3 和图 3-5-4 所示，前面原理部分已经对实验装置概括地作了叙述，因为考虑到放气阀（三通）要求开启时间极短，手动很难控制，所以将放气阀改用电磁阀放气，电磁阀开启时间由定时

电路来调节控制。为了方便监测瓶内温度的变化，利用了数字温度计。电磁放气阀和数字温度计分别插到测定仪的背面。由于 U 形压差计容易损坏，使用、读数也很不方便，所以改用差压传感器，减少实验误差。差压传感器是用电阻应变片贴在膜片上，当膜片受力发生形变时，电阻应变片的阻值相应地发生变化，因而电阻应变片两边的电压降也随之变化。因此，我们的差压传感器所给出的数值，正是这种变化所产生的电压降的毫伏数。由于我们实验中的 $\gamma$ 值是一个比值，它本身没有量纲，因此，我们用两个毫伏值的比值，同样可以求出 $\gamma$ 值，而没有必要把它与应力进行标定。

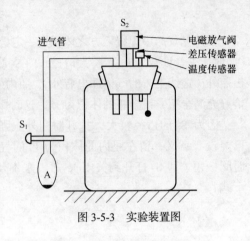

图 3-5-3　实验装置图

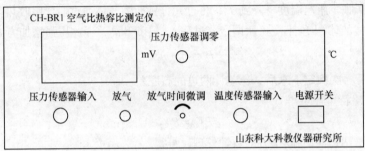

图 3-5-4　仪器面板图

### 【实验内容与步骤】

（1）开启电源，预热 5 min，插好连线。

（2）开放充气阀门 $S_1$，让瓶内外压力相等（压差应为零），调节"调零"旋钮使差压传感器的指示为零，然后向瓶内打气，直到压差数值约为 15 mV，即停止打气。

（3）关闭 $S_1$，等待 3~5 min，待压差表读数稳定不变时，读取压差表读数 $V_1$（mV），同时观察温度表读数并记录之。

（4）然后按下放气按钮，电磁阀打开，由定时电路控制放气时间（约 0.3 s，可以调节），电磁阀自动关闭，此时瓶内温度因绝热膨胀而下降，几分钟后，又恢复到原来的温度，待差压表再次稳定之后（温度指示又回到放气前的温度），再读取差压表示数 $V_2$（mV）。可用下式求出 $\gamma$

$$\gamma = \frac{V_1}{V_1 - V_2}$$

（5）重复步骤（2）、（3）、（4），测量 11 次。

### 【数据记录与处理】

将测量的数据填入表 3-5-1 中，并进行处理。

表 3-5-1　　　　　　　　　　　　　　　测量数据　　　　　　　　　　　　　　　室温 $t_0=$ 　　℃

| 次数 | $V_1$/mV | $T_0$/℃ | $V_2$/mV | $\gamma$ 值 | |
|------|----------|---------|----------|-------------|---|
| 1 | | | | | 最佳测量值：$\bar{\gamma} = \dfrac{1}{n}\sum_{i=1}^{n}\gamma_i =$ |
| 2 | | | | | |
| 3 | | | | | |

| 次数 | $V_1$/mV | $T_0$/℃ | $V_2$/mV | $\gamma$ 值 | |
|------|---------|--------|---------|------------|---|
| 4 | | | | | 测量列标准偏差：$\sigma = \sqrt{\dfrac{\sum\limits_{i=1}^{n}(\gamma_i - \bar{\gamma})^2}{n-1}} =$ |
| 5 | | | | | |
| 6 | | | | | 平均绝对误差：$\Delta\gamma = \dfrac{1}{n}\sum\limits_{i=1}^{n}|\gamma_i - \bar{\gamma}| =$ |
| 7 | | | | | |
| 8 | | | | | 测量结果：$\gamma = \bar{\gamma} \pm \Delta\gamma =$ |
| 9 | | | | | 相对误差：$E = \dfrac{\Delta\gamma}{\gamma} \times 100\% =$ |
| 10 | | | | | |
| 11 | | | | | （相对误差：$E = \dfrac{\bar{\gamma} - \gamma_{理}}{\gamma_{理}} \times 100\% =$　　　） |

检查各次测量偏差（$\gamma_i - \bar{\gamma}$），绝对值大于 $3\sigma$ 的测量值是"坏值"，应予以剔除，每次只能剔除一个测量值，重新计算 $\bar{\gamma}, \sigma$。

## 【注意事项】

1. 差压传感器和温度传感器若未连接到测试仪上时，两数字表显示为随机状态。

2. 根据差压传感器的有关参数及实际测量结果，每毫伏电压降相当于 1.47 cm $H_2O$ 的高度。

3. 打气时注意压差表读数，一般毫伏表读数在 15～16 mV 即可，不要超过数字毫伏表的量程（20 mV），否则压差过大会损坏差压传感器。

4. 空气是混合气体，主要由 $N_2$、$O_2$ 及其他气体组成，大多是双原子气体，空气的 $\gamma$ 值公认为 1.40。

5. 由于差压传感器有滞后现象，因此，即使温度恢复到放气前的温度，也需要等待片刻，以便差压传感器正常反映出瓶内外压差之后，再记取差压传感器读数。

6. 电磁阀放气时间由机内定时电路控制，放气时应一直按住放气按钮，当电磁阀关闭时方可放开按钮。

# 实验六　不良导体导热系数的测定

导热系数是描述物体热传导性能的重要物理量，也是表征材料性质的基本参数之一。导热系数不仅和材料的种类有关，往往还会受到材料的制造工艺、纯度、杂质种类等诸多因素的影响，所以常常需要通过实验来测定。材料按导热性能可分为良导体和不良导体，测量它们导热系数的手段有所不同。对良导体可用流体换热法直接测量所传递的热量，而对不良导体则常通过传热速率间接测量。另外，测量导热系数的方法又分为稳态法和动态法两种。稳态法是在加热和散热达到平衡状态，试样内部形成稳定温度分布的条件下进行测定。而动态法在测量时，试样内部的温度分布呈一定规律的变化（如周期性变化），变化规律不仅受实验条件的影响，同时与导热系数有关。本实验将用稳态法测量不良导体的导热系数。

## 【实验目的】

1. 了解热传导的基本规律。

2. 用稳态法测定热的不良导体——橡胶的导热系数。

3. 掌握用热电偶测量温度的方法。

## 【实验原理】

当温度不同的两个物体接触或一个物体内部各处温度不均匀时，热量会自动地从高温处传递到低温度处，这种现象称为热传导现象。1882 年，法国数学家、物理学家约瑟夫·傅里叶（Joseph Fourier）提出了热传导的基本公式为

$$\frac{\mathrm{d}Q}{\mathrm{d}t} = -\lambda S \frac{\mathrm{d}T}{\mathrm{d}x} \tag{3-6-1}$$

式（3-6-1）中，$\mathrm{d}Q/\mathrm{d}t$ 为单位时间通过面积为 $S$ 的截面所传递的热量，称为传热速率；$\mathrm{d}T/\mathrm{d}x$ 是在热流方向上的温度梯度；"$-$"号表示热量传递方向与温度梯度方向相反；$\lambda$ 称为该物质的导热系数，又称热导率。$\lambda$ 在数值上等于两个相距单位长度的平行平面，当温度相差一个单位时，在垂直于热传导方向上单位时间内流过单位面积的热量，其单位是 W/（m·K），在低温实验与工程中也常使用 W/（cm·K）或 mW/（cm·K）。过去也常用非国际单位制 cal/（s·cm·℃），它们之间的换算是：1 cal/（s·cm·℃）=418.68 W/（m·K）。

良导体的导热系数为不良导体的 100～1 000 倍。测量良导体的导热系数时，为了准确地测出 $\mathrm{d}Q/\mathrm{d}t$ 及 $\mathrm{d}T$，所用的试件应当有较小的截面积，并在热流方向上有较大的长度。而对固态不良导体，试件往往做成盘状，即有较大的截面积，而在热流方向上长度较小，在一维稳定导热情况下，当在 $h$ 距离内温差不大且 $T_1 \neq T_2$ 时，傅里叶方程可表示为

$$\frac{\Delta Q}{\Delta t} = \lambda S \frac{T_1 - T_2}{h} \tag{3-6-2}$$

测量导热系数的实验装置如图 3-6-1 所示，固定于底架上的三个螺旋测微头支撑着一个散热铜盘 P，在铜盘上放待测样品 B（橡胶圆盘），调节三个螺旋测微器，即可微调铜盘 P 的上下距离和平整度，从而保证样品与发热体底盘 A 紧密接触。实验时，一方面发热体底盘 A 直接将热量通过样品上平面传入样品，另一方面散热盘 P 借电扇有效稳定地散热，使传入样品的热量不断往样品的下平面散出，当传入样品的热量等于样品传出的热量时，样品处于稳定的热传导状态，此时样品上、下的温度为一稳定值，上面为 $T_1$，下面为 $T_2$。根据傅里叶导热方程式，稳态时样品的传热速率 $\Delta Q/\Delta t$ 为

$$\frac{\Delta Q}{\Delta t} = \lambda \pi R^2 \frac{T_1 - T_2}{h} \tag{3-6-3}$$

式中：$h$ 为样品厚度，$R$ 为圆盘样品的半径，$\lambda$ 为样品热导率。

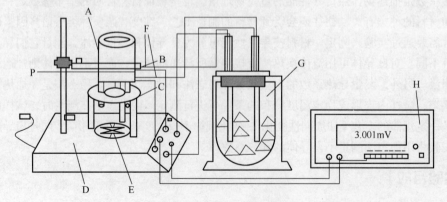

A—带电热板的发热盘；B—样品；C—螺旋头；D—样品支架

E—风扇；F—热电偶；G—杜瓦瓶；H—数字电压表；P—散热盘

图 3-6-1　稳态法测定导热系数实验装置图

当样品达到稳态时，通过样品 B 的传热速率与铜盘 P 向周围环境的散热速率相等，即在相同的 $\Delta t$ 时间内，向样品所传递的热量 $\Delta Q$ 等于铜盘 P 向周围环境所散失的热量 $\Delta Q_{散}$。铜盘在温度降低 $\Delta T$ 时散失的热量为 $\Delta Q_{散}=m_{铜}c_{铜}\Delta T$，其中 $m_{铜}$ 和 $c_{铜}$ 分别为铜盘 P 的质量和比热容。因此，在稳定温度 $T_2$ 附近铜盘的散热速率为 $\Delta Q_{散}/\Delta t=m_{铜}c_{铜}\Delta T/\Delta t$。实验时只要设法获得铜盘的冷却速率 $\Delta T/\Delta t$，即可求得样品的传热速率 $\Delta Q/\Delta t$。

当读得稳态时的温度值 $T_1$、$T_2$ 后，随即把样品抽去，并让散热铜盘 P 与发热盘 A 的底面直接接触，使铜盘的温度上升到比 $T_2$ 高出 1 mV 左右时，再将发热盘 A 移开，让铜盘开始自然冷却，每隔一定的时间采集一个温度值，由此求出铜盘 P 在温度 $T_2$ 附近的冷却速率 $\Delta T/\Delta t$。由于物体的冷却速率与它的散热面积成正比，考虑到铜盘散热时，其表面是全部暴露在空气中，即散热面积是上、下表面与侧面，而实验中达到稳态散热时，铜盘的上表面却是被样品覆盖着的，故需对 $\Delta T/\Delta t$ 加以修正。修正后，铜盘的散热速率为

$$\frac{\Delta Q_{散}}{\Delta t}=m_{铜}c_{铜}\frac{\Delta T}{\Delta t}\cdot\frac{\pi R_P^2+2\pi R_P h_P}{2\pi R_P^2+2\pi R_P h_P}=m_{铜}c_{铜}\frac{\Delta T}{\Delta t}\cdot\frac{R_P+2h_P}{2R_P+2h_P}$$

因 $\Delta Q_{散}=\Delta Q$，亦即 $\Delta Q_{散}/\Delta t=\Delta Q/\Delta t$，代入式（3-6-3）得

$$\lambda=\frac{m_{铜}c_{铜}h}{\pi R^2(T_1-T_2)}\left(\frac{R_P+2h_P}{2R_P+2h_P}\right)\frac{\Delta T}{\Delta t}\qquad(3\text{-}6\text{-}4)$$

式中：$R_P$、$h_P$ 分别为散热铜盘 P 的半径和厚度；而 $R$、$h$ 是样品橡胶圆盘的半径与厚度。

## 【实验仪器】

TC-Ⅱ导热系数测定仪、杜瓦瓶、热电偶、多量程数字电压表、物理天平、游标卡尺、橡胶圆盘等。

## 【实验内容与步骤】

（1）用游标卡尺测量橡胶圆盘和散热铜盘的直径和厚度，多次测量取平均值。用天平称出散热铜盘质量，若散热铜盘质量超过天平测量范围，用 $m=\rho V$ 公式计算，$\rho_{铜}=8.9$ g/cm$^3$，数据填入表 3-6-1 中。

（2）测量稳态时橡胶圆盘上、下表面的温度。首先，调节支架 D 上的三个螺旋测微头，使其处在进退自由的中间位置，然后把铜盘 P、橡胶圆盘 B 安放在测微头上，调整发热体 A 的位置，使铜盘、橡胶圆盘与 A 的底面共轴。安放时，A 的底盘和铜盘 P 的侧面都有一个插热电偶的小孔，放置时应注意使两个小孔位置接近。再次调节螺旋测微头，从侧面检查每个接触面之间应无缝隙，从而保证 A、B、P 之间的接触面接触紧密且共轴（但不可用力过大使样品变形）；将数字电压表通电，转动调零旋钮使读数为零，并连接好所有线路（注意检查热电偶的焊点是否完好，并确保接触良好）。根据稳态法，必须得到稳定的温度分布，这就要等待较长时间，为了提高效率，可先将电源电压打到"高"挡，几分钟后 $V_1$=4.00 mV，即可将开关拨到"低"挡，通过调节电热板电压"高""低"及"断"电挡，使 $V_1$ 读数在 ±0.03 mV 范围内，同时每隔 30 s 读 $V_2$ 的数值，如果在 2 min 内样品下表面 $V_2$ 温度示值不变，即可认为已达到稳定状态。记录稳态时的 $V_1$、$V_2$，填入表 3-6-2 中。

（3）测量散热铜盘 P 的冷却速率。将橡胶圆盘 B 抽去，让发热盘 A 的底面与散热盘 P 直接接

触，使散热盘 P 的温度电压示数上升到比 $V_2$ 高出 1 mV 左右时，再将发热盘 A 移开，让散热盘 P 自然冷却，此时电扇仍处于工作状态，每隔 30 s 读一下散热盘的温度电压示值，直至散热盘温度电压低于 $V_2$ 6～7 个数据为止。

（4）从记录的数据中挑选出 $V_2$ 前后各五个连续的数据填入表 3-6-2 中。作出温度与时间的关系图（即 $T$-$t$ 图），并求出曲线的斜率 $\Delta T / \Delta t$，进而求出样品导热系数 $\lambda$。

## 【数据记录与处理】

### 1. 样品盘 B 和散热铜盘 P 几何尺寸和质量的测量

表 3-6-1　　　　　　　　　　　　　　几何尺寸和质量的测量

| 次序 | | 1 | 2 | 3 | 4 | 5 | 6 | 平均 |
|---|---|---|---|---|---|---|---|---|
| 样品盘 B | 厚度 $h_B$/cm | | | | | | | |
| | 直径 $d_B$/cm | | | | | | | |
| 散热铜盘 P | 厚度 $h_P$/cm | | | | | | | |
| | 直径 $d_P$/cm | | | | | | | |
| | 质量 $m=$　　　g | | | | | | | |

### 2. 散热铜盘 P 的自然冷却温度电压数据记录

表 3-6-2　　　　　　　　　铜盘在 $V_2$ 附近自然冷却时的温度电压示值　　　　　　环境温度=　　℃

| 稳态时的温度电压示值 | | 高温 $V_1=$ | | mV | | 低温 $V_2=$ | | mV | |
|---|---|---|---|---|---|---|---|---|---|
| 次序 | 1 | 2 | 3 | 4 | 5 | 6 | 7 | 8 | 9 | 10 |
| 时间 $t$/s | | | | | | | | | | |
| 温度电压示值 $V$/mV | | | | | | | | | | |

### 3. 求出温度数据

根据附录中铜-康铜热电偶分度表，由测得的电压数据得出温度数据，并作出温度与时间的关系图（即 $T$-$t$ 图），进而求出曲线的斜率 $\Delta T / \Delta t$。

### 4. 求导热系数

根据所测数据，由式（3-6-4）求出橡胶样品盘的导热系数 $\lambda$【采用 SI 制，单位为 W/（m·K）】，已知 $c_{铜} = 385$ J/（kg·K）。

## 【注意事项】

1. 热电偶的金属丝较细，放置和取出时应特别小心，防止折断。热电偶插入小孔时，要抹上些硅油，并插到洞孔底部，保证接触良好。热电偶冷端插入浸于冰水中的细玻璃管内，玻璃管内也要灌入适当的硅油。

2. 实验过程中，如若移开加热盘，应先关闭电源，手拿住固定轴转动，以免烫伤手。

3. 不要使样品两端划伤，以免影响实验的精度。

4. 本实验选用铜-康铜热电偶测温度，温差为 100 ℃ 时，其温差电动势约为 4.0 mV。由于热电偶冷端浸在冰水中，温度为 0 ℃，当温度变化范围不大时，热电偶的温差电动势 $V$（mV）与待测温度 $T$（℃）的比值是一个常数。因此，在用式（3-6-4）计算时，也可以直接用电动势 $V$ 代表温度 $T$。

## 【思考题】

1. 测导热系数 $\lambda$ 要满足哪些条件？在实验中如何保证？
2. 测冷却速率时，为什么要在稳态温度 $T_2$ 附近选值？如何计算冷却速率？

# 实验七　惠斯登电桥测电阻

电桥线路是一种用比较法进行测量的电路，测量时将被测量与已知量进行比较得到结果，因而具有灵敏度高、准确度高等优点。电桥线路可以用来测量电阻、电容、电感等电学量，还可以将温度、压力等非电学量通过传感器转化为电学量进行测量。在生产和科研中都有着广泛的应用。根据用途不同，电桥有多种类型，它们的性能、结构各异，但其基本原理却是相同的。惠斯登电桥是其中最基本、最简单的，此电桥的可测电阻范围一般为 $10 \sim 10^5\,\Omega$。

## 【实验目的】

1. 掌握惠斯登电桥基本原理，了解桥式电路的特点。
2. 通过用惠斯登电桥测电阻，掌握电桥的使用方法。
3. 了解电桥灵敏度概念，学习对测量电路系统误差的简单校正。

## 【实验原理】

1. 惠斯登电桥原理

惠斯登电桥原理如图 3-7-1 所示，被测电阻 $R_x$ 和三个电阻 $R_1$，$R_2$，$R_3$ 构成电桥的四个桥臂。当在 A，B 两端加上直流电源时（电源对角线），C，D 支路构成电桥的"桥"，"桥"上串联的检流计 G 用来检测其间有无电流流过，即比较"桥"两端的电位大小。

调节 $R_1$，$R_2$ 和 $R_3$ 的值，可使 C，D 两点的电位相等，检流计 G 的指针指零（$I=0$），于是电桥达到平衡。电桥平衡时

$$U_{AC} = U_{AD}, \quad U_{BC} = U_{BD}$$

即

$$I_4 R_x = I_1 R_1, \quad I_3 R_3 = I_2 R_2$$

又因为 G 中无电流，所以有 $I_1 = I_2$，$I_3 = I_4$，上列两式相除，得

$$R_x / R_3 = R_1 / R_2$$

则

$$R_x = \frac{R_1}{R_2} R_3 \tag{3-7-1}$$

式（3-7-1）即为电桥平衡的条件。

2. 板式惠斯登电桥原理

在图 3-7-2 中，AB 是长为 $L$ 的均匀电阻丝，下面为一米尺，被压触电键 D 分为 $L_1$ 和 $L_2$ 两段（$L_1 + L_2 = L$），构成电桥的两个臂，相当于图 3-7-1 中的 $R_1$ 和 $R_2$，由于电阻丝是均匀的，$R_1$ 与 $R_2$ 的比值就等于 $L_1$ 与 $L_2$ 的比值，即

$$\frac{R_1}{R_2} = \frac{L_1}{L_2}$$

当电桥平衡时（检流计 G 无偏转时），将上式代入式（3-7-1）可得

$$R_x = \frac{R_1}{R_2} R_3 = \frac{L_1}{L_2} R_3 \qquad (3\text{-}7\text{-}2)$$

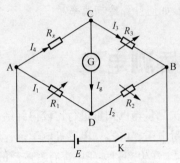

图 3-7-1　惠斯登电桥原理

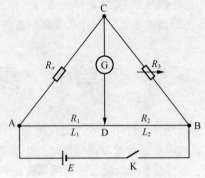

图 3-7-2　板式惠斯登电桥原理

如果电阻丝不均匀时，式（3-7-2）不严格成立，会引起测量不确定度。为了消除电阻丝不均匀所引起的这种不确定度，测量一次之后将 $R_x$ 和 $R_3$ 的位置互换一下，调节 $R_3$ 使电桥重新达到平衡（注意两次互换测量中，$L_1$ 和 $L_2$ 保持不变，即触头 D 的位置不变）。设电阻箱在右边时的电阻为 $R_3$，换到左边时的电阻为 $R_3'$，则两次互换测量时电桥的平衡方程为

$$R_x = \frac{L_1}{L_2} R_3 \qquad R_x = \frac{L_2}{L_1} R_3'$$

因而有

$$R_x = \sqrt{R_3 R_3'} \qquad (3\text{-}7\text{-}3)$$

式（3-7-3）已不包含 $L_1$ 和 $L_2$，因此可以避免因电阻丝不均匀带来的不确定度。

在实验中电桥是否平衡是依据检流计有无偏转来判定的，但检流计的灵敏度总是有限的。当我们选取电桥的 $R_1 = R_2$，并且在检流计的指针指零时，可得 $R_x = R_3$。如果此时将 $R_3$ 作微小改变 $\Delta R_3$（与改变 $R_x$ 效果相同，但实际上 $R_x$ 是不能改变的），电桥就应失去平衡，从而应有一个微小的电流 $I_g$ 流过检流计，如果它小到不能使检流计发生可以觉察的偏转，我们会认为电桥仍然是平衡的，因而得出 $R_x = R_3 + \Delta R_3$，$\Delta R_3$ 就是检流计灵敏度不够而引起的 $R_x$ 的测量误差 $\Delta R_x$。对此，引入电桥的灵敏度 $S$ 予以说明，它定义为

$$S = \frac{\Delta n}{\Delta R_3 / R_3} \qquad (3\text{-}7\text{-}4)$$

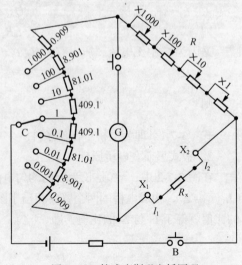

$\Delta R_3$ 是电桥平衡后对 $R_3$ 的微小改变量，而 $\Delta n$ 则是由于电桥偏离平衡而引起的检流计指针偏转的格数，分母 $\Delta R_3 / R_3$ 表示 $R_3$ 的相对改变。$S$ 值愈大，检流计的灵敏度愈高。$S$ 的大小与检流计的结构性质、测量的阻值的大小及外加电动势都有关。

3. 箱式惠斯登电桥原理

箱式惠斯登电桥的实际线路如图 3-7-3 所示。将 $R_2$ 和 $R_1$ 做成比值为 $C$ 的比率臂，则被测电阻为

图 3-7-3　箱式惠斯登电桥原理

$$R_x = CR$$

式中：$C = R_2/R_1$，共分 7 个挡，0.001～1 000，$R$ 为比较臂，由 4 个十进位的电阻盘组成。图中电阻单位为$\Omega$。

## 【实验仪器】

板式电桥、滑线变阻器、指针式检流计、电阻箱、待测电阻、稳压电源、箱式电桥。

## 【实验内容与步骤】

1. 板式惠斯登电桥测电阻

（1）按图 3-7-4 接好线路，调节稳压电源输出电压为 2 V；将 110 Ω滑线变阻器 $R_{h1}$（控制整个回路中电流，即限流器）调至最大；将 5 kΩ滑线变阻器 $R_{h2}$（用来保护检流计，即保护电阻）调至最大；选择比较臂电阻 $R_3$ 接近待测电阻 $R_x$ 的阻值，这样，电桥平衡点在电阻丝的中部（$L_1 \approx L_2$），此时电桥灵敏度高，测量误差小，测量不确定度小。

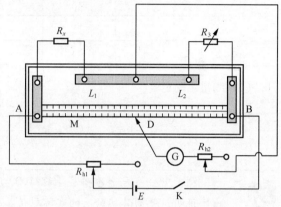

图 3-7-4　板式惠斯登电桥实验线路图

（2）接通开关 K，用跃按法按下接触电键 D，用逐步逼近法调整电桥平衡时，若待测电阻 $R_x$ 与其他桥臂上的已知电阻满足关系 $R_x = \dfrac{R_1}{R_2} R_0$，电桥平衡时检流计示值为零。通常 $\dfrac{R_1}{R_2}$ 事先选定，因此，$R_0$ 高于和低于平衡值时，检流计偏转方向正好相反。若 $R_0 = 2\,000\ \Omega$时，检流计左偏 5 个分度，而 $R_0 = 3\,000\ \Omega$时，右偏 3 个分度，据此可知平衡值应在 2 000～3 000 Ω。再调整 $R_0$ 为 2 500 Ω时，左偏 2 个分度，$R_0 = 2\,600\ \Omega$时，右偏 1 个分度，则 $R_0$ 的平衡值应在 2 500～2 600 Ω。如此逐次逼近，可迅速找到平衡点。从高值位到低值位逐渐调节比较臂电阻 $R_3$，使通过检流计的电流逐渐减小，同时逐渐减小 $R_{h2}$，反复调节 $R_3$ 和 $R_{h2}$，直到 $R_{h2}$ 调为零时检流计无偏转为止，即电桥达到平衡，记录 $R_3$ 值。

（3）电桥灵敏度测量。在测量 $R_3$ 的基础上将 $R_3$ 改变为 $R_{31}$，读出检流计指针偏转格数，记录 $R_{31}$ 值，并计算$\Delta R_3 = R_{31} - R_3$，求出电桥灵敏度 $S$。

（4）为了消除电阻丝不均匀而引起的不确定度，将 $R_3$ 和 $R_x$ 互换位置，按步骤（1）（2）再测一次，设第一次的阻值为 $R_3$，第二次的为 $R_3'$，代入式（3-7-3）中计算 $R_x$，如表 3-7-1 所示。

（5）用以上方法测量另外两个待测电阻。

2. 箱式惠斯登电桥测电阻

（1）将检流计 G 和电源 B 转换开关拨向"内接"；调节检流计上的调零旋钮，使检流计指针指零；将待测电阻 $R_x$ 接至"$R_x$"两接线柱上，$R_x$ 分别取不同数量级的电阻；将比较臂电阻 $R$ 调至 1 000 Ω。

（2）根据待测电阻 $R_x$ 的阻值，选择适当的比率臂 $C$，使比较臂 $R$ 尽量用到×1 000 盘。

（3）先接通电源按钮 B，后接通检流计按钮 G，由高位到低位顺序依次调整比较臂 $R$ 的数值，直到电桥平衡。

（4）将比率臂 $C$、比较臂 $R$ 的数值和由公式 $R_x = CR$ 测得的 $R_x$ 记入表 3-7-2 中。

## 【数据记录与处理】

1. 板式惠斯登电桥测电阻

（1）板式惠斯登电桥测电阻数据表

表 3-7-1　　　　　　　　　　　　板式惠斯登电桥测电阻数据表

| 待测电阻 $R_x/\Omega$ | 比较臂电阻及其电桥灵敏度 | | | | | $R_x = \sqrt{R_3 R_3'}$ |
|---|---|---|---|---|---|---|
| | 交换前 $R_3/\Omega$ | $\Delta R_3/\Omega$ | $\Delta n$ | $S$ | 交换后 $R_3'/\Omega$ | |
| $R_{x_1}$ | | | | | | |
| $R_{x_2}$ | | | | | | |
| $R_{x_3}$ | | | | | | |

（2）测量不确定度

$$U_{R_x} = R_x \sqrt{\left(\frac{U_{R_3}}{2R_3}\right)^2 + \left(\frac{U_{R_3'}}{2R_3'}\right)^2} = $$

测量中 $\Delta_仪 = R_3 \times$ 准确度等级$/100$，用公式 $U_{R_3} = \Delta_仪$ 和 $U_{R_3'} = \Delta_仪'$ 计算。根据电阻箱的出厂说明，$R_3$ 为其实验时的实际取值，而不是量程，这和电表的仪器误差的确定方法是不一样的，需要注意。

（3）实验测量结果

$$R_x = R_x \pm U_{R_x} = $$

2. 箱式惠斯登电桥测电阻

表 3-7-2　　　　　　　　　　　　箱式惠斯登电桥测电阻数据表

| $R_x$ 标称值 | 比率臂 $C$ | 比较臂 $R/\Omega$ | $R_x$ 的测量值 |
|---|---|---|---|
| | | | |
| | | | |
| | | | |

## 【注意事项】

1. 电桥通电时间不能过长，不测量时应关掉电源。

2. 各接线旋钮必须拧紧，否则接触电阻过大，影响测量的准确度，甚至无法达到平衡。

3. 每次开始重复测量时，都必须将保护电阻 $R_{h2}$ 放到阻值最大处，以保护检流计。

4. 在测定待测电阻前，应先粗略估计待测电阻的阻值，选择比较臂电阻 $R_3$ 接近待测电阻的阻值，以保证平衡点在电阻丝的中部，有利于减小测量误差。

## 【思考题】

1. 电桥法测量电阻的原理是什么？如何判断电桥平衡？

2. 用惠斯登电桥测电阻，比率臂应怎样选取才能保证测量有较高的准确度？

3. 分析滑线变阻器在测量中所起的作用。

4. 用 $R_x = \sqrt{R_3 R_3'}$ 测电阻比用 $R_x = \dfrac{L_1}{L_2} R_3$ 测电阻有什么优越性？

# 实验八　电表的改装与校正

电学实验中经常要用电表（电压表和电流表）进行测量，常用的直流电流表和直流电压表都有一个共同的部分，常称为表头。表头通常是一只磁电式微安表，它只允许通过微安级的电流，一般只能测量很小的电流和电压。如果要用它来测量较大的电流或电压，就必须进行改装，以扩大其量程。经过改装后的微安表具有测量较大电流、电压和电阻等多种用途。若在表中配以整流电路将直流变为交流，则它还可以测量交流电的有关参量。我们日常接触到的各种电表几乎都是经过改装的，因此电表改装的原理在实际中应用非常广泛。

## 【实验目的】

1. 了解磁电式电表的基本结构，掌握电流计常数的测定方法。
2. 熟悉电流表、电压表的构造原理，学会将电流计改装成电流表和电压表。
3. 了解欧姆表的测量原理和刻度方法。

## 【实验原理】

1. 磁电式仪表的基本结构和工作原理

磁电式仪表的基本结构是根据载流线圈在磁场中（永久磁铁产生的磁场）受力矩作用而发生偏转的原理设计的。

图 3-8-1 是一只磁电式电流计的原理图，在很强的蹄形磁铁的两极间有一个固定的圆柱形铁心，铁心外面套一个可以绕轴转动的铝框，铝框上绕有线圈，铝框的转轴上装有两个螺旋弹簧和一个指针。线圈的两端分别接在这两个螺旋弹簧上，被测电流就是经过这两个弹簧通入线圈的。当被测电流通过线圈时，线圈在辐射状磁场中受到磁力矩的作用，带动指针一起偏转，且该力矩不随转角变化。若通入线圈中的电流为 $I$，线圈的面积为 $S$，其匝数为 $N$，磁场的磁感应强度为 $B$，则力矩为 $M = NBIS$，在这个磁力矩 $M$ 的作用下，线圈绕轴转动。与此同时，一盘游丝被扭紧，另一盘游丝被放松，对线圈施加一个反向弹性力矩。当线圈相对平衡位置转过 $\alpha$ 角时，弹性力矩为 $M' = C\alpha$，$C$ 为一比例系数，在弹性限度内具有确定值。当线圈所受磁力矩和弹性力矩相等时（即线圈转过 $\alpha$ 角后静止时）则有 $NBSI = C\alpha$，即 $I = \dfrac{C}{NBS} \cdot \alpha = K \cdot \alpha$。由

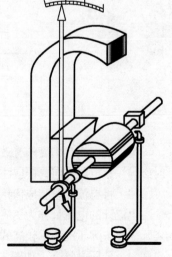

图 3-8-1　磁电式电流计原理图

此可知，对定型的电流计来讲，指针偏转的角度 $\alpha$ 与流经线圈上的电流 $I$ 成正比。式中 $K$ 称为电流计常数，其物理意义是指针（固定在线圈上的）偏转一格，通过线圈的电流量是多少，单位为

安培/格。将电流计常数 $K$ 的倒数定义为电流灵敏度，$K$ 值越小，灵敏度越高。磁电式电流计的性能通常用电流计常数 $K$、电流计的内阻 $R_g$（线圈的电阻）和电流计量程 $I_g$（指针偏转到满刻度时的电流值）来表示。

2. 将电流计改装成安培计、伏特计以及欧姆计的原理

（1）将电流计改装成安培计

用于改装的电流计称为"表头"。使表针偏转到满刻度所需要的电流 $I_g$ 称为量程。表头的满度电流很小，只适用于测量微安级的电流，若用该表头测量超过其量程的电流，就必须扩大它的电流量程。扩大电流量程的方法是在表头上并联一个分流电阻 $R_s$，如图 3-8-2（a）所示，使超量程部分的电流从分流电阻 $R_s$ 上流过，而表头仍保持原来允许流过的最大电流 $I_g$。图 3-8-2（a）中虚线框内由表头和 $R_s$ 组成的整体就是改装后的电流表。设表头改装后的量程为 $I$，根据欧姆定律得

$$(I-I_g)R_s = I_g R_g$$

也即

$$R_s = \frac{I_g R_g}{I - I_g} = \frac{R_g}{\dfrac{I}{I_g} - 1} \tag{3-8-1}$$

因此，选择适当的 $R_s$，就可以使通过表头的电流和总电流成合适的比例，若将电表按照总电流的数值来刻度，就可以直接读出总电流的数值，且由于并联了一个很小的分流电阻，这样就大大减小了整个电表的总电阻，也就减小了电流表内阻对于待测线路中电流的影响。例如，将已知参量 $I_g$ 和 $R_g$ 的表头的量程扩大 $n$ 倍，则由式（3-8-1）可知，只需在表头上并联一个电阻值为 $\dfrac{1}{n-1}R_g$ 的分流电阻 $R_s$ 即可。在电流计上并联不同阻值的分流电阻，便可改装成多量程的安培表，如图 3-8-2（b）所示。

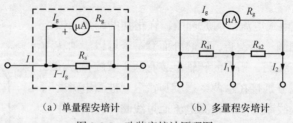

（a）单量程安培计　　　（b）多量程安培计

图 3-8-2　改装安培计原理图

为了增大表盘刻度的有效长度，指针的零点是调整安放在一边，而不是在中间，因此，使用时必须注意电流方向，即应注意正负极，它是串联在电路中使用的。

（2）将电流计改装成伏特计

电流计的电压量程为 $I_g R_g$，虽然可以直接用来测量电压，但是电压量程 $I_g R_g$ 很小，不能满足实际需要。为了能测量较高的电压，就必须扩大它的电压量程。扩大电压量程的方法是在表头上串联一个分压电阻 $R_p$，如图 3-8-3（a）所示，使超出量程部分的电压加在分压电阻 $R_p$ 上，表头上的电压仍不超过原来的电压量程 $I_g R_g$。

设表头的量程为 $I_g$，内阻为 $R_g$，欲改成的伏特计的量程为 $V$，由欧姆定律得

$$I_g(R_g + R_p) = V$$

即
$$R_p = \frac{V}{I_g} - R_g \qquad\qquad (3\text{-}8\text{-}2)$$

可见，要将量程为 $I_g$ 的表头改装成量程为 $V$ 的伏特计，需在表头上串联一个阻值为 $R_p$ 的分压电阻，例如，将已知参量 $I_g$ 和 $R_g$ 的表头的电压量程扩大 $m$ 倍，由式（3-8-2）可知，只需在该表头上串联一个阻值为 $(m-1)R_g$ 的分压电阻 $R_p$。在同一表头上，串联不同的分压电阻就可得到多量程的伏特计，如图 3-8-3（b）所示。

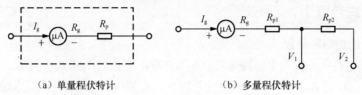

（a）单量程伏特计　　　　　　　（b）多量程伏特计

图 3-8-3　改装伏特计原理图

（3）将电流计改装成欧姆计

用来测量电阻大小的电表称为欧姆计，其电路如图 3-8-4（a）所示。图中 $V$ 为电池的端电压，它与固定电阻 $R_i$、可变电阻 $R_0$ 以及微安表相串联，$R_x$ 是待测电阻。用欧姆计测电阻时，首先需要调零，即将 a，b 两点短路（相当于 $R_x = 0$），调节可变电阻 $R_0$，使表头指针偏转到满刻度。这时电路中的电流 $I_g$ 即为电流计的量程。由欧姆定律得

$$I_g = \frac{V}{R_g + R_0 + R_i} = \frac{V}{R_g + r} \qquad\qquad (3\text{-}8\text{-}3)$$

式中：$R_g$ 为表头的内阻，$r = R_0 + R_i$。可见，欧姆计的零点是在表头标度尺的满刻度处，它正好跟安培计和伏特计的零点相反。在 a，b 端接入待测电阻 $R_x$ 后，电路中的电流为

$$I = \frac{V}{R_g + r + R_x}$$

当电池的端电压 $V$ 保持不变时，待测电阻 $R_x$ 和电流值 $I$ 有一一对应的关系，也就是说，接入不同的电阻 $R_x$，表头的指针就指出不同的偏转读数。如果表头的标度尺预先按已知电阻刻度，就可以直接用来测量电阻。因为待测电阻 $R_x$ 越大，电流 $I$ 就越小。当 $R_x = \infty$ 时（相当于 a，b 开路），$I = 0$，即表头的指针指在零位。所以，欧姆表的标度尺为反向刻度，且刻度是不均匀的，电阻 $R_x$ 越大，可读线的间隔就越小，如图 3-8-4（b）所示。

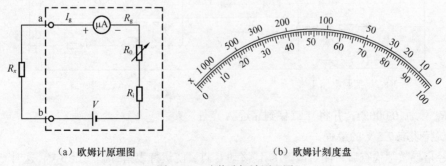

（a）欧姆计原理图　　　　　　　　　（b）欧姆计刻度盘

图 3-8-4　改装欧姆计原理图

要满足待测电阻 $R_x = 0$ 时，电路中通过的电流恰好为表头的量程 $I_g$，对于式（3-8-3）中的 $R_0$ 和 $R_i$ 就有一定的要求。因电池的端电压 $V$ 在使用过程中会不断下降，而表头的内阻 $R_g$ 为常数，

故要求 $r = R_0 + R_i$ 也要不断改变才能满足式（3-8-3）。实际上，当 $R_x = 0$ 时，表头的指针偏转到满刻度是通过调可变电阻（电位器）$R_0$ 的阻值来实现的。为防止电位器 $R_0$ 调得过小而烧坏表头，用固定电阻 $R_i$ 来限制电流，所以 $R_i$ 又叫做限流电阻。

## 【实验仪器】

待改装的表头、安培表与伏特表、电阻箱、滑线变阻器、直流稳压电源等。

## 【实验内容与步骤】

1. 测电流计的内阻和量程

（1）按图 3-8-5 接线，$R_p$ 为串联高电阻，$R_s$ 为并联电阻，$R_A$ 为滑线变阻器，先将滑线变阻器 $R_A$ 的滑动接头 C 点移近 A 点，使 AC 间电位差很小，$R_p$ 值约取 20 kΩ。断开电键 $K_1$。

（2）经指导教师检查后再闭合电键 $K_2$，移动 C 点，使 AC 间电位差逐渐增大，直至电流计指针偏转满格，C 点固定就不再移动了，并记下伏特表上的读数 $V$。

（3）闭合电键 $K_1$，调节并联电阻 $R_s$ 的电阻数值，直至电流计指针偏转为原来偏转格数的一半，这时，因总电流近似未变，通过电流计内的电流减小了一半，另一半在 $R_s$ 内通过，由此可知，电流计内阻 $R_g$ 就等于此时的并联电阻 $R_s$。

（4）将伏特表读数 $V$ 代入 $I_g = \dfrac{V}{R_g + R_p}$，求出电流计允许通过的最大电流值。

（5）根据 $K = \dfrac{I_g}{15}$ 求出 $K$ 值。

2. 将电流计改装成量程为 3 V 的伏特计

（1）将图 3-8-5 中的并联电阻 $R_s$ 及电键 $K_1$ 拆除，就成了图 3-8-6。

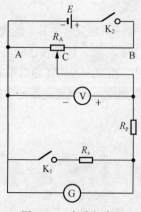

图 3-8-5　实验电路 1

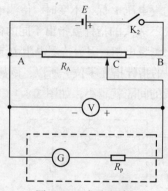

图 3-8-6　实验电路 2

（2）$R_p$ 值为 10 000 Ω，并将 C 点移到靠近 A 点处。

（3）伏特表取 7.5 V 的量程。

（4）经指导教师检查后再闭合电键 $K_2$，移动 C 点，使伏特表指针偏转至 3 V，这时 C 点固定不再移动了，然后改变 $R_p$ 值使电流计指针偏转满格，并记下此时的 $R_p$ 值。

（5）移动 C 点，使电流计指针偏转读数自满格逐格减少，并记下伏特表相对应的读数。将数据填入表 3-8-1 中。

（6）将步骤 1 中求出的 $I_g$ 和 $R_g$ 的值代入 $R_p = \dfrac{V}{I_g} - R_g$，求出 $R_p$ 的理论值，与实验值比较，求出相对误差（式中 $V = 3\,V$）。图 3-8-6 中虚线框里的装置，就是已改装成的伏特计。

3. 将电流计改装成量程为 0.3 A 的安培计

（1）按图 3-8-7 接线。

（2）安培表接 1.5 A 量程，$R_s$ 取最小值。

（3）经指导教师检查后再闭合电键 K，观察安培表指针偏转的情况，调节滑线变阻器 $R_A$，使安培表指针偏转逐渐增大（注意电流计指针的偏转情况，不能超过满格），直至安培表指针偏转至 0.3 A。

（4）调节 $R_s$ 由最小逐渐变大，直到电流计指针偏转满格。

（5）改变滑线变阻器 $R_A$，使电流计的指针偏转读数由满格逐格减小，并分别记下安培表相对应的读数，填入表 3-8-2 中。

（6）用惠斯登电桥测出分流电阻 $R_s$ 值。

（7）由公式 $R_s = \dfrac{I_g}{I - I_g} R_g$ 算出 $R_s$ 的理论值，并求出相对误差。

4. 将电流计改成欧姆计

（1）按图 3-8-8 接好线路。

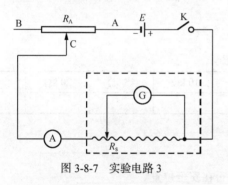

图 3-8-7　实验电路 3

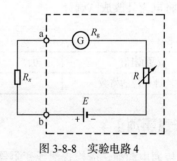

图 3-8-8　实验电路 4

（2）$R$ 取值约 10 000 Ω，$R_x$ 取 0 Ω，电源用一节干电池。

（3）经指导教师检查后合上开关，并调节 $R$，使电流计指针偏转满格，记下 $R$ 值，此时欧姆表的内阻为 $R_g + R$。

（4）将 $R_x$ 取不同的值使指针偏转格数逐步减小，记下 $R_x$ 和对应的格数填入表 3-8-3 中（注意观察，此时偏转的格数是非均匀的，且指针偏转的数值是随着待测电阻增加由右向左偏转的）。

## 【数据记录与处理】

1. 测电流计的内阻和量程

① 伏特计的读数 $V = $ _____ V；

② 表头的内阻 $R_g = $ _____ Ω；

③ 表头的量程 $I_g = \dfrac{V}{R_g + R_p} = $ _____ A；

④ 表头的常数 $k = \dfrac{I_g}{15} = $ _____ A/格。

2. 将电流计改装成量程为 3 V 的伏特计

表 3-8-1　　　　　　　　　　　　数据记录

| 电流计偏转格数 | 15 | 13 | 11 | 9 | 7 | 5 | 3 | 1 |
|---|---|---|---|---|---|---|---|---|
| 伏特表相对应读数 | | | | | | | | |

理论值 $R_{p理} = \dfrac{V}{I_g} - R_g = $ _____ $\Omega$;　　实验值 $R_{p实} = $ _____ $\Omega$;

相对误差 $= \dfrac{|R_{p理} - R_{p实}|}{R_{p理}} \times 100\% = $ _____

3. 将电流计改装成量程为 0.3 A 的安培计

表 3-8-2　　　　　　　　　　　　数据记录

| 电流计偏转格数 | 15 | 13 | 11 | 9 | 7 | 5 | 3 | 1 |
|---|---|---|---|---|---|---|---|---|
| 安培表相对应读数 | | | | | | | | |

理论值 $R_{s理} = \dfrac{I_g}{I - I_g} R_g = $ _____ $\Omega$;　　实验值 $R_{s实} = $ _____ $\Omega$。

4. 将电流计改成欧姆计

表 3-8-3　　　　　　　　　　　　数据记录

| $R_x$ 的阻值 | 0 Ω | 5 kΩ | 10 kΩ | 15 kΩ | 20 kΩ | ∞ Ω |
|---|---|---|---|---|---|---|
| 电流计对应的格数 | | | | | | |

## 【注意事项】

1. 接通电源前,应检查滑线变阻器的滑键是否在安全位置。
2. 调节电阻箱时,防止电阻值从 9 到 0 的突然减小。

## 【思考题】

1. 如何用替代法测量表头的内阻?
2. 试说明用欧姆表测电阻时,如果表头指针正好指在满刻度的一半处(即刻度标尺的中心),则从标尺读出的电阻值(称为欧姆表的中心阻值)就是该欧姆表的内阻值。
3. 实验中的滑线变阻器在连接上和作用上有何不同?
4. 电表改装后,如何校准电表?

# 实验九　电子束的偏转与聚焦

　　示波管、显像管、电子显微镜等仪器,它们的外形和功用虽各不相同,但有一个共同点,就是利用了电子束的聚焦和偏转。电子束的聚焦与偏转可以通过电场或磁场实现,前者称电聚焦与电偏转，后者称磁聚焦与磁偏转。研究示波管的电磁偏转，能加深对电子在电场及磁场中运动规律的理解，为理解和使用电子束管类仪器打下良好基础。

【实验目的】

1. 观察电子射线的静电聚焦现象，测量静电透镜的组合聚焦比。
2. 测量示波管的电偏灵敏度，验证其与电偏电压的关系。
3. 测量示波管的磁偏灵敏度，验证其与磁偏电流的关系。

【实验原理】

1. 示波管

示波管的构造如图 3-9-1 所示。阴极 K 是一个表面涂有氧化物的金属圆筒，经灯丝 H 加热后温度升高，一部分电子克服逸出功后脱离金属表面成为自由电子，并在外电场作用下形成电子流。栅极 G 为顶端开有小孔的圆筒，套于阴极之外，其电势比阴极低。栅极与阴极间的电场对阴极发射出来的电子起减速作用，只有初速度较大的电子可以穿过栅极小孔。因此，调节栅极电势就能控制射向荧光屏的电子射线密度，即控制荧光屏上光点的亮度，这就是亮度调节。

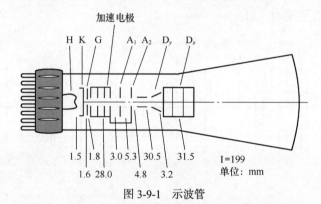

图 3-9-1　示波管

栅极后面为加速电极，相对于阴极的电压一般为 1～2 kV。加速电极是一个长形金属圆筒，筒内装有具有同轴中心孔的金属膜片，用于阻挡离开轴线的电子，使电子射线的截面较细。加速电极之后是第一阳极 $A_1$ 和第二阳极 $A_2$。第二阳极通常和加速电极相连，而第一阳极对阴极的电压一般为几百伏特。这三个电极所形成的电场，除对阴极发射的电子进行加速外，还能使之会聚成很细的电子射线，这种作用称为聚焦作用。改变第一阳极的电势可以改变电场分布，使电子射线在荧光屏上聚焦成细小的光点，这就是聚焦调节。同样，改变第二阳极的电势也会改变电场分布，从而使聚焦状况得到改善，这是辅助聚焦调节。

为使电子射线能够到达荧光屏上的任何一点，必须使电子射线在两个互相垂直的方向上都能产生偏转。示波管常用静电场使电子射线偏转，静电偏转所需的电场，由两对互相垂直的偏转板提供，分别为 X（水平）偏转板 $D_x$ 和 Y（竖直）偏转板 $D_y$。

2. 电子射线的电聚焦原理

在示波管中，加速电场从加速电极经过栅极的小圆孔到达阴极表面，如图 3-9-2 所示。这个电场的分布具有这样的性质：使从阴极表面不同点发出的电子向阳极方向运动时，在栅极小圆孔后方会聚，形成一个电子射线的交叉点 $F_1$（第一聚焦点）。由加速电极、第一阳极和第二阳极组成的电聚焦系统，把 $F_1$ 成像在示波管的荧光屏上，呈现为直径足够小的光点 $F_2$（第二聚焦点），如图 3-9-3 所示。这与凸透镜对光的会聚作用相似，故称为电子透镜。

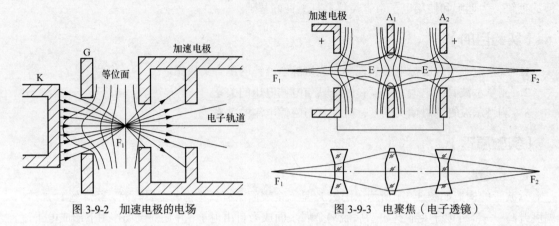

图 3-9-2　加速电极的电场　　　　　　图 3-9-3　电聚焦（电子透镜）

　　静电透镜的电聚焦原理可用图 3-9-4 说明。在两块电势差为 10 V 的带电平行板中间放一块带有圆孔的金属膜片 M，如图 3-9-4（a）所示。当膜片 M 上加 4 V 电压使其处在"自然"电势状态，这时膜片左右的电场都是平行的均匀电场，左极板出发的电子，通过膜片至右极板的整个过程都是匀加速运动，不存在透镜的作用。

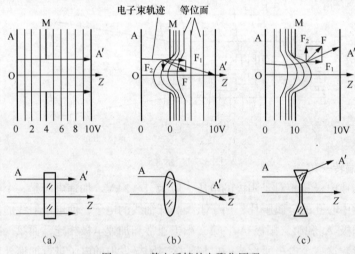

（a）　　　　　　　　（b）　　　　　　　　（c）

图 3-9-4　静电透镜的电聚焦原理

　　在图 3-9-4（b）中，设膜片 M 的电势为零，低于"自然"电势，这时在膜片 M 左方远离开孔处没有电场存在，而在右方电场强度（或等势面密度）增加了。由于右极板上正电势的影响，膜片 M 圆孔中心的电势要比膜片高些，其等势面伸向左面低电势空间，形成如图 3-9-4（b）所示的等势曲面，这些曲面与中心轴成轴对称。由于电场 $E$ 方向与等势面保持垂直，自高电势指向低电势，这时在小孔附近场强的方向偏离孔的中心轴，而电子受力的方向与场强 $E$ 的方向相反。因此，自左极板出发的电子，经过膜片 M 的圆孔向右极板运动时，在圆孔处由于受到偏向中心轴的作用力而弯曲运动，折向轴线，最终与轴相交于 A′ 点。这个作用与光学凸透镜会聚作用类似，因此，场强方向偏离中心轴的静电透镜是会聚透镜。膜片 M 的电势降得越低，等位面的弯曲程度就越厉害，透镜对电子的会聚能力越强。

　　与图 3-9-4（b）相反，设图 3-9-4（c）中膜片 M 的电势为 10 V，高于"自然"电势。等势面在膜片 M 的圆孔处伸向右方高电势空间，这个电场的方向向中心轴会聚。因此，它使电子射线偏离中心轴而弯曲运动，这与光学凹透镜的发散作用类似。

根据以上讨论，示波管各电极形成的静电透镜的中间部分是一个会聚透镜，而两边是发散透镜。由于中间部分是低电势空间，电子运动的速度小，滞留的时间长，因而偏转大，所以合成的透镜仍然具有会聚的性质。改变各电极的电势，特别是改变第一阳极的电势，相当于改变了电子透镜的焦距，可使电子射线的会聚点恰好在荧光屏上，这就是电子射线的电聚焦原理。

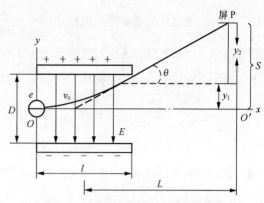

图 3-9-5　电子束在均匀电场中的偏转

3. 电子束的电偏转与电偏灵敏度

设电子的静止质量为 $m$，其电量的绝对值为 $e$，以初速度 $v_0$ 沿 $x$ 轴进入平行板（示波管的垂直偏转板）间的电场中，如图 3-9-5 所示。若两板间的距离 $D$ 较其长度 $l$ 小很多，则可认为该平行板间的电场是匀强电场（忽略边缘效应），且沿 $y$ 轴方向对电子的施力为 $\boldsymbol{F} = e\boldsymbol{E}$（忽略重力的影响）。

因 $E_x = E_z = 0$，$E_y = E$ 和 $\boldsymbol{B} = 0$，根据带电质点在电磁场中的运动方程

$$m\frac{\mathrm{d}\boldsymbol{v}}{\mathrm{d}t} = e(\boldsymbol{E} + \boldsymbol{v} \times \boldsymbol{B})$$

因 $\boldsymbol{B} = 0$，可得

$$\frac{\mathrm{d}v_y}{\mathrm{d}t} = \frac{eE}{m}$$

电子在一恒力作用下前进，这与水平抛出的物体在重力场中运动一样，电子在两板间是沿抛物线前进的，而离开电场区域后，电子做匀速直线运动，其运动方向与刚进入电场时的运动方向（即沿 $x$ 轴方向）偏转一角度 $\theta$，可由下述方法求出：

$$v_x = \frac{\mathrm{d}x}{\mathrm{d}t} = v_0 \text{（常量）}; \qquad v_y = \frac{eE}{m}t_1 + C$$

式中：$t_1 = l/v_0$（为电子通过偏转电场区间经过的时间，并且令刚进入电场时刻 $t = 0$）。由于 $t = 0$ 时，$v_y = 0$，故 $C = 0$，则

$$v_y = \frac{\mathrm{d}y}{\mathrm{d}t} = \frac{eE}{m} \cdot \frac{l}{v_0}$$

$$\tan\theta = \frac{\mathrm{d}y}{\mathrm{d}x} = \frac{\mathrm{d}y}{\mathrm{d}t} \Big/ \frac{\mathrm{d}x}{\mathrm{d}t} = \frac{e}{m} \cdot \frac{lE}{v_0^2} \qquad (3\text{-}9\text{-}1)$$

如果电场方向是向上的，则电子路径向下偏移。要改变两平行板间电场的方向，只需改变两板的电极性即可。

由式（3-9-1）可知，如果电场强度已给定，则电子路径的偏移依赖于电子的荷质比 $e/m$ 的值。对于电子而言，$e/m$ 为已知，其偏移程度仅与电场强度 $E$ 的大小和方向有关。

示波管内电子束受横向电场的偏转引起的荧光屏上光点位移为 $S$，经计算，在 $t_1$ 时间内电子在与电场强度 $E$ 相反的位移分量为

$$y_1 = \frac{1}{2}at_1^2 = \frac{1}{2}\left(\frac{eE}{m}\right)\left(\frac{l}{v_0}\right)^2 = \frac{eEl^2}{2mv_0^2}$$

相应的速度分量则由零增加到 $v_1 = at_1 = \frac{eEl}{mv_0}$，电子通过偏转电场后，不再受电场力的作用，它将以离开偏转板时的速度匀速前进，并打到荧光屏上。设偏转板中心到荧光屏的距离为 $L$，则电子通过距离 $\left(L - \frac{l}{2}\right)$ 所需的时间为

$$t_2 = \frac{L - \frac{l}{2}}{v_0}$$

在 $t_2$ 时间内，电子在 $y$ 轴方向上的位移为

$$y_2 = v_1 t_2 = \frac{eE}{m}\left(\frac{l}{v_0}\right) \cdot \left(\frac{L - \frac{l}{2}}{v_0}\right)$$

于是电子在荧光屏上产生的光点 $P$ 离管轴的位移为

$$S = y_1 + y_2 = \frac{elL}{mv_0^2}E \qquad (3\text{-}9\text{-}2)$$

由式（3-9-2）可知，荧光屏上光点的位移与偏转板中的电场强度 $E$ 的大小成正比，并随 $E$ 的大小和方向变化而变化。

若偏转板间的电压为 $U$，则 $E = U/D$。

又如，设电子离开阴极的初速度为零，电子通过加速电场时的加速电压为 $U_2$，则电场力所做的功为 $eU_2$。当电子速度 $v_0$ 不太大时，电子的功能 $\frac{1}{2}mv_0^2 = eU_2$，即 $v_0 = \sqrt{\frac{2eU_2}{m}}$，于是可得

$$S = \frac{lL}{2D} \cdot \frac{U}{U_2} \qquad (3\text{-}9\text{-}3)$$

定义：电偏灵敏度 $\delta_{电}$ 为

$$\delta_{电} = \frac{S}{U} = \frac{lL}{2D} \cdot \frac{1}{U_2} \qquad (3\text{-}9\text{-}4)$$

由式（3-9-3）和式（3-9-4）可知：电偏移 $S$ 与偏转电压 $U$ 成正比，电偏灵敏度 $\delta_{电}$ 与加速电压 $U_2$ 成反比。

4. 磁偏转与磁偏灵敏度

电子束的磁偏转是指电子束通过磁场时，在洛仑兹力作用下发生偏转。如图 3-9-6 所示，设虚线方框内有均匀磁场，磁感应强度为 $B$，方向与纸面垂直，且由纸面指向读者；在方框外 $B = 0$，电子以速度 $v$（沿 $OO'$ 方向）垂直射入磁场。由于受洛仑兹力 $evB$ 的作用，在磁场区域内电子做匀速圆周运动，轨道半径为 $R$，其曲率中心为 $O_L$。电子沿 $OQ$ 弧穿出磁场后变为匀速直线运动，最后打在荧光屏一点 $P$ 上，光点相对于没有磁场作用时的光点位移量为 $S$，$e$ 是电子电量的绝对值，$m$ 是电子的质量。

由牛顿第二定律有

$$f = evB = \frac{mv^2}{R} \qquad 即 \quad R = \frac{mv}{eB} \qquad (3\text{-}9\text{-}5)$$

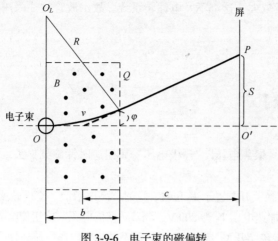

图 3-9-6　电子束的磁偏转

设偏转角（$\varphi$）不很大时，近似地有

$$\tan\varphi \approx \frac{b}{R} = \frac{S}{C}$$

式中：$b$ 为磁场区域宽度，$C$ 是磁场区域中心至荧光屏的垂直距离。从而有

$$S = \frac{ebC}{mv}B$$

如同讨论电偏转时那样，这里电子的运动速度 $v$ 与加速电压 $U_2$ 的关系为

$$\frac{1}{2}mv^2 = eU_2 \quad 即 \quad v = \sqrt{\frac{2eU_2}{m}}$$

由此得

$$S = bC\sqrt{\frac{e}{2m}} \cdot \frac{B}{\sqrt{U_2}} \qquad （3-9-6）$$

假设磁偏线圈是螺管式的，其单位长度上的线圈匝数为 $n$，磁偏电流为 $I$，$K$ 是与磁介质及螺管几何因素有关的常数，则有

$$S = KnbC\sqrt{\frac{e}{2m}} \cdot \frac{1}{\sqrt{U_2}} \qquad （3-9-7）$$

定义：磁偏灵敏度 $\delta_磁$ 为

$$\delta_磁 = \frac{S}{I} = KnbC\sqrt{\frac{e}{2m} \cdot \frac{1}{U_2}} \qquad （3-9-8）$$

由式（3-9-6）、式（3-9-7）和式（3-9-8）可知，光点的偏转位移与偏转磁感应强度 $B$ 成正比线性关系，或者说与磁偏电流成正比线性关系，而与加速电压的平方根成反比关系。

联系式（3-9-3）和式（3-9-4）可以看出，提高加速电压对磁偏灵敏度降低的影响比对电偏灵敏度的影响小。因此，使用磁偏转时，提高示波管（显像管）中加速电压来增强屏上光点（或显像管屏上图像）的亮度水平比使用电偏转有利，而且磁偏转便于得到电子束的大角度偏转，更适合于大平面的需要，故显像管往往采用磁偏转。但是，偏转线圈的电感与较大的分布电容不利于高频使用，且体积和重量较大，这都不及电偏转系统。故示波管往往采用静电偏转。

**【实验仪器】**

电子束实验仪一台。

**【实验内容与步骤】**

1. 电子束的聚焦

（1）将"加速电压""聚焦电压""栅极电压"旋钮逆时针旋到尽头，接通电源开关，让仪器预热 3 min。

（2）将"高压测量转换"开关置于 $V_2$ 位置，这时"高压指示"窗口显示加速电压 $V_2$ 的示数，转动"加速电压"旋钮，使加速电压 $V_2$ 为 800 V，调节"栅极电压"旋钮使荧光屏上的光斑较暗（能看清即可），再将"高压测量转换开关"置于 $V_1$ 处，调节"聚焦电压"旋钮使光斑聚为最小的一个圆点（注意：若此时光点太亮，应立即调"栅极电压"旋钮，使亮度适中），记录下 $V_1$ 的数值。

（3）调节"加速电压旋钮"使 $V_2$ 分别为 850 V，900 V，950 V，1 000 V，1 050 V，1 100 V，1 150 V，重复步骤（2），分别读出 $V_1$ 的各值，填入电聚焦测试数据表 3-9-1 中。

2. 电子束的电偏转及电偏转灵敏度的测定

（1）调节"加速电压"旋钮，使 $V_2$ 为 1 000 V，调"栅极电压"旋钮，使亮斑转暗，调节"聚焦电压"旋钮，使光斑聚焦为一小亮点。

（2）将"电压电流测量转换"开关置于 $V_{dx}$ 处，调节"偏转电压" $V_{dx}$ 旋钮使光点朝 $x$ 方向移动，当光点的偏转距离分别为 5 mm，10 mm，15 mm，20 mm，25 mm 时，从"电流电压指示"窗口读出 $V_{dx}$ 的数值，填入电偏转测试数据表 3-9-2 中。

（3）将"电压电流测量转换"开关置于 $V_{dy}$ 处，调节"偏转电压" $V_{dy}$ 旋钮，其余和步骤（2）基本相同，将测得的 $V_{dy}$ 填入电偏转测试数据表 3-9-2 中。

3. 电子束的磁偏转及磁偏转灵敏度

（1）调节" $V_{dx}$ "" $V_{dy}$ "旋转，使光点恢复到中央位置。

（2）将磁偏转线圈插到示波器两侧的插孔中。

（3）接通"恒流源"旋钮右边的开关，将"电压电流测量转换"开关置于 200 mA 位置，调节"恒流源"旋钮，使光点偏转距离分别为 5 mm，10 mm，15 mm，20 mm，25 mm 时，从"电压电流指示"窗口分别读出磁偏电流 $I$ 的大小，并填入磁偏测试数据表 3-9-3 中。

**【数据记录与处理】**

表 3-9-1 　　　　　　　　　　　　 电聚焦测试数据表

| 加速电压 $V_2$/V | 800 V | 850 V | 900 V | 950 V | 1 000 V | 1 050 V | 1 100 V | 1 150 V |
|---|---|---|---|---|---|---|---|---|
| 聚焦电压 $V_1$/V | | | | | | | | |
| 电压比 $K = \dfrac{V_2}{V_1}$ | | | | | | | | |

$$\overline{K} = \underline{\hspace{3cm}} \qquad\qquad \sigma_K = \sqrt{\frac{\sum\limits_{i=1}^{n}(K_i - \overline{K})^2}{n(n-1)}} =$$

$$K = \overline{K} \pm \sigma_k =$$

表 3-9-2　　　　　　　　　　　电偏转测试数据表（测试条件 $V_2 = 1\ 000$ V）

| 偏转距离/mm | 5 | 10 | 15 | 20 | 25 | 平均值 |
|---|---|---|---|---|---|---|
| 水平电偏电压 $V_{dx}$/V | | | | | | |
| 电偏灵敏度 $\delta_x$/(mm/V) | | | | | | $\overline{\delta_z} =$ |
| 垂直电偏电压 $V_{dy}$/V | | | | | | |
| 电偏灵敏度 $\delta_y$/(mm/V) | | | | | | $\overline{\delta_y} =$ |

根据表中数据，计算出电偏转灵敏度 $\delta_x$ 与 $\delta_y$，并绘出相应的 $x$-$V_{dx}$ 或 $y$-$V_{dy}$ 图线。验证偏移距离和偏转电压为线性正比关系。

表 3-9-3　　　　　　　　　　　　磁偏测试数据表

| 偏转距离/mm | 5 | 10 | 15 | 20 | 25 | 平均值 |
|---|---|---|---|---|---|---|
| 磁偏电流 $I$/mA | | | | | | |
| 磁偏灵敏 $\delta$(mm/mA) | | | | | | $\overline{\delta} =$ |

计算出磁偏灵敏度的大小。绘出 $S$-$I$ 图线，验证 $S$-$I$ 为线性正比关系。

## 【注意事项】

1. 应将仪器预热几分钟后再开始实验。

2. 在实验过程中将"辉度"调节适宜，绝不能过强，以免严重损坏荧光屏上的发光物质，这样会缩短示波管的寿命。

## 【思考题】

1. 示波器一般采用电偏转，而电视机显像管采用磁偏转，为什么？

2. 如果一电子束同时在电场和磁场中通过，则在什么条件下，荧光屏上光点恰好不发生偏转？

3. 根据实验结果回答如下问题：

（1）在加速电压不变的条件下，偏转距离是否与偏转电压成正比？

（2）在偏转电压不变的条件下，偏转距离与加速电压有什么关系？

# 实验十　示波器的原理与使用

示波器是一种用途广泛的电子测量仪器，用它既能直接观察电信号的波形，也能测定电压信号的幅度、周期和频率等参数。用双踪示波器还可以测量两个信号之间的时间差或相位差。凡是能转化为电压信号的电学量和非电学量都可以用示波器来观测。

## 【实验目的】

1. 了解通用示波器的基本组成和工作原理，掌握通用示波器的使用方法。

2. 观察并描绘交流电、半波整流和滤波的波形。

3. 观察并描绘李萨如图形。

## 【实验原理】

示波器的规格和型号很多。就其显示方式来说，主要有阴极射线示波管和液晶显示两种。阴极射线示波器一般都包括图 3-10-1 所示的几个基本组成部分，即示波管（又称阴极射线管，cathode ray tube，CRT），竖直放大器（Y 轴放大），水平放大器（X 轴放大），扫描发生器，触发同步和直流电源等。

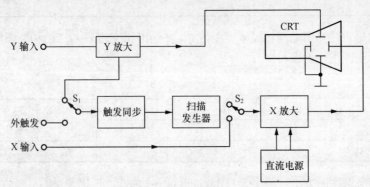

图 3-10-1　示波器的原理框图

1. 示波管的基本结构

示波管的基本结构如图 3-10-2 所示，主要包括电子枪、偏转系统和荧光屏三个部分，全都密封在玻璃外壳内，里面抽成高真空。

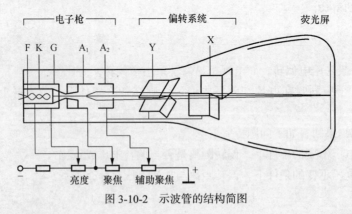

图 3-10-2　示波管的结构简图

（1）电子枪

由灯丝、阴极、控制栅极、第一阳极和第二阳极五部分组成。灯丝通电后加热阴极。阴极是一个表面涂有氧化物的金属圆筒，被加热后发射电子。控制栅极是一个顶端有小孔的圆筒，套在阴极外面。它的电位比阴极低，对阴极发射出来的电子起控制作用，只有初速度较大的电子才能穿过栅极顶端的小孔，然后在阳极加速下奔向荧光屏。示波器面板上的"亮度"调整就是通过调节栅极电位以控制射向荧光屏的电子流密度，从而改变了屏上的光斑亮度。由于阳极电位比阴极电位高很多，电子被它们之间的电场加速形成射线。当控制栅极、第一阳极与第二阳极三者的电位调节合适时，电子枪内的电场对电子射线有聚焦作用，所以，第一阳极也称聚焦阳极。第二阳极电位更高，又称加速阳极。面板上的"聚焦"调节，就是调第一阳极电位，使荧光屏上的光斑成为明亮、清晰的小圆点。有的示波器还有"辅助聚焦"，实际是调节第二阳极电位。

（2）偏转系统

它由两对互相垂直的偏转板组成，一对竖直偏转板，一对水平偏转板。在偏转板上加以适当电压，电子束通过时，其运动方向发生偏转，从而使电子在荧光屏上产生的光斑位置也发生改变。

（3）荧光屏

屏上涂有荧光粉，电子打上去它就发光，形成光斑。不同材料的荧光粉发光的颜色不同，发光过程的延续时间（一般称为余辉时间）也不同。在性能好的示波管中，荧光屏玻璃内表面上直接刻有坐标刻度，供测定光点位置用。荧光粉紧贴坐标刻度以消除视差，光点位置可测得准确。

2. 示波器显示波形的原理

如果只在竖直偏转板上加一交变的正弦电压，则电子束的亮点将随电压的变化在竖直方向来回运动；如果电压频率较高，则看到的是一条竖直亮线，如 3-10-3 所示。

要显示波形，必须同时在水平偏转板上加一扫描电压，使电子束的亮点沿水平方向拉开。这种扫描电压的特点是电压随时间呈线性关系增加到最大值，然后突然回到最小，此后再重复地变化。这种扫描电压随时间变化的关系曲线形同"锯齿"，故称"锯齿波电压"，当只有

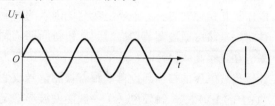

图 3-10-3 在竖直偏转板上加一正弦电压

锯齿波电压加在水平偏转板上，如果频率足够高，则荧光屏上只显示一条水平亮线，如图 3-10-4 所示。产生锯齿波扫描电压的电路在图 3-10-1 中用"扫描发生器"方框表示。

如果在竖直偏转板上（简称 $Y$ 轴）加正弦电压，同时在水平偏转板上（简称 $X$ 轴）加锯齿波电压，电子受竖直、水平两个方向的力的作用，电子的运动是两相互垂直的运动的合成。当锯齿波电压与正弦电压的变化周期相等时，在荧光屏上将能显示出完整周期的所加正弦电压的波形，如图 3-10-5 所示。

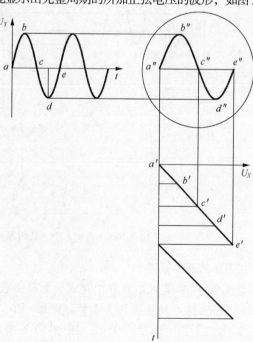

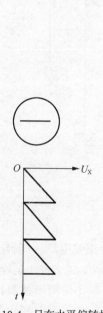

图 3-10-4 只在水平偏转板上
加一锯齿波电压的情形

图 3-10-5 示波器显示正弦波形的原理图

（1）同步的概念

如果正弦波和锯齿波电压的周期稍不同，屏上出现的是一移动着的不稳定图形。这种情形可用图 3-10-6 说明。设锯齿波电压的周期 $T_x$ 比正弦波电压周期 $T_y$ 稍小，比方说 $T_x/T_y = 7/8$。在第一扫描周期内，屏上显示正弦信号，0～4 点之间的曲线段；在第二周期内，显示 4～8 点之间的曲线段，起点在 4 处；第三周期内，显示 8～11 点之间的曲线段，起点在 8。这样，屏上显示的波形每次都不重叠，好像波形在向右移动。同理，如果 $T_x$ 比 $T_y$ 稍大，则好像在向左移动。以上描述的情况在示波器使用过程中经常会出现。其原因是扫描电压的周期与被测信号的周期不相等或不呈整数倍，这是每次扫描开始时波形曲线上的起点均不一样所造成的。

为了获得一定数量的完整周期波形，示波器上设有 "TIME/DIV"（时间分度）调节旋钮，用来调节锯齿波电压的周期 $T_x$（或频率 $f_x$），使之与被测信号的周期 $T_y$（或频率 $f_y$）呈合适的关系，从而在示波器屏上得到所需数目的完整的被测波形。输入 Y 轴的被测信号与示波器内部的锯齿波电压是互相独立的。由于环境或其他因素的影响，它们的周期（或频率）可能发生微小的改变。这时，虽然可通过调节扫描时间旋钮将周期调到整数倍关系，但过一会儿又变了，波形又移动起来。在观察高频信号时，这个问题尤为突出。为此示波器内装有扫描同步装置，在适当调节后，让锯齿波电压的扫描起点自动跟着被测信号改变，这就称为整步（或同步）。调节示波器面板上的 "TRIG LEVER"（触发电平）一般能使波形稳定下来。有的示波器中，需要让扫描电压与外部某一信号同步，因此设有 "SOURCE"（触发源选择）键，可选择不同的触发工作状态，相应设有 "外触发" 信号输入端。

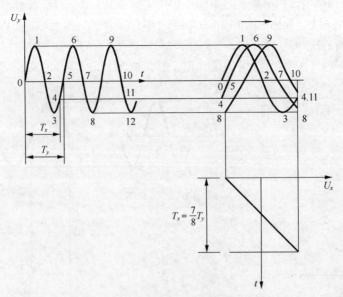

图 3-10-6　$T_x = （7/8）T_y$ 时显示的波形

（2）李萨如图形的基本原理

如果示波器的 X 和 Y 输入是频率相同或呈简单整数比的两个正弦电压，则屏上的光点将呈现特殊形状的轨迹，这种轨迹图称为李萨如图形。图 3-10-7 所示为 $f_y : f_x = 2:1$ 的李萨如图形。频率比不同时将形成不同的李萨如图形。图 3-10-8 所示的是频率比呈简单整数比值的几组李萨如图形。从图形中可总结出如下规律：如果作一个限制光点 $z$，$y$ 方向变化范围的假想方框，则图形与此框相切，横边上的切点数 $n_x$ 与竖边上的切点数 $n_y$ 之比恰好等于 Y 和 X 输入的两正弦信号的频率之比，即 $f_y : f_x = n_x : n_y$。但若出现图 3-10-8（b）所示的图形，有端点与假想边框相接时，应把一个端点计为 1/2 个切点。所以利用李萨如图形能方便地比较出两个正弦信号的频率。若已知其中一个信号的频率，数出图上的切点个数，便可算出另一待测信号的频率。

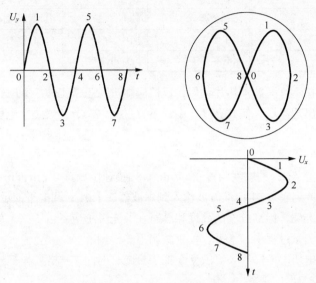

图 3-10-7　$f_y : f_x = 2:1$ 的李萨如图形

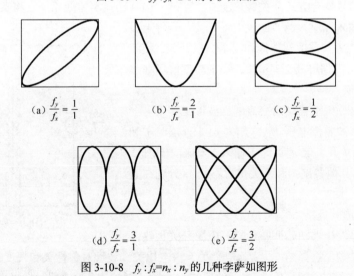

(a) $\dfrac{f_y}{f_x} = \dfrac{1}{1}$　　(b) $\dfrac{f_y}{f_x} = \dfrac{2}{1}$　　(c) $\dfrac{f_y}{f_x} = \dfrac{1}{2}$

(d) $\dfrac{f_y}{f_x} = \dfrac{3}{1}$　　(e) $\dfrac{f_y}{f_x} = \dfrac{3}{2}$

图 3-10-8　$f_y : f_x = n_x : n_y$ 的几种李萨如图形

## 【实验仪器】

ST-16A 型示波器、函数信号发生器、8 V 变压器、整流板。

## 【实验内容与步骤】

1. 示波器初始调整

（1）熟悉示波器控制面板上各控制部件的作用，并将面板上各控制部件置于表 3-10-1 中的位置。

表 3-10-1　　　　　　　　　　　ST-16A 型示波器面板上各控制部件的位置

| 控制旋钮 | 位　置 | 控制旋钮 | 位　置 | 控制旋钮 | 位　置 |
|---|---|---|---|---|---|
| 辉度 | 逆时针旋足 | V/div | 5 V/div | 扫描微调 | 校准 |
| 聚焦 | 居中 | Y 轴微调 | 校准 | ＋－X 外接 | ＋ |
| AC ⊥ DC | ⊥ | X 轴微调 | 校准 | 内 电源 外 | 内 |
| Y 移位 | 居中 | 电平 | 居中 | 自动 常态 电视 | 常态 |
| X 移位 | 居中 | s/div | 5ms/div | | |

（2）接通电源，指示灯亮。预热片刻后，仪器应能进入正常工作。顺时针调节"辉度"电位器，此时荧光屏上会出现光点，使其亮度适中，不宜过亮。调节"聚焦"电位器，使光点最小最圆，并将其移至屏幕中间。

2. 示波器的校准

（1）将耦合方式置 AC；灵敏度调置 0.1 V/div；扫描速度调置 0.1 ms/div，调节水平、垂直微调置校准位置（顺时针到底）；将标准方波输入到示波器 Y 插座；调电平使示波器显示标准方波。

（2）如果示波器准确，标准方波的高度和脉宽在荧光屏上应各占 5 格，就可定量测量电压波形各参数。但在定量测量过程中，水平、垂直微调不能再调节。

（3）定量测量。电压 $V$ ＝ 格数 × 灵敏度 × 探头衰减；时间 $T$ ＝ 格数 × 扫描速度。

3. 与交流电相关波形的观察

（1）将输入信号耦合方式开关置"DC"，按图 3-10-9 连接实验线路图，将实验板上的交流电压 $V_{12}$ 接入 Y 轴输入插座，调节触发电平，使荧光屏上显示波形。分别调节 Y 轴灵敏度选择和时基扫描开关，使波形高度在 Y 方向上占据屏高 2/3 左右，一个周期波形在水平方向分别占据 6～7 格。

（2）在直角坐标纸上描绘出交流电压波形 $V_{12}$。

（3）分别将半波整流电压 $V_{13}$（开关 K 未连通时）和整流滤波电压 $V'_{13}$（开关 K 连通时）输入 Y 轴输入插座，只调节触发电平（其他各旋钮和开关位置不变），分别在直角坐标纸上描绘出半波整流和滤波波形 $V'_{13}$。

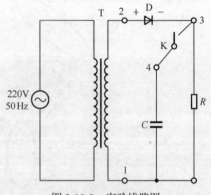

图 3-10-9　实验线路图

4. 李萨如图形的观察

（1）函数信号发生器初始调整。打开电源开关预热，波形选择正弦波，频段选择 100，直流电平关，占空比关、波形对称性关和幅度调节 ≤1.8 V。

（2）将实验板的交流电压 $V_{12}$ 接入示波器的 Y 轴输入插座；将示波器触发极性开关置 X 外接，将函数信号发生器的函数输出与示波器的 X 输入端相连，调节函数信号发生器的输出调节旋钮，使李萨如图形大小适中。

（3）调节函数信号发生器的输出频率，观察并描绘当频率分别为 50 Hz，100 Hz，150 Hz 时的李萨如图形。

## 【数据记录与处理】

在直角坐标纸上分别描绘出交流电压波形 $V_{12}$、半波整流波形 $V_{13}$ 和滤波波形 $V'_{13}$。
在直角坐标纸上分别描绘出 $f_y : f_x$ 为 1:1，1:2 和 1:3 的李萨如图形。

## 【仪器简介】

ST-16A 型示波器：示波器面板如图 3-10-10 所示。下面介绍示波器面板上各种控制部件的作用。

电源开关：仪器电源总开关，扳向"开"时，指示灯亮，经预热后，仪器即可正常工作。

辉度：控制荧光屏光迹的明暗程度。

聚焦：调节聚焦可使光点圆而小，达到波形清晰。

0.5 $V_{p-p}$1kHz 校准方波输出端。

Y 移位：控制光迹在荧光屏上 Y 方向的位置。

X 移位：控制光迹在荧光屏上 X 方向的位置。

Y 轴灵敏度选择开关：Y 轴灵敏度自 0.02～10 V/div，按 1-2-5 进位分 9 个挡级，可根据被测信号的电压幅度，选择适当的位置，以利观测。当其上的"微调"旋钮置于校准时，"V/div"挡级的标示值即可视为示波器的 Y 轴灵敏度。

Y 轴微调：用以连续调节 Y 轴放大器的增益。

X 轴灵敏度选择开关：扫描速度的选择范围由 0.1 μs/div～10 ms/div，按 1-2-5 进位分 16 挡级，可根据待测信号频率的高低，选择适当的挡级，当其上的"微调"旋钮置于校准时，"t/div"的标示值即为时基扫描速度。

图 3-10-10　ST-16A 型示波器面板图

X 轴微调：用以连续调节扫描速度。

Y 轴输入插座：Y 轴信号输入端。

X 轴输入插座：X 轴或外触发信号输入端。

电平：用以调节触发信号波形上触发点的相应电平值，使在这一电平上启动扫描。

"AC ⊥ DC"开关：置于"AC"为交流耦合；置于"DC"为直流耦合；置于"⊥"输入端处于接地状态。

"+ − X 外接"开关：用以选择触发信号的上升（+）或下降（−）部分来触发扫描电路。当开关置于"X 外接"时，使"X 外触发"插座成为水平信号的输入端。

"自动 常态 电视"开关：扫描方式选择开关。

"内 电源 外"：置于"内"时，触发信号取自垂直放大器中引离出来的被测信号；置"电源"时，触发信号取自示波器本身交流电源；置于"外"时，触发信号将来自"X 外触发"插座。

## 【注意事项】

1. 根据示波器面板上各控制部件的作用和功能，有目的地进行操作，避免盲目性。调节要适度，不可用力过猛。调节角度到达极限位置后应反向调节，不能继续用力扳动，以免损坏。

2. "亮度"旋钮的旋转要适中，防止光点太亮，对保护人的眼睛和荧光屏都有好处。

3. 先正确连接线路，组成测试系统以后再开启电源；观测完毕后，先关掉电源，然后拆掉连接线路，尽量避免带电操作，以防短路。

## 【思考题】

1.如果打开示波器的电源开关后,在屏幕上既看不到扫描线又看不到光点,可能有哪些原因?

应分别作怎样的调节？

2. 如果图形不稳定，总是向左或向右移动，该如何调节？

3. 如果 Y 轴信号的频率 $f_y$ 比 X 轴信号的频率 $f_x$ 大很多，从示波器上看到的是什么情形？相反，$f_y$ 比 $f_x$ 小很多，又会看到什么情形？

4. 若被测信号幅度太大（在不引起仪器损坏的前提下），则在屏上看到什么图形？

5. 观察李萨如图形时，如果图形不稳定，而且是一个形状不断变化的椭圆，那么图形变化的快慢与两个信号频率之差有什么关系？

# 实验十一　霍尔效应实验

霍尔效应是一种磁电效应，它是指置于磁场中的载流体，如其电流方向与磁场垂直，则在垂直于电流和磁场的方向上会产生一附加的横向电场的现象。霍尔效应是美国物理学家霍尔（A.H.Hall，1855～1938）于 1879 年在他的导师罗兰指导下发现的。由于这种效应对一般的材料来讲很不明显，因而长期未得到实际应用。自 20 世纪 60 年代以来，随着半导体工艺和材料的发展，这一效应才在科学实验和工程技术中得到了广泛应用。利用半导体材料制成的霍尔元件，特别是测量元件，广泛应用于工业自动化和电子技术等方面。由于霍尔元件的面积可以做的很小，所以可用它测量某点或缝隙中的磁场。此外，还可以利用这一效应来测量半导体中的载流子浓度及判别半导体的类型等。近年来，霍尔效应得到了重要发展，冯·克利青在极强磁场和极低温度下观察到了量子霍尔效应，它的应用大大提高了有关基本常数测量的准确性。在工业生产要求自动检测和控制的今天，作为敏感元件之一的霍尔元件，会有更广阔的应用前景。了解这一富有实用性的实验，对今后的工作将大有益处。

## 【实验目的】

1. 了解霍尔效应实验原理以及有关霍尔元件对材料要求的知识。

2. 学习用"对称测量法"消除系统误差的实验测量方法，画出试样的 $U_H$-$I_S$ 和 $U_H$-$I_M$ 曲线，由 $U_H$-$I_S$ 求其斜率。

3. 计算霍尔元件的灵敏度和霍尔系数。确定试样的导电类型和载流子浓度以及迁移率。

## 【实验原理】

1. 霍尔效应

霍尔在研究载流导体在磁场中受力的性质时发现：当工作电流 $I$ 在垂直于外磁场方向通过导体时，在垂直于电流和磁场方向该导电体的两侧产生电势差，这种现象称为霍尔效应。这种效应对金属导体并不明显，而对半导体却非常明显，因此，随着半导体物理学的发展，霍尔效应的应用更加广泛。霍尔效应的出现是由于导体中的载流子（形成电流的运动电荷）在磁场中受到洛仑兹力的作用而发生横向漂移的结果。如图 3-11-1 所示，设霍尔元件是由均匀的

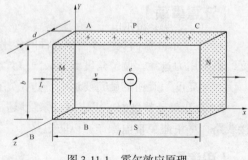

图 3-11-1　霍尔效应原理

N 型（导电的载流子是电子）半导体材料制成，其长度为 $l$，宽为 $b$，厚为 $d$。如果在 M，N 两端按图

所示加一恒定电流 $I_S$（沿 $x$ 轴方向通过霍尔元件），并假定电流 $I_S$ 是沿 $x$ 轴负方向以速度 $v$ 运动的电子所构成，电子的电荷量为 $e$，自由电子的浓度为 $n$，则根据电流强度的定义，电流 $n$ 可表示为

$$I_S = envbd \qquad (3\text{-}11\text{-}1)$$

若在 $z$ 轴方向加上恒定磁场 $B$，沿 $x$ 轴负方向运动的电子就受到洛仑兹力 $f_B$ 的作用。

$$f_B = evB \qquad (3\text{-}11\text{-}2)$$

$f_B$ 的方向指向 $y$ 轴负方向，于是霍尔元件内部的电子将会向下偏移，并聚集在霍尔片的下方，随着电子向下偏移，霍尔片上方将出现等量的正电荷，结果形成一个上正下负的静电场 $E_H$，称为霍尔电场。该电场给电子作用力的大小为

$$f_e = eE_H \qquad (3\text{-}11\text{-}3)$$

该力方向向上。当这两个力达到平衡时(上述过程是在短暂的 $10^{-13} \sim 10^{-11}$ s 内完成)，电子不再有横向漂移运动，结果在霍尔片上下两侧间形成一恒定的电势差，即霍尔电势差。由于 $f_B = f_e$，所以

$$evB = e\,E_H \qquad (3\text{-}11\text{-}4)$$

所以

$$E_H = vB \qquad (3\text{-}11\text{-}5)$$

这样霍尔电势差

$$U_H = V_P - V_S = E_H\,b = vBb \qquad (3\text{-}11\text{-}6)$$

将式（3-11-1）代入式（3-11-6）得

$$U_H = V_P - V_S = \frac{I_S B}{ned} \qquad (3\text{-}11\text{-}7)$$

如果导体中的载流子带正电荷量 $q$，则洛仑兹力向下，使带正电的载流子向下漂移，这时霍尔电势差为

$$U_H = V_P - V_S = \frac{I_S B}{nqd} \qquad (3\text{-}11\text{-}8)$$

定义霍尔系数

$$R_H = \frac{1}{ne} \text{ 或} R_H = \frac{1}{nq} \qquad (3\text{-}11\text{-}9)$$

$R_H$ 是一常量，仅与导体的材料有关，它是反映材料霍尔效应强弱的重要参数。将 $R_H$ 代入式（3-11-7）或式（3-11-8），得

$$U_H = V_P - V_S = R_H \frac{I_S B}{d} \qquad (3\text{-}11\text{-}10)$$

式（3-11-10）表明，霍尔电势差的大小与电流 $I_S$ 及磁感应强度 $B$ 成正比，而与薄片沿 $B$ 方向的厚度 $d$ 成反比。对于给定的霍尔元件，$d$ 也是常数，定义

$$K_H = \frac{R_H}{d} \qquad (3\text{-}11\text{-}11)$$

$K_H$ 称为霍尔元件的灵敏度，单位为 V/(A·T)，它表示霍尔元件在单位磁感应强度和通过单位电流时霍尔电压的大小。这时霍尔电压

$$U_H = K_H I_S B \qquad (3\text{-}11\text{-}12)$$

可见，只要测出霍尔电势差 $U_H$ 和工作电流 $I_S$，就可以求出磁感应强度 $B$，这就是利用霍尔效应测量磁场的基本原理。

当给定磁感应强度 $B$，改变 $I_S$ 时可得到 $U_H$。$U_H$ 与 $I_S$ 呈线性关系，直线斜率为 $K_H B$，从而得到霍尔元件灵敏度 $K_H$，由式（3-11-11）得 $R_H$。根据 $R_H$ 可进一步确定以下参数。

（1）根据霍尔电压的正负判断样品的导电类型

判别的方法是按图 3-11-1 所示的 $I$ 和 $B$ 的方向，若测得的 $U_H < 0$（即点 P 的电位低于点 S 的电位）样品属 P 型，反之则为 N 型。

（2）由 $R_H$ 求载流子浓度 $n$

由 $n = \dfrac{1}{|R_H| \cdot e}$，可知在确定 $R_H$ 后，就可求出 $n$，应该指出，这个关系是假定所有载流子都具有相同的漂移速度得到的，严格一点，考虑载流子的速度统计分布，需要引入 $\dfrac{3\pi}{8}$ 的修正因子。

（3）电导率 $\sigma$

电导率 $\sigma$ 可以通过图 3-11-1 所示的 A，C 间的电极进行测量，设 A，C 间的距离为 $l$，样品的横截面积为 $s = bd$，流经样品的电流为 $I_S$，在零磁场下，若测得 A，C 间的电势差为 $U_\sigma$（即 $U_{AC}$），可由下式求得

$$\sigma = \frac{I_s l}{U_\sigma S} \tag{3-11-13}$$

（4）结合电导率的测量，求载流子的迁移率 $\mu$

电导率 $\sigma$ 与载流子浓度 $n$ 以及迁移率 $\mu$ 之间有如下关系：

$$\sigma = ne\mu \tag{3-11-14}$$

即 $\mu = |R_H|$，测出 $\sigma$ 值即可求得 $\mu$。

2. 系统误差的消除方法

上面讨论的霍尔电压是在理想状态下的情况，而实际测量的电压还包含了由热电效应和热磁效应所引起的各种附加电压。除个别附加效应外，在实验中可采用相应的实验方法来消除。

（1）不等势效应

由于霍尔元件本身不均匀，以及制作上的困难，使得测量霍尔电压的电极 P，S 点不可能完全处在同一等势面上。因此，即使不加磁场，只要有电流 $I_S$，P，S 两极间就有电势差 $U_0$。$U_0$ 的方向与电流 $I_S$ 的方向有关，与磁场 $B$ 无关。

（2）爱廷豪森效应

从微观来看，当霍尔电压达到一个稳定值 $U_H$ 时，速度为 $v$ 的载流子的运动达到动态平衡。但从统计的观点看，元件中速度大于 $v$ 和小于 $v$ 的载流子也有。因速度大的载流子所受的洛仑兹力大于电场力，而速度小的载流子所受的洛仑兹力小于电场力，因而速度大的载流子会聚集在元件的一侧，而速度小的载流子聚集在另一侧，又因速度大的载流子的能量大，所以有快速粒子聚集的一侧温度高于另一侧。这种由于温差而产生电压的现象称为爱廷豪森效应。该电压用 $U_E$ 表示，它不仅与外磁场 $B$ 有关，还与电流 $I_S$ 有关。

（3）能斯脱效应

由于霍尔元件电流引线的焊点 M，N 的接触电阻不同，通以电流 $I_S$ 后，接触电阻会产生不等的焦耳热，并因温差而产生电流，它在磁场作用下使 P，S 两点间产生电势差 $U_N$。$U_N$ 与工作电流 $I_S$ 无关，与磁场 $B$ 的方向有关。

（4）里纪-勒杜克效应

上述温差电流中的载流子速度也各不相同，在磁场的作用下也会产生爱廷豪森效应，在 P，S 两点

间产生温差电动势 $U_{RL}$，称为里纪-勒杜克效应。同样，$U_{RL}$ 与工作电流 $I_S$ 无关，与磁场 $B$ 的方向有关。

为了消除上述附加效应，实验时取不同 $I_S$ 的流向和磁场 $B$ 的方向，测出 P，S 两点相应电压值，求其平均。为此，先确定某一方向的工作电流 $I_S$ 和磁场 $B$ 为正，用 $(+I_S, +B)$ 表示，当改变 $I_S$ 和 $B$ 的方向时就用 $(-I_S, -B)$ 表示，分别测得由下列四种组合的电压，即

当 $(+I_S, +B)$ 时，测得 $U_1 = U_H + U_0 + U_E + U_N + U_{RL}$

当 $(-I_S, +B)$ 时，测得 $U_2 = -U_H - U_0 - U_E + U_N + U_{RL}$

当 $(-I_S, -B)$ 时，测得 $U_3 = U_H - U_0 + U_E - U_N - U_{RL}$

当 $(+I_S, -B)$ 时，测得 $U_4 = -U_H + U_0 - U_E - U_N - U_{RL}$

从上述结果中消去 $U_0$，$U_N$ 和 $U_{RL}$，可得

$$U_H = \frac{1}{4} (U_1 - U_2 + U_3 - U_4) - U_E$$

因为 $U_E \ll U_H$，所以

$$U_H = \frac{1}{4} (U_1 - U_2 + U_3 - U_4) \quad\quad （3-11-15）$$

## 【实验仪器】

CH-HC 型霍尔效应实验组合仪。

## 【实验内容与步骤】

（1）将测试仪面板上的"$I_S$ 输出""$I_M$ 输出"和"$V_H \cdot V_\sigma$ 输入"三对接线柱分别与实验仪上的三对相应的接线柱连接好，开机前将 $I_S$，$I_M$ 调节旋钮逆时针方向旋到底，使其输出电流趋于最小状态。测量前将实验仪上的三个换向开关断开。

（2）将 $I_S$，$I_M$ 换向开关掷向上侧，将 $V_H \cdot V_\sigma$ 输出换向开关掷向 $V_H$ 一侧的上侧。再一次检查线路连接是否正确，然后接通电源。

（3）保持励磁电流 $I_M = 0.700$ A 不变，改变工作电流，使 $I_S = 1.00$，$1.20$，…，$2.00$ mA，并根据原理所述顺序，分别改变 $B$，$I_S$ 的方向，测出相应的霍尔电势差 $U_H$，填入表 3-11-1。根据测量数据绘出 $U_H$-$I_S$ 曲线，由该曲线的斜率求出霍尔元件的灵敏度 $K_H$ 和霍尔系数 $R_H$（已知 $d = 0.50$ mm），由霍尔电势差的正负判断半导体元件二导电类型。

（4）保持工作电流 $I_S = 2.00$ mA 不变，改变励磁电流，使 $I_M = 0.200$，$0.300$，…，$0.700$ A，并根据原理所述顺序，分别改变 $B$，$I_S$ 的方向，测出相应的霍尔电势差 $U_H$，填入表 3-11-2。根据测量数据绘出 $U_H$-$I_M$ 曲线。

在零磁场下（即 $I_M = 0$），取 $I_S = 0.15$ mA，将 $V_H \cdot V_\sigma$ 输出换向开关掷向 $V_\sigma$ 一侧测量 $U_{AC}$。

## 【数据记录与处理】

1. $I_M = 0.700$ A

表 3-11-1 测量数据

| $I_S$/mA | $U_1$/mV $(+I_S, +B)$ | $U_2$/mV $(-I_S, +B)$ | $U_3$/mV $(-I_S, -B)$ | $U_4$/mV $(+I_S, -B)$ | $U_H = \frac{1}{4} (U_1 - U_2 + U_3 - U_4)$/mV |
|---|---|---|---|---|---|
| 1.00 | | | | | |
| 1.20 | | | | | |

续表

| $I_S$/mA | $U_1$/mV | $U_2$/mV | $U_3$/mV | $U_4$/mV | $U_H = \dfrac{1}{4} (U_1-U_2+U_3-U_4)$/mV |
|---|---|---|---|---|---|
| | $(+I_S, +B)$ | $(-I_S, +B)$ | $(-I_S, -B)$ | $(+I_S, -B)$ | |
| 1.40 | | | | | |
| 1.60 | | | | | |
| 1.80 | | | | | |
| 2.00 | | | | | |

2. $I_S = 2.00$ mA

表 3-11-2　　　　　　　　　　　测量数据

| $I_M$/A | $U_1$/mV | $U_2$/mV | $U_3$/mV | $U_4$/mV | $U_H = \dfrac{1}{4} (U_1-U_2+U_3-U_4)$/mV |
|---|---|---|---|---|---|
| | $(+I_S, +B)$ | $(-I_S, +B)$ | $(-I_S, -B)$ | $(+I_S, -B)$ | |
| 0.200 | | | | | |
| 0.300 | | | | | |
| 0.400 | | | | | |
| 0.500 | | | | | |
| 0.600 | | | | | |
| 0.700 | | | | | |

绘制 $U_H$-$I_S$ 曲线和 $U_H$-$I_M$ 曲线，证明 $U_H$ 和 $I_S$ 以及 $B$ 是线性关系。

3. 计算 $K$，$K_H$，$R_H$，$n$

## 【仪器简介】

TH–H 型霍尔效应实验组合仪由实验仪和测试仪两大部分组成。

1. 霍尔效应实验仪

（1）磁铁

根据电源变压器使用带状铁芯具有体积小和电磁性能高的特点，采用冷轧点工钢带制成，磁铁线包的引线有星标者为头，线包绕向为顺时针（操作者面对实验仪），根据线包绕向以及励磁电流 $I_M$ 的流向，可确定磁感强度 $B$ 的方向，而 $B$ 的大小与 $I_M$ 的关系由厂家给定并标明在线包上。

（2）样品和样品架

样品材料为 N 型半导体硅单晶体片，样品的几何尺寸：$d = 0.50$ mm；$b = 4.0$ mm；A，C 电极间距 $l = 4.0$ mm。样品共有三对电极，其中 A，B 用于测量霍尔电压；A，C 用于测量电导；M，N 为样品工作电流电极。各电极与双刀双掷开关的接线如图 3-11-2 所示。

2. 霍尔效应测试仪

测试仪面板图如图 3-11-3 所示，由两组恒流源和直流数字电压表组成。

（1）两组恒流源

"$I_S$ 输出"为 0～10 mA 元件工作电流源，"$I_M$ 输出"为 0～1 A 励磁电流源。两组电流源彼此独立，两路输出电流大小通过 $I_S$ 调节旋钮及 $I_M$ 调节旋钮进行调节，均为连续可调。其值可通过"测量选择"按键由同一数字电流表进行测量，按键测 $I_M$，放键测 $I_S$。

（2）直流数字电压表

$V_H$ 和 $V_\sigma$ 通过切换开关由同一只数字电压表进行测量。电压表零位可通过调零电位器进行调整。当显示器的数字前出现"−"号时，表示被测电压极性为负值。

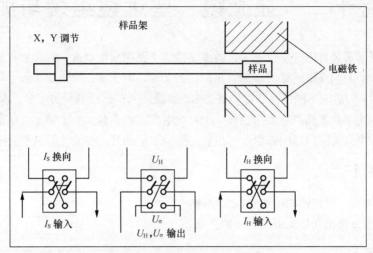

图 3-11-2　霍尔效应实验仪示意图

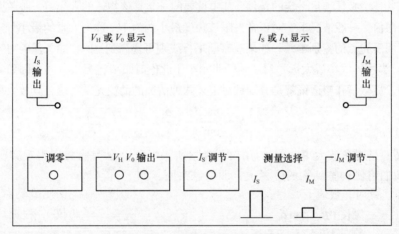

图 3-11-3　霍尔效应测试仪面板图

## 【注意事项】

1. 霍尔元件轻脆易坏，必须防止元件受压、挤、扭和碰撞等现象，以免损坏元件。

2. 霍尔元件的工作电流引线与霍尔电压引线不能搞错；霍尔元件的工作电流和电磁铁的励磁电流要分清，否则会烧坏霍尔元件。即决不允许"$I_M$ 输出"接入"$I_S$ 输入"或"$U_H \cdot U_\sigma$ 输出"处，否则一旦通电，霍尔元件即遭损坏。

## 【思考题】

1. 为什么霍尔元件都用半导体材料制成而不用金属材料？

2. 本实验中怎样消除负效应的影响？还有什么实验中采用类似方法去消除系统误差？

3. 若磁感应强度方向与霍尔元件平面不完全正交，对测量结果有何影响？

4. 在其他条件不变的情况下，提高温度，霍尔电压如何变化？

# 实验十二  显微镜、望远镜组装与测定

显微镜和望远镜是常用的助视光学仪器。显微镜主要用来帮助人们观察近处的微小物体，望远镜则主要是帮助人们观察远处的目标。它们在天文学、电子学、生物学和医学等领域中都起着十分重要的作用。为适应不同用途和性能的要求，显微镜和望远镜的种类很多，构造也各有差异，但是它们的基本光学系统都由一个物镜和一个目镜组成。本实验向大家简单介绍显微镜、望远镜的工作原理，并根据实际问题的需要设计组装，然后不借助其他实验仪器测量其放大率。

## 【实验目的】

1. 了解显微镜、望远镜的构造及放大原理。
2. 学会测定显微镜和望远镜放大率的方法。

## 【实验原理】

要看清某物体，必须满足一定的条件，其中重要的一条是该物体的大小对人眼的张角即视角不能小于某个极限值。一般情况下，对正常人眼该角度最小约为 1′，称为人眼的最小分辨角（此分辨角是指眼睛对两发光点的鉴别本领，如果观察两平行线则可提高到 10″，如叉丝的对齐、游标与主尺的对齐等）。当物体太小或太远，对眼睛的张角小于此值时眼睛将无法分辨，因而需借助光学仪器来增大视角。显微镜和望远镜就是分别针对上述两种情况的助视光学系统，其放大率定义为

$$M = \frac{\tan\delta_{仪}}{\tan\delta_{眼}} \approx \frac{\delta_{仪}}{\delta_{眼}} \qquad (3\text{-}12\text{-}1)$$

可见，$M$ 定义的是视角放大率，$\delta_{仪}$ 为用仪器观察所张视角，$\delta_{眼}$ 是直接用眼观察所张视角。为方便测量，我们将像调整到物的位置上，即物像共面，如图 3-12-1 所示。此时，数值上

$$\frac{像长A'B}{物长AB} = \frac{\tan\delta_{仪}}{\tan\delta_{眼}} = M$$

所以，此时直接比较像物长度比即得放大率。但是助视光学系统的放大率皆是在像成于无穷远处时定义的，如上数值是否同定义值一样呢？需要作修正，详述如下。

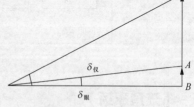

图 3-12-1  物像共面

首先，我们讨论一下单体凸透镜组成的光学系统即放大镜的放大作用及放大率定义公式。

对于小的物体，我们可以尽可能地靠近观察以增大视角，但是最近不能超过 25 cm（因为过近眼睛易疲劳，光学上称 $D=25$ cm 为明视距离），所以小于某一极限值的物体肉眼无法看清，此时要借助于放大镜。放大镜是一个焦距很短的凸透镜，焦距一般在 1~10 cm，当物体放在它的焦距以内时，即可看到物体被放大的虚像。图 3-12-2 所示是焦距为 $f$ 的放大镜，它被假定为无限薄单透镜，物体 $y$ 距透镜 $u$ 成像 $y'$ 于 $v$，眼离透镜为 $d$。

由透镜成像公式 $\dfrac{1}{f} = \dfrac{1}{u} - \dfrac{1}{v}$（$v$ 取正值）

以及

$$\frac{y'}{y} = \frac{v}{u}$$

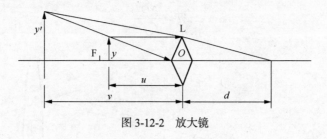

图 3-12-2 放大镜

可得

$$y' = \frac{y(f+v)}{f}$$

因为 $\tan\delta_{仪} = \frac{y'}{d+v} = \frac{y(f+v)}{f(d+v)}$，并且统一规定 $\delta_{眼}$ 为物体放在明视距离 $D$（25 cm）处观察时所得张角，即

$$\tan\delta_{眼} = \frac{y}{D}$$

则得放大率

$$M = \frac{\tan\delta_{仪}}{\tan\delta_{眼}} = \frac{D(f+v)}{f(d+v)} \qquad (3\text{-}12\text{-}2)$$

由式（3-12-2）可以看出，当 $v\to\infty$ 时，即物 $y$ 置于透镜 L 的焦平面上，使像成在无穷远处时有

$$M = \frac{D}{f} \qquad (3\text{-}12\text{-}3)$$

式（3-12-3）即为放大镜的放大率定义公式。现将像成于明视距离 $D$ 上，即 $d+v=D$ 代入式（3-12-2），此时放大率

$$M = \frac{D}{f} + 1 - \frac{d}{f} \qquad (3\text{-}12\text{-}4)$$

显然，若在 $d=f$ 处观察，则 $M$ 与式（3-12-3）同，所以只要使 $d\approx f$ 就能使观测值与定义值近似相等。

由式（3-12-3）看出，欲增大系统放大倍数，可减小焦距 $f$，但是由于受到像差等多种因素的限制，焦距不能太小，也就是放大镜的放大本领是有限的，欲进一步增大放大率必须采用更复杂的光学系统——显微镜。显微镜由两个凸透镜共轴组成，如图 3-12-3 所示，其中物镜焦距 $f_o$ 很短，目镜焦距 $f_e$ 较长。物镜后焦点 $F'_o$ 到目镜前焦点 $F_e$ 之间的距离 $\Delta$ 称为光学系统的光学间隔。$f_o < u < 2f_o$ 内的物体 $y$ 首先经物镜成一放大倒立实像于目镜前焦面上，再由目镜放大成虚像于无穷远，观察到的是物体的倒像。下面推导该系统的放大率公式，由图可得

$$\tan\delta_{仪} = \frac{y'}{f_e}, \quad \frac{y'}{y} = \frac{\Delta}{f_o}$$

所以 $\tan\delta_{仪} = \dfrac{\Delta y}{f_o f_e}$

同前述放大镜规定 $\tan\delta_{眼} = \dfrac{y}{D}$

两式相比得放大率公式

$$M = \frac{\Delta D}{f_\text{o} f_\text{e}} \qquad\qquad (3\text{-}12\text{-}5)$$

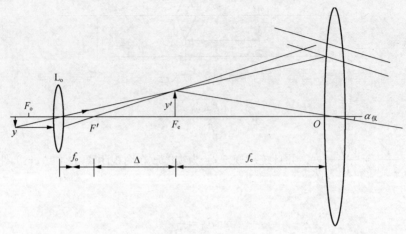

图 3-12-3　显微镜

此式即为显微镜系统放大率定义公式。此公式还可分为两部分看，即

$$M = \frac{\Delta}{f_\text{o}} \cdot \frac{D}{f_\text{e}} = m_\text{o} \cdot m_\text{e} \qquad\qquad (3\text{-}12\text{-}6)$$

式中：$m_\text{o} = \dfrac{\Delta}{f_\text{o}} = \dfrac{y'}{y}$ 为物镜第一次放大率（线放大率）；$m_\text{e} = \dfrac{D}{f_\text{e}}$ 为目镜第二次放大的放大率，即显微镜的放大率等于物镜放大率与目镜放大率的乘积。

现将像调到明视距离 $D$ 上，即与 $\delta_\text{眼}$ 参考物共面，如图 3-12-4 所示。由于通常 $f_\text{o}$、$f_\text{e}$ 比 $\Delta$、$D$ 小得多，此时

$$M = \frac{\tan \delta_\text{仪}}{\tan \delta_\text{眼}} = \frac{y''}{y} = \frac{y''}{y'} \cdot \frac{y'}{y} \approx \frac{D}{f_\text{e}} \cdot \frac{\Delta}{f_\text{o}}$$

即共面测量值近似等于定义值。由于我们的透镜焦距较长，所以误差主要来源于公式应用的近似程度不够。

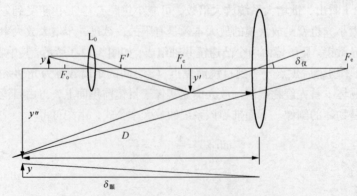

图 3-12-4　共面测量

同显微镜一样，望远镜（开普勒望远镜）也由两共轴凸透镜构成。不过此时它的物镜焦距较长，目镜焦距较短，而且其光学间隔为零，即物镜后焦面与目镜前焦面重合。无穷远物体先经物

镜成一缩小倒立实像于重合焦平面上，再由目镜放大成像于无穷远。通过此种望远镜观察到的是物体的倒像，如图 3-12-5 所示。

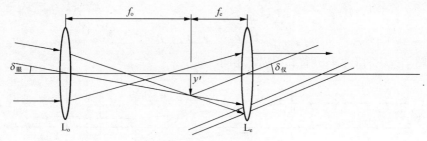

图 3-12-5 望远镜

其视角放大率为

$$M = \frac{\tan\delta_仪}{\tan\delta_眼} = \frac{y'/f_e}{y'/f_o} = \frac{f_o}{f_e} \quad (3\text{-}12\text{-}7)$$

实际应用中望远镜往往是将有限远物体成像于有限远处。同前述，使物像共面（图 3-12-6）得其放大率如下：

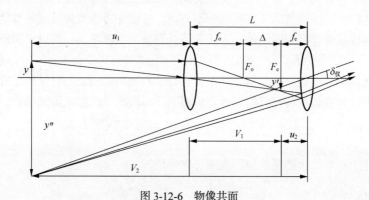

图 3-12-6 物像共面

图中 $u_1$、$V_1$ 和 $u_2$、$V_2$ 分别为物镜 $L_o$ 和目镜 $L_e$ 成像时的物距和像距，$\Delta$ 是物、目镜焦点之间的距离，即光学间隔（实用中往往可在 0 附近小范围内调节）。筒长 $L=V_1+u_2$，由图可得

$$\tan\delta_仪 = \frac{y''}{V_2} = \frac{y'}{u_2}$$

$$\tan\delta_眼 = \frac{y}{V_2} = \frac{y'u_1}{V_1V_2} (因为 \frac{y}{y'} = \frac{u_1}{V_1})$$

又由透镜成像公式

$$V_1 = \frac{f_o u_1}{u_1 - f_o}, u_2 = \frac{f_e V_2}{V_2 + f_e} 及 V_2 = u_2 + L$$

可得此时望远镜放大率为

$$M_{有限远} = \frac{\tan\delta_仪}{\tan\delta_眼} = \frac{y''}{y} = \frac{V_1V_2}{u_1u_2} = \left(\frac{u_1 + L + f_e}{u_1 - f_o}\right)\frac{f_o}{f_e} \quad (3\text{-}12\text{-}8)$$

显然，当 $u_1$ 趋于 ∞ 时，即成为式（3-12-7）。

还有一类望远镜，目镜为凹透镜，称为伽利略望远镜，通过它可以直接观察到放大的正立虚像，系统光路如图 3-12-7 所示。由图可得放大率公式为

$$M = \frac{\tan\delta_{\text{仪}}}{\tan\delta_{\text{眼}}} = \frac{y'/f_e}{y'/f_o} = \frac{f_o}{f_e}$$

可见，伽利略望远镜的形式与开普勒望远镜相同。

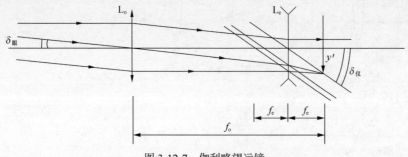

图 3-12-7　伽利略望远镜

两者比较，由于开普勒望远镜中间成一次实像，在此位置可安放分划板及标尺，便于瞄准和测量，所以应用甚广。它成倒像对于某些观察不方便，可以加透镜或棱镜倒像系统反正，如军用望远镜。而伽利略望远镜没有中间实像，无法安装分划板，且视场小，所以应用较少，常用做观剧镜。

以上两种望远镜都属于折射望远镜，即平行光是经物镜折射到物、目镜的重合焦面上。若改用同样焦距的凹面反射镜将平行光反射到重合焦面上，即构成了反射式望远镜。

## 【实验仪器】

光具座、透镜、标尺、半透反射镜、光阑、钢卷尺等。

## 【实验内容与步骤】

1. 设计显微镜

设计（原理性）一个对准精度为 0.005 mm 的读数显微镜，组装并实测其放大率，与设计值进行比较，分析误差原因。

（1）提示与指导。读数显微镜的对准精度为 0.005 mm，即为能分辨开相距 0.005 mm 的两发光点。计算一下 $\tan\delta_{\text{眼}} = \frac{0.005}{D}$，再看需要放大多少倍才能达到人眼的最小分辨角 1′。稍留余量取整，即为要求设计的放大率。

（2）组装。在现有透镜中正确选择出物镜与目镜，并在光具座上组装此显微镜。为了提高成像质量，可在物、目镜之间加入遮光阑。眼睛靠近目镜焦距位置观察，在 $f_o < u < 2f_o$ 范围内调节物标尺看清虚像。然后紧靠目镜，与系统光轴成 45° 左右放置半透反射镜，并离 25 cm 即明视距离 $D$ 处安放一参考标尺 $S$，使通过半透反射镜既能看清显微镜所成物标尺的像 $y''$，又能看清参考标尺的反射像 $S'$，如图 3-12-8 所示。然后上下移动眼睛，看一下两标尺像之间有没有相对移动，即视差。若有视差，再仔细调节物距 $u$，直至消除视差。此时两像 $S'$ 与 $y''$ 共面，都在明视距离 $D$ 上，测出 $y''$ 上一格对应 $S'$ 上几格，即为该显微镜放大率。

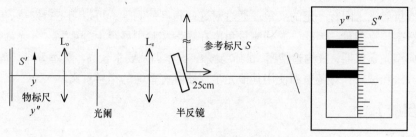

图 3-12-8　组装望远镜

自行设计表格写出下列参数：$M_{设计值}$，$f_o$，$f_e$，$\Delta$，$m_o$，$m_e$，$M_{实测值}$，$\dfrac{|M_{实测值}-M_{设计值}|}{M_{设计值}}\times100\%$。

2. 设计望远镜

设计一望远镜（原理性）要求能在 1 km 远处分辨 6 cm 大小的物体，组装并实测其放大率，与理论值比较，分析误差原因。

（1）提示与指导。首先确定要达到此目的需要的放大倍数，即 $\tan\delta_{眼}=6\ \text{cm/km}$，再看需要放大多少倍到 1，即为所需放大率。

（2）组装。合理选择物镜与目镜，在光具座上组装，并实测其放大率。一只眼睛靠近目镜适当位置通过望远镜观察远处的标尺，另一只眼睛直接观察远处标尺。然后上下移动眼睛，看两标尺是否有相对移动，即视差。若有，再前后移动目镜，直至消除。此时即物像共面，然后比较望远镜中放大后的标尺一格对应物标尺上几格，即为放大率。测出式（3-12-8）中的各量，计算放大率 $M_{有限远}$与实测值比较，计算百分误差。

自行设计表格写出下列参数：$M_{设计值}$，$f_o$，$f_e$，$M_{实测值}$，$M_{有限远}$，$\dfrac{|M_{有限远}-M_{实测值}|}{M_{有限远}}\times100\%$。

（3）设计。自己确定放大率，选择透镜在光具座上组装一个伽利略望远镜，写出下列参数即可：$M_{设计值}$，$f_o$，$f_e$。

## 【注意事项】

拿取透镜千万当心，以防损坏，并且要拿住透镜边缘，不要触摸光学面。实验完成后，将透镜夹等从光具座上取下，整齐摆放。

## 【思考题】

1. 显微镜的放大倍数与哪些因素有关？如果显微镜的镜筒距离改变，它的放大率如何改变？

2. 望远镜和显微镜有哪些不同之处？从用途、结构、视角放大率以及调焦方法等几个方面比较它们的相异之处。

3. 在望远镜中如果把目镜更换成一只凹透镜，即为伽利略望远镜，试说明此望远镜成像原理，并画出光路图。

# 实验十三　分光计的调节与使用

光线在传播过程中，在不同介质的分界面会发生反射和折射，光线传播方向发生改变，入射光与反射光或折射光之间有一定的夹角。通过对这些角度的测量，可以测定折射率、光栅常数、光波长、色散率等物理量。因此，精确测量角度在光学实验中显得十分重要。分光计是一种精确测量角度的典型光学仪器，其构造精密，调节复杂，操作训练要求较高。熟悉分光计的基本构造、调节原理、方法和技巧，对调整和使用其他光学仪器具有普遍的指导意义。

## 【实验目的】

1. 了解分光计的构造及各组成部件的作用。
2. 掌握分光计的调节和使用方法。
3. 学会测量三棱镜的顶角。

## 【实验原理】

三棱镜如图 3-13-1 所示，$ABB'A'$ 和 $ACC'A'$ 是两个透光的光学面，又称为折射面，其夹角 $\alpha$ 称为三棱镜顶角，$BCC'B'$ 为不透光的毛玻璃面，称为三棱镜的底面。

如图 3-13-2 所示，自准直法就是用自准直望远镜光轴与 $AB$ 面垂直，使三棱镜 $AB$ 面反射回来的小十字像与分划板上方十字丝重合，由分光计的刻度盘和游标盘读出这时望远镜光轴相对于某一个方位 $OO'$ 的角位置 $\theta_1$；再把望远镜转到与三棱镜的 $AC$ 面垂直，由分光计刻度盘和游标盘读出这时望远镜光轴相对于 $OO'$ 的方位角 $\theta_2$，于是望远镜光轴转过的角度为 $\varphi = \theta_2 - \theta_1$，三棱镜顶角为

$$\alpha = 180° - \varphi$$

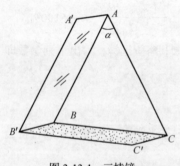

图 3-13-1　三棱镜

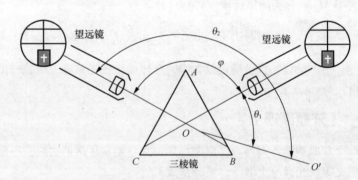

图 3-13-2　自准直法测三棱镜顶角

由于分光计在制造上的原因，主轴可能不在分度盘的圆心上，而是略偏离分度盘圆心。因此，望远镜绕过的真实角度与分度盘上反映出来的角度有偏差，这种误差叫偏心差，是一种系统误差。为了消除这种系统误差，分光计分度盘上设置了相隔 180° 的两个读数窗口（A，B 窗口），而望远镜的方位就由两个读数窗口读数的平均值来决定，而不是由一个窗口来读出，即

$$\theta_1 = \frac{\theta_1^A + \theta_1^B}{2}, \quad \theta_2 = \frac{\theta_2^A + \theta_2^B}{2} \tag{3-13-1}$$

于是，望远镜光轴转过的角度为

$$\varphi = \theta_2 - \theta_1 = \frac{|\theta_2^A - \theta_1^A| + |\theta_2^B - \theta_1^B|}{2} \tag{3-13-2}$$

$$\alpha = 180° - \frac{|\theta_2^A - \theta_1^A| + |\theta_2^B - \theta_1^B|}{2}$$

**【实验仪器】**

分光计、光学平行平板、三棱镜、变压器。

**【实验内容与步骤】**

1. 分光计的调整

分光计调节到可用状态应满足如下几点：①望远镜聚焦无穷远；②望远镜光轴与分光计主轴垂直；③载物台台面与分光计主轴垂直；④平行光管出射平行光并与望远镜共光轴。具体调节步骤如下。

（1）目测粗调水平

在阅读实验仪器中对分光计结构介绍的同时，应熟悉各螺丝的位置及作用，详见后面的仪器简介。

① 调节载物台、望远镜等各自螺丝，使其处于活动自如的中间状态，锁紧载物台锁紧螺丝 6，松开游标盘止动螺丝 19，松开望远镜止动螺丝 15，将刻度线"0"刻度调至望远镜下方后，锁紧刻度盘与望远镜联动螺丝 14。

② 根据眼睛的粗略估计，调节平行光管和望远镜的垂直方向的调节螺丝 21 和 11，使其水平；再调节载物台台面下方的三个螺丝 5，使台面水平（粗调是细调成功的前提，同学们应认真对待，尽量调得准确）。经目测粗调，平行光管、望远镜、载物台台面大致水平，故与分光计主轴大致垂直。

（2）用自准直法调整望远镜聚焦无穷远

① 打开照明小灯电源，调节目镜视度调节手轮 10，可从望远镜中清晰地看到如图 3-13-8 上方所示的"准线"像即可。

② 将光学平行平板按图 3-13-3 所示方位放置在载物台上，这样放置的理由是：若要调节平面镜的垂直，只需调节载物台下的螺丝 a 或 b 即可，而螺丝 c 的调节与平面镜的垂直无关。由于台面经目测粗调基本水平，故平面镜置于台面上，其镜面法线也应大致水平并与分光计主轴大致垂直。

③ 转动黑色游标盘，使载物台上平面镜随之转动，若转不动，请拧松螺丝 19，直至镜面正对望远镜时微微

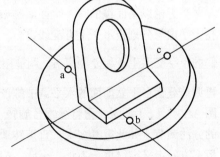

图 3-13-3 放置光学平行平板位置

转动，在目镜中就能看到个随之晃动的光斑（这是目测粗调水平准确的必然结果），此时拧松望远镜上锁紧螺丝 8，沿望远镜轴向前后移动目镜，直至光斑成清晰的亮十字像。

继续转动游标盘 180°，使台面上光学平行平板的另一面正对望远镜，此时同样可以看到一个清晰的亮十字像。反复调节望远镜调焦手轮或前后改变目镜沿望远镜轴向位置，以消除亮十字与准线之间的视差，至此，望远镜已聚焦无穷远，再锁紧目镜。

倘若在"目测粗调水平"中调节水平未达到要求。在"细调"中就无法找到亮十字。有的是平面镜无论哪个面正对望远镜，都看不到亮十字，有的是一面看到，另一面看不到，无论出现何种情况，均为"目测粗调水平"不够好造成的。

如目测粗调接近水平，则望远镜发出的光经平面镜反射必定贴近望远镜轴线进入望远镜，从而看到亮十字，此时不难想象，射向平面镜的入射光线、平面镜法线及平面镜反射光线均处在与望远镜轴线大致等高的平面内，即 $H$ 几乎为零，如图 3-13-4 所示。如粗调时载物台面与望远镜未

达水平，此时经平面镜反射的光线就进不了望远镜，因为经平面镜反射的光线不在与望远镜轴线大致等高的平面内而是存在一个高度差 $H$，从而在望远镜中找不到亮十字。故在找不到亮十字时，不要着急，首先应再次检查"目测粗调水平"，可以重新调整，尽量做到水平，然后耐心寻找亮十字，如仍找不到，则应微微转动载物台，使平面镜镜面略微侧对望远镜，在望远镜侧面用眼睛直接观察平面镜，可在平面镜内找到一个亮十字的虚像，此时眼睛所处位置与望远镜轴线位置肯定不是等高，存在一个高度差 $H$，调节望远镜高低螺丝，使高度差减少一半，再分别调节载物台下镜面前、后两个螺丝 a 和 b，使另一半高度差消除，至此，平面镜上反射光与望远镜轴线大致处在同一高度的平面内，观察亮十字虚像的位置，若不在平面镜的中心，则用"各半法"继续调节螺丝 a 或 b，以及望远镜的高低倾斜螺丝，将虚像调至平面镜的中心，再转动载物台使镜面正对望远镜，便可找到亮十字，同样方法，也可找到另一面的亮十字。

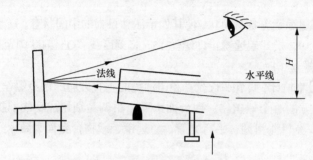

图 3-13-4　载物台、望远镜调节示意图

（3）调节望远镜光轴与分光计主轴垂直

当无论以平面镜的哪一个面对准望远镜，均能观察到亮十字像时，应采用"各半调节法"，使亮十字像与分划板水平上方准线重合。具体做法是当所观察的亮十字像如图 3-13-5（a）所示，它们的十字交点上下相差距离 $h$，调节望远镜高低螺丝使差距减小为 $\frac{1}{2}h$，如图 3-13-5（b）所示，再调节载物台下靠前面的水平调节螺丝 a（或 b），消除另一半距离，使准线与亮十字像重合，如图 3-13-5（c）所示，再将载物台旋转 180°，使望远镜对着平面镜的另一反射面，采用上述同样的方法调节，如此重复多次，直至转动载物台时，无论哪个面正对望远镜，亮十字像都能与分划板上方的水平准线重合为止。至此，望远镜光轴和分光计的主轴相互垂直。

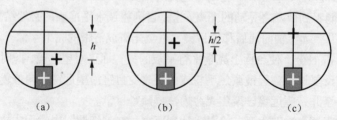

（a）　　　　　　（b）　　　　　　（c）

图 3-13-5　各半调节法

（4）调节载物台台面与分光计主轴垂直

将平面镜转过 90°，放置在载物台中心且与调节螺丝 a，b 连线成平行的方向上，转动载物台，当在望远镜中也可观察到平面镜反射回的亮十字像时，只调节螺丝 c，使亮十字像与分划板上方水平准线重合（螺丝 a，b 和望远镜的高低调节螺丝不能再作调节，否则分光计主轴不再与望远镜

光轴垂直），此时载物台台面即与分光计主轴垂直。

2. 用分光计测量三棱镜顶角

① 调游标盘两游标尺"一左一右"。

② 取下平面镜，把三棱镜按图 3-13-6 所示位置放在载物台上，转动游标盘带动载物台使棱镜的两个折射面对准望远镜时均能看到亮十字。让棱镜的某个折射面 $AC$ 对准望远镜，只调节载物台下方靠前面的螺丝 a，使亮十字与准线的上方水平线重合（不能调节望远镜高低螺丝和载物台下方的另外两个螺丝 b，c），

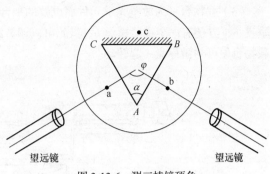

图 3-13-6 测三棱镜顶角

再转动载物台，使望远镜对准棱镜的另一折射面 $AB$，同样只能调节载物台下方靠前面的螺丝 b，使亮十字与水平上方的准线重合。如此反复几次，使两个面反射的亮十字均与水平上方的准线重合。

缓缓转动载物台，使亮十字与竖直准线大致重合，旋紧游标盘止动螺丝 19，调节游标盘微调螺丝 18，使亮十字与准线的上方十字线完全重合，由两个游标读出望远镜的角坐标 A 和 B：$\theta_1^A$，$\theta_1^B$。拧松游标盘止动螺丝，再转动载物台，仿照上面操作，使另一面的亮十字与准线上方十字线完全重合，从游标上再次读出望远镜的角坐标 A 和 B：$\theta_2^A$，$\theta_2^B$，填入表 3-13-1，则三棱镜顶角 $\alpha$ 为

$$\alpha = 180° - \frac{1}{2}(|\theta_2^A - \theta_1^A| + |\theta_2^B - \theta_1^B|) \qquad (3-13-3)$$

值得注意的是，转动望远镜过程中，如有一个游标越过 360° 时，计算时角坐标应加上 360°。

## 【数据记录与处理】

表 3-13-1          刻度盘读数记录表

| 测量次数 | $\theta_1^A$ | $\theta_1^B$ | $\theta_2^A$ | $\theta_2^B$ | $\alpha$ |
|---|---|---|---|---|---|
| 1 | | | | | |
| 2 | | | | | |
| 3 | | | | | |

求 $\alpha$ 三次测量的平均值 $\bar{\alpha}$ 及绝对误差 $\Delta\alpha$。

## 【仪器简介】

分光计是一种精确测定不同方向光线之间角度的专用仪器。它由五个部件组成：底座、平行光管、载物台、望远镜和读数盘。其外形如图 3-13-7 所示。

（1）底座：用来连接平行光管、望远镜、载物台和读数盘，其中心有一竖轴，称为分光计的主轴，望远镜、读数盘、载物台等可绕该轴转动。

（2）平行光管：产生平行光束。平行光管 3 的一端装有会聚透镜，另一端装有带狭缝的套筒，旋松螺丝 2，狭缝套筒可沿轴前后移动和绕自身轴转动。平行光管的水平方向由螺丝 20 调节，平行光管的竖直方向由螺丝 21 调节，狭缝宽度由螺丝 22 调节。为避免狭缝损坏，只有在望远镜中看到狭缝的情况下才能调节螺丝 2。当狭缝的位置正好处在会聚透镜的焦平面上时，凡是射进狭

缝的光线，经平行光管后都出射平行光。

（3）载物台：为放置光学元件而设置的平台。台面下的三个螺钉可调节台面与分光计的主轴垂直，下方还有一个锁紧螺丝 6，借此可以调节载物台的高度，将载物台调得水平，旋紧该螺丝，载物台便可与游标盘一起转动。

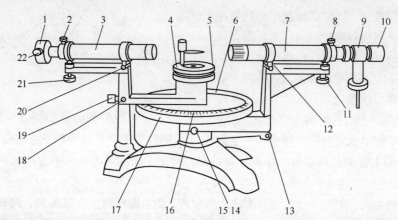

1. 狭缝装置　2. 狭缝套筒锁紧螺丝　3. 平行光管　4. 载物台　5. 载物台调平螺丝
6. 载物台锁紧螺丝　7. 望远镜　8. 目镜套筒锁紧螺丝　9. 自准直目镜　10. 目镜视度调节手轮
11. 望远镜光轴高低调节螺丝　12. 望远镜光轴水平方向调节螺丝　13. 望远镜微调螺丝
14. 刻度盘与望远镜联动螺丝　15. 望远镜止动螺丝（在背面）　16. 刻度盘　17. 游标盘
18. 游标盘微调螺丝　19. 游标盘止动螺丝　20. 平行光管光轴水平方向调节螺丝
21. 平行光管光轴高低调节螺丝　22. 狭缝宽度调节螺丝

图 3-13-7　分光计的构造

（4）望远镜：观测用。它是一种带有阿贝目镜（图 3-13-8）的望远镜，由目镜、分划板和物镜三部分组成。分划板下方紧贴一块 45° 全反射阿贝棱镜，其表面涂有不透明薄膜，薄膜上刻有一个透光的空心十字窗口，小电珠光从管侧射入棱镜，光线经棱镜全反射后照亮透光空心十字窗口，调节目镜视度调节手轮 10，可在望远镜目镜视场中看到清晰的分划板的"准线"像，如图 3-13-8 所示。

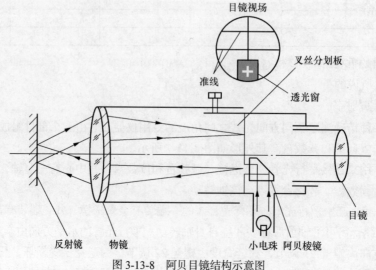

图 3-13-8　阿贝目镜结构示意图

在载物台上放置光学平行平板，光学平行平板两面都是平面镜，此时小电珠发出透过空心十字窗口的光经物镜后成平行光射向平面镜，反射光经物镜后在分划板中形成小十字的像。若载物台水平，平面镜镜面与望远镜光轴垂直，此像将与分划板上方十字丝重合。值得注意的是，若载物台不水平，平面镜镜面与望远镜光轴不垂直，将观察不到十字窗口的像。

（5）读数盘：测量角度用的读数装置，由各自绕分光计主轴转动的刻度盘和游标盘组成。刻度盘上刻有 720 等分刻线，每格对应为 0.5°（30′）。在游标盘对径方向设有两个角游标，把刻度盘上 0.5°（30′）细分成 30 等分，故分光计的最小分度值为 1′。固定刻度盘或游标盘中的一个，转动另一个，便可测出转过的角度。为消除因机械加工和装配时刻度盘和游标盘二者转轴不重合所带来的读数偏心差，测量角度时应同时读出两个游标值，分别算出两游标各自转过的角度，然后取其平均值。

读数方法与游标卡尺相似。读数时，以角游标零线为准，读出刻度盘上的度数，再找游标上与刻度盘上完全对齐的刻线即为所读分值。如果游标零线落在半刻度线之外，则游标上的读数还应加上 30′。读数举例如图 3-13-9 所示。

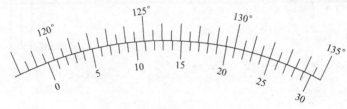

图 3-13-9　读数举例（119°51′）

## 【思考题】

1. 分光计由哪几个主要部件组成？它们的作用各是什么？
2. 望远镜光轴与分光计的主轴相垂直的调节过程为什么要用各半调节法？
3. 调节分光计时若在望远镜的分划板中找不到十字的像，怎么办？

# 实验十四　分光计测量三棱镜折射率

折射率是物质的重要特性参数，也是光学材料品质的重要指标之一。材料的折射率与入射光的波长有关。通常所说的折射率是以钠光的 D 线（波长为 589.3 nm）为标准相对于真空或空气的绝对折射率。测量折射率的方法很多，其中使用分光计测量最小偏向角法是常用方法之一。

## 【实验目的】

1. 掌握分光计测量三棱镜折射率的原理。
2. 学会测量三棱镜的最小偏向角，从而计算出三棱镜材料的折射率。

## 【实验原理】

三棱镜如图 3-14-1 所示，ABB′A′ 和 ACC′A′ 是两个透光的光

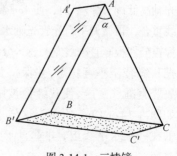

图 3-14-1　三棱镜

学面，又称为折射面，其夹角$\alpha$称为三棱镜顶角，$BCC'B'$为不透光的毛玻璃面称为三棱镜的底面。

一束平行单色光射入三棱镜的 $ACC'A'$面，经折射后由另一面 $ABB'A'$射出，如图 3-14-2 所示。入射光和 $ACC'A'$面法线的夹角 $i$ 称为入射角，出射光和 $ABB'A'$面法线的夹角 $i'$ 称为出射角，入射光和出射光之间的夹角$\delta$称为偏向角。偏向角随入射角 $i$ 而变化，转动三棱镜以改变入射角，当入射角等于出射角时，与此相对应的入射光和出射光之间的夹角最小，称为最小偏向角，用$\delta_{min}$表示。可以证明棱镜的折射率 $n$ 与顶角$\alpha$、最小偏向角$\delta_{min}$有如下关系式：

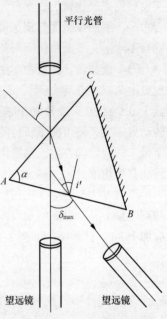

平行光管

望远镜　望远镜

图 3-14-2　光在三棱镜的折射

$$n = \frac{\sin \frac{1}{2}(\delta_{min} + \alpha)}{\sin \frac{\alpha}{2}} \qquad （3-14-1）$$

故只要测得棱镜的顶角$\alpha$和最小偏向角$\delta_{min}$，由式（3-14-1）即可求出棱镜的折射率 $n$。

## 【实验仪器】

分光计、钠光灯、光学平行平板、三棱镜、变压器。

## 【实验内容与步骤】

### 1. 分光计的调整

调整方法详见"分光计的调整与使用"实验，本实验要求调整到：

（1）目测粗调水平；

（2）望远镜聚焦无穷远；

（3）望远镜主轴与分光计主轴相垂直；

（4）载物台台面与分光计主轴垂直。

### 2. 测量三棱镜最小偏向角并求出三棱镜的折射率

（1）调节平行光管出射平行光并垂直于分光计主轴。

① 取下载物台上的三棱镜，调整平行光管打开钠光灯电源，让钠光灯照亮平行光管前端的狭缝，从望远镜中观察来自平行光管的狭缝像，松开狭缝套筒锁紧螺丝 2 并沿平行光管轴向前后移动狭缝，直到看见清晰的狭缝像为止。然后调节狭缝宽度使望远镜视场中的缝宽约为 1 mm。至此平行光管出射平行光。

② 看到清晰的狭缝像后，转动狭缝（注意不能前后移动）使狭缝成水平状态，调节平行光管光轴高低调节螺丝 21，使水平狭缝像与分划板中央的水平准线重合，再微调平行光管光轴水平方向调节螺丝 20，使狭缝像被分划板竖直准线左、右平分，如图 3-14-3（a）所示。再把狭缝转至垂直状态，并保持狭缝像最清晰且与分划板中央竖直准线重合，使狭缝像被中央的水平准线上、下平分，如图 3-14-3（b）所示，这样平行光管的光轴与望远镜光轴在一条水平线上，并垂直于分光计主轴，拧紧狭缝锁紧螺丝。

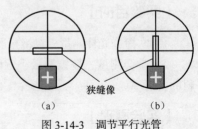

狭缝像

（a）　　　　　（b）

图 3-14-3　调节平行光管

（2）测最小偏向角并求折射率。

① 将三棱镜与平行光管处于图 3-14-2 所示的相对位置，平行光以入射角 $i$ 进入三棱镜，经二次折射后射出三棱镜，拧紧刻度盘与望远镜联动螺丝 14，拧松刻度盘右下方螺丝 15，固定游标盘止动螺丝 19，三棱镜不动，望远镜和刻度盘一块转动，在出射光线的方向找到狭缝成的像。

② 找到狭缝成的像，就找到了偏向角的位置，然后再确定最小偏向角的位置。拧松游标盘止动螺丝 19，转动游标盘，改变入射角，让分划板中狭缝的像向入射光方向移动，偏向角减小，并转动望远镜跟踪该像，直至游标盘转动某个位置时狭缝的像开始向相反方向移动，开始反向移动时刻对应游标盘的位置即为最小偏向角位置。拧紧游标盘止动螺丝 19，固定此入射角，转动望远镜使其分划板竖直准线对准狭缝的像，再固定刻度盘右下方螺丝 15，记下两个游标 A 和 B 的读数 $\theta_3^A$ 和 $\theta_3^B$。移去三棱镜，转动望远镜和刻度盘对准平行光管，注意转动望远镜和刻度盘时，游标盘一定要固定，同样使分划板竖直准线对准狭缝的像，记下两个游标 A 和 B 的读数 $\theta_4^A$ 和 $\theta_4^B$，填入表 3-14-1，则最小偏向角 $\delta_{\min}$ 为

$$\delta_{\min} = \frac{1}{2}(|\theta_4^A - \theta_3^A| + |\theta_4^B - \theta_3^B|) \tag{3-14-2}$$

将 $\alpha$ 和 $\delta_{\min}$ 代入式（3-14-1），即可求得三棱镜对该钠光的折射率，即绝对折射率。

## 【数据记录与处理】

1. 最小偏向角 $\delta_{\min}$

表 3-14-1　　　　　　　　　　　　　　刻度盘读数记录表

| 测量次数 | $\theta_3^A$ | $\theta_3^B$ | $\theta_4^A$ | $\theta_4^B$ | $\delta_{\min}$ |
|---|---|---|---|---|---|
| 1 | | | | | |
| 2 | | | | | |
| 3 | | | | | |

2. 数据处理

① 求 $\delta_{\min}$ 三次测量的平均值 $\overline{\delta}_{\min}$ 及绝对误差 $\Delta\delta_{\min}$。

② 将 $\overline{\alpha}$ 和 $\overline{\delta}_{\min}$ 代入公式：$n = \dfrac{\sin\frac{1}{2}(\delta_{\min} + \alpha)}{\sin\dfrac{\alpha}{2}}$，求出折射率 $n$。

③ 折射率的实验值 $n$ 与理论值 $n' = 1.6475$ 比较，由式 $E_r = \dfrac{|n - n'|}{n'} \times 100\%$ 求出相对误差。

④ 由误差公式计算：$\Delta n = \dfrac{\cos\frac{1}{2}(\alpha + \delta_{\min})}{2\sin\frac{1}{2}\alpha}\Delta\delta_{\min} + \dfrac{\sin\frac{1}{2}\delta_{\min}}{2\left(\sin\frac{1}{2}\alpha\right)^2}\Delta\alpha$

折射率记为 $n \pm \Delta n$。

注意

上式中 $\Delta\delta_{\min}$ 单位转换为弧度。

## 【思考题】

在测量最小偏向角的过程中，是否可以先测量 $\theta_4$，再测量 $\theta_3$；若不可以，为什么？

## 【附】

如图 3-14-4 所示，在三棱镜中，入射光线与出射光线之间的夹角 $\delta$ 称为三棱镜的偏向角，这个偏向角 $\delta$ 与光线的入射角有关。

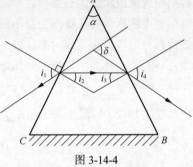

图 3-14-4

$$\alpha = i_2 + i_3 \qquad （3\text{-}14\text{-}3）$$

$$\delta = (i_1 - i_2) + (i_4 - i_3) = (i_1 + i_4) - (i_2 + i_3) \qquad （3\text{-}14\text{-}4）$$

由于 $i_4$ 是 $i_1$ 的函数，因此 $\delta$ 实际上只随 $i_1$ 变化，当 $i_1$ 为某一个值时，$\delta$ 达到最小，这个最小的 $\delta$ 称为最大偏向角。

为了求 $\delta$ 的极小值，令导数 $\dfrac{\mathrm{d}\delta}{\mathrm{d}i_1} = 0$，由式（3-14-4）得

$$\frac{\mathrm{d}i_4}{\mathrm{d}i_1} = -1 \qquad （3\text{-}14\text{-}5）$$

由折射定律得

$$\sin i_1 = n\sin i_2, \quad \sin i_4 = n\sin i_3$$

$$\cos i_1 \mathrm{d}i_1 = n\cos i_2 \mathrm{d}i_2, \quad \cos i_4 \mathrm{d}i_4 = n\cos i_3 \mathrm{d}i_3$$

于是，有

$$\mathrm{d}i_3 = -\mathrm{d}i_2$$

$$\frac{\mathrm{d}i_4}{\mathrm{d}i_1} = \frac{\mathrm{d}i_4}{\mathrm{d}i_3} \cdot \frac{\mathrm{d}i_3}{\mathrm{d}i_2} \cdot \frac{\mathrm{d}i_2}{\mathrm{d}i_1} = \frac{n\cos i_3}{\cos i_4} \times (-1) \times \frac{\cos i_1}{n\cos i_2}$$

$$= -\frac{\cos i_3\sqrt{1 - n^2\sin^2 i_2}}{\cos i_2\sqrt{1 - n^2\sin i_3}} = -\frac{\sqrt{\sec^2 i_2 - n^2\tan^2 i_2}}{\sqrt{\sec^2 i_3 - n^2\tan^2 i_3}} = -\frac{\sqrt{1 + (1 - n^2)\tan^2 i_2}}{\sqrt{1 + (1 - n^2)\tan^2 i_3}}$$

此式与式（3-14-5）比较可知 $\tan i_2 = \tan i_3$，在棱镜折射的情况上，$i_2 < \dfrac{\pi}{2}$，$i_3 < \dfrac{\pi}{2}$，所以

$$i_2 = i_3$$

由折射定律可知，$i_1 = i_4$。因此，当 $i_1 = i_4$ 时 $\delta$ 具有极小值。将 $i_1 = i_4$，$i_2 = i_3$ 代入式（3-14-3）和式（3-14-4），有

$$\alpha = 2i_2, \quad \delta_{\min} = 2i_1 - \alpha, \quad i_2 = \frac{\alpha}{2}, \quad i_1 = \frac{1}{2}(\delta_{\min} + \alpha)$$

$$n = \frac{\sin i_1}{\sin i_2} = \frac{\sin\left(\dfrac{\delta_{\min} + \alpha}{2}\right)}{\sin\left(\dfrac{\alpha}{2}\right)} \qquad （3\text{-}14\text{-}6）$$

由此可见，当棱镜偏向角最小时，在棱镜内部的光线与棱镜底面平行，入射光线与出射光线相对于棱镜成对称分布。

由于偏向角仅是入射角 $i_1$ 的函数，因此可以通过不断连续改变入射角 $i_1$，同时观察出射光线的方位变化。在 $i_1$ 的上述变化过程中，出射光线也随之向某一方向变化。当 $i_1$ 变到某个值时，出射光线方位变化会停止，并随即反向移动。在出射光线即将反向移动的时刻就是最小偏向角所对应的位置。

# 实验十五 等厚干涉——牛顿环、劈尖

若将同一点光源发出的光分成两束，在空间各经不同路径后再会合在一起，当光程差小于光源的相干长度时，一般都会产生干涉现象。干涉现象是光的波动说的有力证据之一。日常生活中见到的肥皂泡呈现的五颜六色、雨后路面上油膜的多彩图样等，都是光的干涉现象，都可以利用光的波动性来解释。要产生光的干涉，两束光必须满足的相干条件是：频率相同、振动方向相同、相位差恒定。

实验中获得相干光的方法一般有两种——分波阵面法和分振幅法，等厚干涉属于分振幅法产生的干涉现象。

## 【实验目的】

1. 观察光的等厚干涉现象，通过实验加深对干涉现象的理解。
2. 掌握移测显微镜的使用方法，并用牛顿环测量平凸透镜的曲率半径。

## 【实验原理】

当一束单色光入射到透明薄膜上时，通过薄膜上下表面依次反射而产生两束相干光。如果这两束反射光相遇时的光程差仅取决于薄膜厚度，则同一级干涉条纹对应的薄膜厚度相等，这就是等厚干涉现象。

本实验主要研究牛顿环和劈尖所产生的等厚干涉。

### 1. 等厚干涉

等厚干涉的光路如图 3-15-1 所示，玻璃板 A 和玻璃板 B 二者叠放起来，中间加有一层空气（即形成了空气薄膜）。设光线 1 垂直入射到厚度为 $d$ 的空气薄膜上。入射光线在 A 板下表面和 B 板上表面分别产生反射光线 2 和 2′，二者在 A 板上方相遇，由于两束光线都是由光线 1 分出来的（分振幅法），故频率相同、相位差恒定（与该处空气厚度 $d$ 有关）、振动方向相同，因而会产生干涉。我们现在考虑光线 2 和 2′的光程差与空气薄膜厚度的关系。显然光线 2′比光线 2 多传播了一段距离 $2d$。此

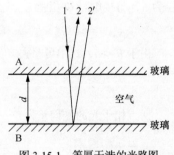

图 3-15-1　等厚干涉的光路图

外，由于反射光线 2′是由光疏介质（空气）向光密介质（玻璃）反射，会产生半波损失。故总的光程差还应加上半个波长 $\lambda/2$，即

$$\Delta = 2d + \frac{\lambda}{2} \tag{3-15-1}$$

根据干涉条件，当光程差为半波长的偶数倍时相互加强，出现亮纹；为半波长的奇数倍时相互减弱，出现暗纹。光程差为

$$\Delta = 2d + \lambda/2 = (2k+1) \times \frac{\lambda}{2} \qquad (k = 0, \pm 1, \pm 2, \cdots)$$

即

$$d = k\lambda/2 \tag{3-15-2}$$

时产生暗条纹；光程差为

$$\Delta = 2d + \lambda/2 = 2k \times \lambda/2 \qquad (k=0,\pm1,\pm2,\cdots)$$

即

$$d = \left(k - \frac{\lambda}{2}\right)\lambda/2 \qquad (3\text{-}15\text{-}3)$$

时产生亮条纹。

同一条干涉条纹所对应的空气膜厚度相同，故称为等厚干涉。

2. 牛顿环

在一块平滑的玻璃片 B 上，放一曲率半径很大的平凸透镜 A（图 3-15-2），在 A，B 之间形成一劈尖形空气薄层。当平行光束垂直地射向平凸透镜时，可以观察到在透镜表面出现一组干涉条纹，这些干涉条纹是以接触点 O 为中心的同心圆环，称为牛顿环（图 3-15-3）。

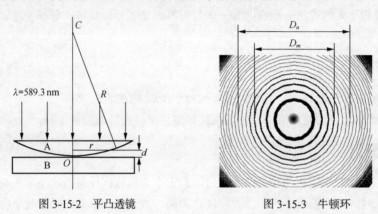

图 3-15-2　平凸透镜　　　　　　　图 3-15-3　牛顿环

牛顿环是由透镜下表面反射的光和平面玻璃上表面反射的光发生干涉而形成的，两束反射光的光程差（或相位差）取决于空气膜的厚度，所以牛顿环是一种等厚干涉条纹。设透镜的曲率半径为 $R$，与接触点 O 相距为 $r$ 处的空气膜厚度为 $d$，则

$$R^2 = (R-d)^2 + r^2 = R^2 - 2dR + d^2 + r^2$$

由于 $R \gg d$，式中可略去 $d^2$ 得到

$$d = \frac{r^2}{2R} \qquad (3\text{-}15\text{-}4)$$

两束相干光的光程差为

$$\Delta = 2d + \frac{\lambda}{2} \qquad (3\text{-}15\text{-}5)$$

式中：$\lambda/2$ 是光从空气射向平面玻璃反射时产生半波损失而引起的附加光程差。形成暗环的条件为

$$\Delta = (2m+1)\frac{\lambda}{2} \qquad (m=0,1,2,3,\cdots) \qquad (3\text{-}15\text{-}6)$$

式中：$m$ 为干涉级数。在接触点 $d=0$（即 $m=0$），由于有半波损失，两相干光光程差为 $\lambda/2$，所以形成一暗点。综合式（3-15-4）、式（3-15-5）和式（3-15-6）可得第 $m$ 级暗环的半径为

$$r_m = \sqrt{mR\lambda} \qquad (3\text{-}15\text{-}7)$$

可见暗环半径 $r_m$ 与环的级次 $m$ 的平方根成正比，所以牛顿环越向外环越密。如果单色光源的波长 $\lambda$ 已知，测出第 $m$ 级暗环的半径 $r_m$，就可由上式求出平凸透镜的曲率半径 $R$，或已知 $R$ 求出波长 $\lambda$。

实际上，平凸透镜的凸面与平面玻璃之间不可能是一个理想的点接触，观察到的牛顿环中心是一个不甚清晰的圆斑。其原因或是当透镜接触玻璃时，由于接触压力引起玻璃的弹性变形，使接触点为一圆面，干涉环中心为一暗斑；或是空气间隙层中有了尘埃，附加了光程差，干涉环中心为一亮（或暗）斑。因此无法确定环的几何中心和干涉级数，式（3-15-7）不宜在实验中直接使用。为此我们可以通过测量距中心较远的第 $m$ 和第 $n$ 两个暗环的直径 $D_m$ 和 $D_n$，有

$$D_m^1 = 4mR\lambda \qquad\qquad D_n^2 = 4nR\lambda$$

两式相减可得

$$D_m^2 - D_n^2 = 4(m-n)R\lambda$$

所以

$$R = \frac{D_m^2 - D_n^2}{4(m-n)\lambda} \tag{3-15-8}$$

由式（3-15-8）可知只要知道所测各环数差（$m-n$），而不必确定各环的实际级数。此外，牛顿环的直径可以用移测显微镜在圆环中心不确定的情况下测出，避免了实验过程中所遇到的级数和牛顿环中心无法确定的困难。

3. 劈尖干涉

在劈尖架上两个光学平玻璃板中间的一端插入一薄片（或细丝），在两玻璃板间就形成一个空气劈尖，见图 3-15-4（a），当一束平行单色光垂直照射时，则被劈尖薄膜上下两表面反射的两束光进行相干叠加，形成干涉条纹。其光程差为

$$\Delta = 2d + \lambda/2 \quad (d\text{为空气膜的厚度})$$

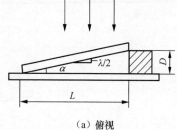

（a）俯视

产生的干涉条纹是一簇与两玻璃板交接线平行且间隔相等的平行条纹，如图 3-15-4（b）所示。同牛顿环条纹一样，劈尖干涉现象也属于等厚干涉，第 $k$ 级干涉暗条纹对应的薄膜厚度为

$$d = k\lambda/2$$

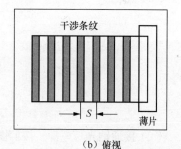

（b）俯视

图 3-15-4 劈尖干涉测厚度示意图

同样可得，两相邻明条纹（或暗条纹）对应空气膜厚度差都等于 $\lambda/2$，则第 $m$ 级暗条纹对应的空气层厚度为 $D_m = m\dfrac{\lambda}{2}$，假若夹薄片后劈尖正好呈现 $N$ 级暗条纹，则薄层厚度为

$$D = N \cdot \lambda/2 \tag{3-15-9}$$

用 $a$ 表示劈尖形空气间隙的夹角，$s$ 表示相邻两暗纹间的距离，$L$ 表示劈尖的长度，则有

$$\alpha \approx \tan\alpha = \frac{\lambda/2}{s} = \frac{D}{L}$$

薄片厚度为

$$D = \frac{L}{s} \times \frac{\lambda}{2} \tag{3-15-10}$$

由式（3-15-9）和式（3-15-10）可见，如果求出空气劈尖上总的暗条纹数，或测出劈尖的长度 $L$ 和相邻暗纹间的距离 $s$，都可以由已知光源的波长 $\lambda$ 测定薄片厚度（或细丝直径）$D$。

【实验仪器】

移测显微镜、牛顿环仪、钠光灯（$\lambda = 589.3\,\text{nm}$）、劈尖装置等。

## 【实验内容与步骤】

实验中使用的仪器装置如图 3-15-5 所示。钠光灯发出波长 $\lambda$ =589.3 nm 的单色光，经过与水平方向成 45°角的透反镜 7（半反射半透射）反射后，垂直入射到牛顿环仪的平凸透镜上，干涉条纹通过移测显微镜观察和测量。

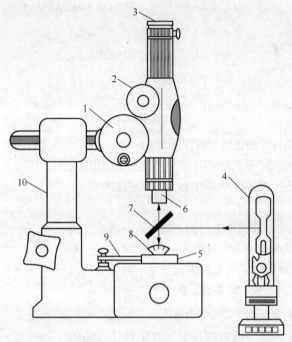

1. 测微鼓轮　2. 调焦手轮　3. 目镜 4. 钠光灯　5. 平板玻璃

6. 物镜　7. 透反镜　8. 平凸透镜

9. 载物台　10. 支架

图 3-15-5　移测显微镜及光路

（1）接通钠光灯电源，按照图 3-15-5 装好实验仪器，调节透反镜 7 的方位，使移测显微镜的视野里光最亮。此时透反镜片与水平方向约成 45°角，光线经过镜片反射后能够近乎垂直地向下投射到牛顿环仪上，再经牛顿环仪反射后透过镜片而进入显微镜筒。

（2）调节显微镜目镜 3 的焦距，使得能够看清楚目镜中的十字叉丝且无视差，并且将十字叉丝转至水平和竖直的位置。

（3）转动显微镜的调焦手轮 2，首先从外部观察，使显微镜的镜筒缓慢向下移动到接近牛顿环仪，但不能触碰到。然后再通过目镜观察，同时转动调焦手轮，此时使显微镜的镜筒缓慢上升，直到看见牛顿环清晰的干涉条纹为止。移动牛顿环仪的位置，使牛顿环的中心与十字叉丝的交点重合。

（4）转动显微镜的测微鼓轮 1，观察左右 25 个暗环是否都清晰，并且确认它们都在显微镜的读数范围内，然后再开始测量。

（5）测量牛顿环直径。转动显微镜测微鼓轮，使显微镜筒由环中心向一方移动，为了避免测微螺距间隙所引起的回程误差，要使显微镜内叉丝从干涉圆环中心开始向外数 25 个暗环，然后退 4 环到第 21 个暗环，使竖直叉丝与第 21 个暗环相切，记录下此时的读数（包括刻度尺和测微鼓轮）。再转动测微鼓轮，使叉丝交点依次对准第 20，19，…，14，13，12 等暗环，记下每次显微镜的位置读数。继续转动测微鼓轮，使镜筒经过暗环中心再读出另一方第 12 个暗环至第 21 个暗环的读数。在整个过程中显微镜只能自始至终朝同一方向移动，否则会造成回程误差。

测量时应使叉丝交点位于暗环的中间位置读数，同一级暗环左右位置的读数之差，即为对应该级暗环的直径 $D_k$。

（6）按照同样的方法与上面相反的方向重复测量记录一组数据。

（7）求出各级暗环的直径，并利用逐差法处理所得数据，求出直径平方差代入公式算出透镜的曲率半径 $R$，并计算不确定度 $\Delta \overline{R}$。

## 【数据记录与处理】

① 按照表 3-15-1 的内容记录对应的数据，并求出相应暗环的直径 $D_k$。

② 利用逐差法将数据进行处理，按照表格 3-15-2 给出的公式计算透镜的曲率半径 $R$。

③ 计算出 $R$ 的平均值 $\overline{R}$，并计算其不确定度 $\Delta \overline{R}$。

表 3-15-1 数据记录表 单位：mm

| 环数 | 显微镜读数第一次 | | 显微镜读数第二次 | | 环的直径 $D_k$ | | 平均值 $\overline{D}_k$ |
|---|---|---|---|---|---|---|---|
| | 左方 | 右方 | 左方 | 右方 | 一 | 二 | |
| 21 | | | | | | | |
| 20 | | | | | | | |
| 19 | | | | | | | |
| 18 | | | | | | | |
| 17 | | | | | | | |
| 16 | | | | | | | |
| 15 | | | | | | | |
| 14 | | | | | | | |
| 13 | | | | | | | |
| 12 | | | | | | | |

表 3-15-2 计算表 $m\text{-}n=5$

| $D_m^2 - D_n^2/(\text{mm}^2)$ | $R = \dfrac{D_m^2 - D_n^2}{4(m-n)\lambda}/(\text{mm})$ |
|---|---|
| | |
| | |
| | |
| | |

$$\overline{R} = \frac{R_1 + R_2 + R_3 + R_4 + R_5}{5}$$

$$\Delta \overline{R} = \sqrt{\frac{\displaystyle\sum_{i=1}^{n}(R_i - \overline{R})^2}{n(n-1)}}$$

$$R = \overline{R} \pm \Delta \overline{R}$$

## 【注意事项】

1. 移测显微镜的测微鼓轮在每一次测量过程中只可沿同一方向转动，避免由于螺距间隙而产生误差。

2. 调节显微镜时，镜筒要自下而上缓缓调整，以免损伤物镜镜头或压坏 45° 玻璃片。

3. 取拿牛顿环仪时，切忌触摸光学平面，如有不洁要用专门的拭镜纸轻轻擦拭。

4. 钠光灯点燃后，直到实验结束再关闭，中途不应随意开关，否则会降低钠光灯使用寿命。

## 【思考题】

1. 牛顿环的干涉条纹是由哪两束光产生的？这两束光应满足什么条件？

2. 牛顿环的干涉条纹中心按公式推导应是暗斑，若实验时中心是亮斑，试说明产生亮斑的原因，这对实验结果有没有影响？

3. 测量暗环直径时，叉丝交点没有通过环心，因而测量的是弦而非直径，对实验结果是否有影响？为什么？

# 实验十六　夫琅禾费衍射

## 【实验目的】

1. 加深对衍射现象的了解，知道观察到明显衍射的条件。
2. 观察夫琅禾费单缝与圆孔衍射现象及特点。
3. 理解光通过狭缝的夫琅禾费衍射现象，学会分析夫琅禾费单缝与圆孔衍射现象。
4. 掌握夫琅禾费单缝与圆孔衍射实验的方法和技能。

## 【实验原理】

根据观察方式的不同，通常把衍射现象分为两类：一类是光源和观察屏（或两者之一）离开衍射缝（或孔）的距离有限，这种衍射称为菲涅尔衍射，或近场衍射；另一类是光源和观察屏都在离衍射缝（或孔）无限远处，这种衍射称为夫琅禾费衍射，或远场衍射。夫琅禾费衍射实际上是菲涅尔衍射的极限情形，实验通常如图 3-16-1 所示，在缝（或孔）的两侧放置两个透镜，左侧透镜与光源之间的距离等于左侧透镜焦距，透镜将光源发出的光变成平行光，第二个透镜则将经缝发射的平行光会聚到透镜焦平面处，光屏放在透镜焦平面处。

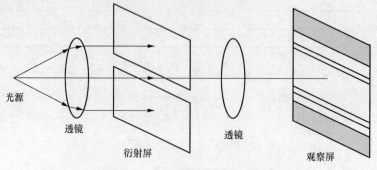

图 3-16-1　夫琅禾费衍射实验示意图

1. 夫琅禾费单缝衍射原理

图 3-16-2 是夫琅禾费单缝衍射的实验光路图，为了便于解说，在此图中大大扩大了缝的宽度 $a$（缝的长度是垂直于纸面的）。

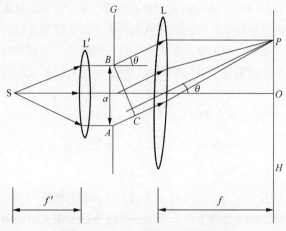

图 3-16-2　夫琅禾费衍射实验光路图

根据惠更斯—菲涅尔原理，单缝后面空间任一点 $P$ 的光振动是单缝处波阵面上所有子波传到 $P$ 点的振动的相干叠加。为了考虑在 $P$ 点的振动的合成，我们想象在衍射角 $\theta$ 为某些特定值时能将单缝处宽度为 $a$ 的波阵面 $AB$ 分成许多等宽度的纵长条带，并使相邻两带上的对应点，例如每条带的最下点、中点或最上点，发出的光在 $P$ 点的光程差为半个波长，这样的条带称为半波带，如图 3-16-3 所示。利用这样的半波带来分析衍射图样的方法叫半波带法。

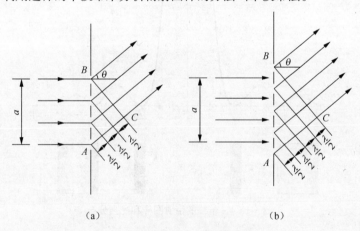

（a）　　　　　　　　　　　　　（b）

图 3-16-3　半波带

衍射角 $\theta$ 是衍射光线与单缝平面法线间的夹角。衍射角不同，则单缝处波阵面分出的半波带个数也不同。半波带的个数取决于单缝两边缘处衍射光线之间的光程差 $AC$（$BC$ 和衍射光线垂直）。由图 3-16-2 可见，$AC = a\sin\theta$。

当 $AC$ 等于半波长的奇数倍时，单缝处波阵面可分为奇数个半波带，如图 3-16-3（a）所示。

当 $AC$ 等于半波长的偶数倍时，单缝处波阵面可分为偶数个半波带，如图 3-16-3（b）所示。

这样分出的各个半波带，由于它们到 $P$ 点的距离近似相等，因而各个波带发出的子波在 $P$ 点的振幅近似相等，而相邻两带的对应点上发出的子波在 $P$ 点的相差为π。因此相邻两波带发出的振动在 $P$ 点合成时将互相抵消。这样，如果单缝处波阵面被分成偶数个半波带，则由于一对对相邻的半波带发出的光都分别在 $P$ 点相互抵消，所以合振幅为零，$P$ 点应是暗条纹的中心。如果单缝处波阵面被分为奇数个半波带，则一对对相邻的半波带发出的光分别在 $P$ 点相互抵消后，还剩一个半波带发的光到达 $P$ 点合成。这时，$P$ 点应近似为明条纹的中心，而且 $\theta$ 角越大，半波带面积越小，明纹光强越小。当 $\theta = 0$ 时，各衍射光光程差为零，通过透镜后会聚在透镜焦平面上，这就是中央明纹（或零级明纹）中心的位置，该处光强最大。对于任意其他的衍射角 $\theta$，$AB$ 一般不能恰巧分成整数个半波带，此时，衍射光束形成介于最亮和最暗之间的中间区域。

综上所述可知，当平行光垂直于单缝平面入射时，单缝衍射形成的明暗条纹的位置用衍射角 $\theta$ 表示，由以下公式决定：

暗条纹中心 $\qquad\qquad a\sin\theta = \pm k\lambda,\ (k = 1,\ 2,\ 3,\ \cdots)$ （3-16-1）

明条纹中心（近似） $\quad a\sin\theta = \pm\left(k + \dfrac{1}{2}\right)\lambda\ (k = 1,\ 2,\ 3,\ \cdots)$ （3-16-2）

中央条纹中心 $\qquad\qquad\qquad\ \theta = 0$ （3-16-3）

单缝衍射光强分布如图 3-16-4 所示。此图表明，单缝衍射图样中各处的光强是不相同的，中央明纹光强最大，其他明纹光强迅速下降。菲涅尔半波带法可以大致说明衍射图样的情况，下面导出光强分布的精确公式。

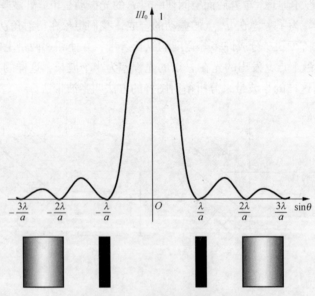

图 3-16-4　单缝的衍射图样和光强分布

两个第 1 级暗条纹中心间的距离即为中央明条纹的宽度，中央明条纹的宽度最宽，约为其他明条纹宽度的两倍。考虑到一般 $\theta$ 角较小，中央明条纹的半角宽度为

$$\theta \approx \sin\theta = \frac{\lambda}{a}$$ （3-16-4）

以 $f$ 表示透镜 $L$ 的焦距，则观察屏上中央明条纹的线宽度为

$$\Delta x = 2f\tan\theta \approx 2f\sin\theta = 2f\frac{\lambda}{a}$$ （3-16-5）

式（3-16-5）表明，中央明条纹的宽度正比于波长 $\lambda$，反比于缝宽 $a$。这一关系又称为衍射反比律。缝越窄，衍射越显著；缝越宽，衍射越不明显。

菲涅尔半波带法只能大致说明衍射图样的情况，要定量给出衍射图样的强度分布，需对子波进行相干叠加。下面用振动的矢量图解法计算图 3-16-5 中任意点 $P$ 光振动的振幅和光强。

将波阵面 $AB$ 分成 $N$ 个等宽条带，构成 $N$ 个振幅相等的相干子波源，各子波源在屏上 $P$ 点的振幅 $\Delta A$ 相同，但依次相差一微小相位差：

$$\delta = \frac{2\pi}{\lambda}\left(\frac{a \cdot \sin\theta}{N}\right) \tag{3-16-6}$$

$N$ 个振幅矢量 $\Delta A$ 相加，其合振幅矢量如图 3-16-6 所示。$N \to \infty$ 时，$N$ 个振幅矢量构成圆弧 $AB$，圆心角等于单缝两边缘光线在 $P$ 点的相位差：

$$2u = \frac{2\pi}{\lambda}a \cdot \sin\theta \tag{3-16-7}$$

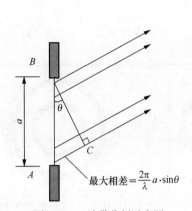

图 3-16-5　波带分割示意图

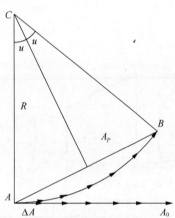

图 3-16-6　$N$ 个等振幅、相邻振动相差
为 $\delta$ 的振动的合成向量图

由图 3-16-6，合振幅 $A_P = 2R\sin u$，可以设想，如果这些子波射线到达 $P$ 点的相位相同，那么 $P$ 点的光振动必定与 $O$ 点的光振动相同，所以弧 $AB$ 的长度必定等于矢量 $A_0$ 的长度，$\overset{\frown}{AB} = N\Delta A = A_0$。所以，有 $R = \dfrac{\overset{\frown}{AB}}{2u} = \dfrac{A_0}{2u}$，代入合振幅表达式，得

$$A_P = 2R\sin u = 2\frac{A_0}{2u}\sin u = A_0\frac{\sin u}{u} \tag{3-16-8}$$

式中：$A_0$ 为中央条纹中点 $O$ 处的合振幅。

利用 $I_P \propto A_P^2$，$I_0 \propto A_0^2$ 得衍射场中相对光强：

$$\frac{I}{I_0} = \frac{\sin^2 u}{u^2} \tag{3-16-9}$$

这就是单缝夫琅禾费衍射的光强分布公式，图 3-16-4 所示为相对光强 $I/I_0$ 随 $\sin\theta$ 的变化关系。

2. 夫琅禾费圆孔衍射

用圆孔代替图 3-16-1 中的单缝，接收屏上就得到圆孔的夫琅禾费衍射图样，如图 3-16-7 所示。中央是一个明亮的圆斑，集中了衍射光能的 83.8%，通常称为艾里斑。艾里斑之外则是一组暗亮相间的同心圆环。艾里斑的大小反映了衍射光的弥散程度，而第一暗环的衍射角 $\phi_0$，给出了艾里斑的半角宽度。如果圆孔的直径为 $D$，光波波长为 $l$，理论计算可得

$$\phi_0 = \arcsin 1.22\frac{\lambda}{D} \approx 1.22\frac{\lambda}{D} \tag{3-16-10}$$

若透镜 L 的焦距为 $f$，则艾里斑的半径为

$$r_0 = f\phi_0 = 1.22 \frac{\lambda f}{D}$$ （3-16-11）

由以上两式可见，艾里斑的大小与衍射孔的孔径 $D$ 成反比，还可以发现：当圆孔的线度 $D$ 远远大于波长 $\lambda$ 时，衍射现象可以忽略；当圆孔的线度 $D$ 可以和波长 $\lambda$ 比拟时，衍射现象明显。图 3-16-8 所示为夫琅禾费圆孔衍射光强示意图。

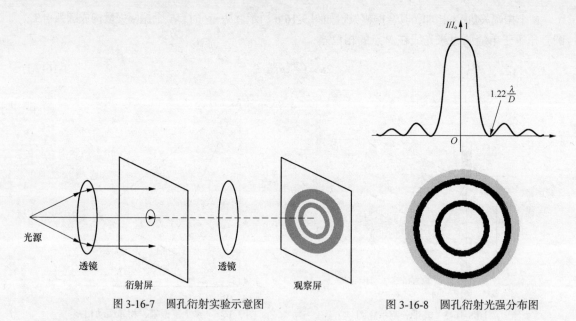

图 3-16-7　圆孔衍射实验示意图　　　　　图 3-16-8　圆孔衍射光强分布图

## 【实验仪器】

钠灯、狭缝 $S_1$、透镜 $L_1$、狭缝 $S_2$、透镜 $L_2$、测微目镜、透镜调节架 2 个、底座 5 个、He-Ne 激光器及其调节架、衍射孔、白屏。

## 【实验内容与步骤】

1. 夫琅禾费单缝衍射

实验中使用的仪器装置如图 3-16-9 所示。

（1）参照图 3-16-9 沿米尺调节共轴光路。

（2）$S_1$ 的缝宽小于 0.1 mm（兼顾衍射条纹清晰和视场光强），使狭缝 $S_1$ 靠近钠灯，位于透镜 $L_1$ 的焦平面上，通过透镜 $L_1$ 形成平行光束，垂直照射狭缝 $S_2$，用透镜 $L_2$ 将衍射光束会聚到测微目镜的分划板。调节狭缝 $S_2$ 的缝宽，使狭缝 $S_2$ 宽度合适，在测微目镜中能看到清晰的衍射图样。调节狭缝铅直，并使分划板的毫米刻线与衍射条纹平行，便于读数。

图 3-16-9　夫琅禾费单缝衍射实验装置图

（3）取不同的缝宽值，用测微目镜验证中央极大宽度是次极大宽度的两倍。

（4）用测微目镜测量中央明条纹宽度$\Delta x$，连同已知的$\lambda$和透镜 $L_2$ 焦距 $f$ 代入衍射反比律公式

$\Delta x_0 = 2f\tan\theta = 2f\dfrac{\lambda}{a}$ 得到 $a = \dfrac{2\lambda f}{\Delta x}$，可算出狭缝 $S_2$ 缝宽 $a$。

（5）用显微镜直接测量缝宽，与上一步的结果作比较。

2. 夫琅禾费圆孔衍射

实验中使用的仪器装置如图 3-16-10 所示。

图 3-16-10　夫琅禾费圆孔衍射实验装置图

（1）参照图 3-16-10 安排实验仪器，点亮 He-Ne 激光器，调节各元件共轴，使激光垂直照射于圆孔，在距透镜 $f$ 处置一观察屏 P，获得衍射图样。

（2）在夹座上依次取不同的圆孔，测量艾里斑的半径 $l_0$，据已知波长（$\lambda = 633\ \text{nm}$）、衍射小孔的半径 $R$ 和透镜焦距 $f$，验证公式 $l_0 = 1.22\dfrac{\lambda f}{D}$。

## 【数据记录与处理】

1. 夫琅禾费单缝衍射

① 取不同缝宽，用测微目镜验证中央极大宽度 $\Delta x_0$ 是次极大宽度 $\Delta x_1$ 的两倍，记入表 3-16-1 中。

表 3-16-1　　　　　　　　　　数据记录表

| 测 量 次 数 | $\Delta x_0$ | $\Delta x_1$ | $\Delta x_0 / \Delta x_1$ |
|---|---|---|---|
| 1 | | | |
| 2 | | | |
| 3 | | | |

② 用表 3-16-2 记录测量的缝宽。

表 3-16-2　　　　　　　　　　缝宽

| 测量次数 | $\Delta x_0$ | $f$ | $\lambda$ | $a = \dfrac{2\lambda f}{\Delta x_0}$ |
|---|---|---|---|---|
| 1 | | | | |
| 2 | | | 589.3 nm | |
| 3 | | | | |

③ 从读数鼓轮读出的缝宽：_____

2. 夫琅禾费圆孔衍射

用表 3-16-3 取不同衍射孔，验证公式 $l_0 = 1.22\dfrac{\lambda f}{D}$。

表 3-16-3

| 测量次数 | 实验值 $l_0$ | 理论值 $l_0$ |
| --- | --- | --- |
| 1 | | |
| 2 | | |
| 3 | | |

## 【注意事项】

1. 光源、狭缝 $S_1$、狭缝 $S_2$（单缝）、测微目镜竖直叉丝要相互平行。
2. 在测量过程中，读数鼓轮要单方向转动避免螺距差。
3. 光源、衍射孔、透镜、白屏要相互平行。
4. 不要用眼睛直视 He-Ne 激光器。

## 【思考题】

1. 在观察夫琅禾费衍射的装置中，透镜的作用是什么？
2. 在观察夫琅禾费单缝衍射时：

（1）如果单缝垂直于它后面的透镜的光轴向上或向下移动，屏上衍射图样是否改变？为什么？

（2）若将线光源 S 垂直于光轴向上或向下移动，屏上衍射图样是否改变？为什么？

# 实验十七　菲涅尔圆孔衍射

## 【实验目的】

1. 进一步了解菲涅尔衍射的原理和方法。
2. 理解光通过圆孔的菲涅尔衍射现象，学会分析菲涅尔圆孔衍射的现象。
3. 掌握菲涅尔圆孔衍射实验的方法和技能。

## 【实验原理】

1. 计算圆孔对称轴上光振幅的基本思想

虽然圆孔对称轴上的光振幅可以通过菲涅尔衍射积分来求解，但是，计算工作量依然较大。如果借助于菲涅尔处理衍射问题的天才思想，把波面微分成若干个环状半波带，那么，完全不必进行烦琐的数学计算，只需要数一数上述环状半波带的数目，便可以判定场点的光强和亮暗。

以 $P$ 点为中心，$r_0 + \dfrac{\lambda}{2}$，$r_0 + \lambda$，$r_0 + \dfrac{3\lambda}{2}$，…为半径在波面上作圆，这些圆将波面露出小孔部分划分成了 $n$ 个环带，其中每一环带的相应边缘两点或相邻带的对应点到 $P$ 点的光程差为 $2\lambda$，所以把它们叫做半波带，如图 3-17-1 所示。

根据惠更斯-菲涅尔原理，S 在 $P$ 点产生的振动应为波面上所有波带发出的子波在 $P$ 点振动的叠加，则 $P$ 点的合振动之振幅为

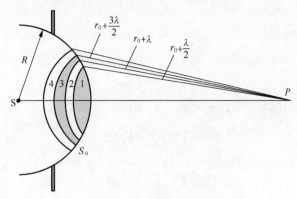

图 3-17-1　菲涅尔半波带

$$A_k(P)=a_1-a_2+a_3+\cdots+(-1)^{k-1}a_k$$

当波面为球面时，各半波带在 $P$ 点产生的振幅应是一个单调下降的收敛数列，即 $a_1>a_2>a_3>\cdots>a_k$，则

$$A_k(P)=\frac{a_1}{2}+\left(\frac{a_1}{2}-a_2+\frac{a_3}{2}\right)+\left(\frac{a_3}{2}-a_4+\frac{a_5}{2}\right)+\cdots\begin{cases}+\dfrac{a_k}{2}\\[2mm]+\dfrac{a_k-1}{2}\end{cases},\ k是\binom{奇}{偶}数$$

即

$$A_k(P)\approx\frac{a_1}{2}\pm\frac{a_k}{2},\quad k是\binom{奇}{偶}数 \tag{3-17-1}$$

环状半波带的数目 $k$ 为奇数，则场点为亮点；反之，则为暗点。如果环状半波带的数目 $k$ 不是整数，则场点的强度介于上述两种情况之间。对于自由空间传播的球面波，$a_k$ 实际上为零。

这就是我们处理圆孔对称轴上光振幅的基本思想。根据这个基本思想，下面我们将把注意力集中到如何确定圆孔波面上的完整菲涅尔半波带数目上来。

2. 圆孔波面上的完整菲涅尔波带数 $k$ 的定量计算

如图 3-17-2 所示，O 为点光源，光通过光阑上的圆孔，$R_h$ 为圆孔的半径，S 为光通过圆孔时的波面。现在先计算光到达垂直于圆孔面的对称轴上一点 $P$ 时的振幅。$P$ 点与波面上极点 $B_0$ 之间的距离为 $r_0$。首先考虑通过圆孔的波面所含有的完整的菲涅尔半波带的数目。

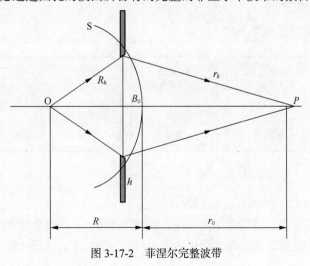

图 3-17-2　菲涅尔完整波带

由图 3-17-2 可知

$$
\begin{aligned}
R_{hk}^2 &= r_k^2 - (r_0 + h)^2 \\
&= r_k^2 - r_0^2 - 2r_0 h - h^2 \\
&\approx r_k^2 - r_0^2 - 2r_0 h
\end{aligned}
\tag{3-17-2}
$$

如果 $h$ 比 $r_0$ 小得多，则上式中的 $h_2$ 可略去。其中

$$
r_k^2 - r_0^2 = [r_0 + (k\lambda/2)]^2 - r_0^2 \approx k\lambda r_0
$$

上式中略去了 $k^2\lambda^2/4$。又由图 3-17-2 可知

$$
R_{hk}^2 = R^2 - (R - h)^2 = r_k^2 - (r_0 + h)^2
$$

整理后得

$$
h = \frac{r_k^2 - r_0^2}{2(R + r_0)}
$$

将 $r_k^2 - r_0^2 \approx k\lambda r_0$ 和 $h$ 的表达式代入式（3-17-2），得

$$
R_h^2 = R_{hk}^2 = k \frac{r_0 R}{R + r_0} \lambda
$$

即有

$$
k = \frac{R_h^2 (R + r_0)}{\lambda r_0 R} = \frac{R_h^2}{\lambda}\left(\frac{1}{r_0} + \frac{1}{R}\right)
\tag{3-17-3}
$$

式（3-17-3）表明，半波带的划分与 $P$ 点位置有关，当 $P$ 点沿轴线移动时，露出的半波带数 $k$ 的奇偶性将交替变化，点的强度也作明暗交替变化。对固定的观察点，圆孔的直径连续增大或减小时，点的强度也作明暗交替变化。

## 【实验仪器】

He-Ne 激光器及其调节架、扩束器（$f = 6.2$ mm）、圆孔板（$\varphi = 1.5$ mm）、白屏、二维调节架、三维调节架、底座四个。

## 【实验内容与步骤】

实验中使用的仪器装置如图 3-17-3 所示。

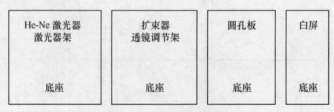

图 3-17-3　实验装置图

（1）参照图 3-17-3 沿米尺调节共轴光路。

（2）使激光通过扩束器（造成非远场条件）照射到圆孔上，用白屏接收衍射条纹。

（3）当圆孔直径一定时，使屏远离圆孔，会看到衍射图样中心"亮—暗—亮"的变化。改变

$r_0$ 和 $R$ 的值，观察在哪些位置衍射图样中心是亮点，在哪些位置衍射图样中心是暗点。

（4）用公式计算半波带数 $k$，与（3）中观察到的现象作比较。

## 【数据记录与处理】

将相关数据记入表 3-17-1 中。

表 3-17-1                                    数据表

| 测 量 次 数 | $R_h$ | $R$ | $r_0$ | $\lambda$ | $k=\dfrac{R_h^2}{\lambda}\left(\dfrac{1}{r_0}+\dfrac{1}{R}\right)$ | 中央光斑（亮/暗） |
|---|---|---|---|---|---|---|
| 1 | | | | | | |
| 2 | | | | | | |
| 3 | | | | | | |

## 【注意事项】

1. 圆孔不能太大。
2. 观察屏与光轴垂直。

## 【思考题】

1. 菲涅尔圆孔衍射图样的中心点可能是亮的也可能是暗的，而夫琅禾费圆孔衍射图样的中心总是亮的，这是什么原因？

2. 本实验中，小圆孔换成同样尺寸的小圆屏，得到的衍射图样是否相同？为什么？

# 实验十八  偏振现象的观察与分析

## 【实验目的】

1. 加深对偏振现象的理解。
2. 观察光的偏振现象，掌握偏振光的产生方法和检验方法。
3. 掌握光的偏振的实验方法和技能。

## 【实验原理】

1. 自然光和偏振光

通常，光源发出的光波，其电矢量的振动在垂直于光的传播方向上作无规则的取向。从统计规律看，在空间所有可能的方向上，光波电矢量的分布可看做是机会均等的，它们的总和与光的传播方向对称，这种光称为自然光。由于自然光通过媒质的折射、反射、吸收和散射后，使光波的电矢量的振动在某个方向具有相对的优势，而使其分布对传播方向不再对称。具有这种取向作用的光，统称为偏振光。

自然光，即所谓的非偏振光，它的振动在垂直于光的传播方向的平面内可取所有可能的方向，而且没有一个方向占优势，某一方向振动占优势的光叫部分偏振光，只在某一固定方向振动的光叫线偏振光或平面偏振光。如果光波电矢量随时间作有规则的改变，即电矢量末端在垂直于传播方向的平面上的轨迹呈圆形或椭圆形，则称为圆偏振光或椭圆偏振光。

将非偏振光变成线偏振光的方法称为起偏，用于起偏的装置或元件称为起偏器。

2. 平面偏振光的产生和特性

产生平面偏振光的方法有：反射产生偏振、用偏振片选择性吸收产生偏振、双折射产生偏振和多次折射产生偏振等，本实验采用前三种方法产生平面偏振光。

偏振片是用人工方法制成的薄膜，具有二向色性，是用特殊方法使选择性吸收很强的微晶体在透明胶质层中作有规则排列而制成的，它允许透过某一电矢量振动方向的光（此方向称为偏振化方向），而吸收与其垂直振动的光。因此，自然光通过偏振片后，透射光基本上成为平面偏振光。由于偏振片易于制作，所以它是普遍使用的偏振器。

如图 3-18-1 中，$MM'$ 和 $NN'$ 分别表示起偏器和检偏器的偏振化方向，夹角为 $\theta$。令 $A_0$ 为通过起偏器的振幅，将 $A_0$ 分解为 $A_0\cos\theta$ 和 $A_0\sin\theta$，其中只有平行于检偏器偏振化方向 $NN'$ 分量可以通过检偏器。设 $I_0$ 和 $I$ 分别为透过起偏器和检偏器的光强，透过检偏器光振幅 $A=A_0\cos\theta$，因光强与振幅平方成正比，所以 $I/I_0=A^2/A_0^2$，故透过检偏器的光强为

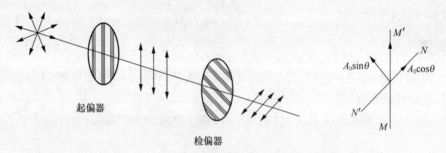

图 3-18-1　自然光通过起偏器和检偏器的光路图

$$I = I_0 A^2 / A_0^2 = I_0 \cos^2 \theta \qquad (3\text{-}18\text{-}1)$$

式（3-18-1）称为马吕斯定律。

根据马吕斯定律，平面偏振光透过检偏器的光强随偏振面和检偏器的偏振化方向之间的夹角 $\theta$ 而变化。当 $\theta$ 为 0 或 $\pi$ 时，透射光最大；而当 $\theta$ 为 $\pi/2$ 或 $3\pi/2$ 时，透射光强为零，即当检偏器转动一周时会出现两次消光现象。

3. $\lambda/4$ 片与圆偏振光、椭圆偏振光的产生和作用

波片是从单轴双折射晶体上平行于光轴方向切下的薄片。若平面偏振光垂直于入射波片，且其振动面（振动方向与传播方向所确定的平面）与波片的光轴夹角为 $\alpha$ 时，则在波片内入射光就分解为振动方向互为垂直的两束平面偏振光，称为 o 光和 e 光，它们传播方向一致，因在晶体内传播速度不同而产生一定的相位差，当它经过厚度为 $d$ 的波片，光程差为 $(n_o-n_e)d$，即相应的相位差为 $\Delta\varphi=\dfrac{2\pi}{\lambda}(n_o-n_e)d=\dfrac{2\pi}{\lambda}\delta$，式中 $\lambda$ 为入射光波波长，$n_o$ 和 $n_e$ 分别为波片对 o 光和 e 光的折射率。

显然通过晶片后的偏振光，将是沿同一方向传播的两个平面偏振光叠加的结果，由于 o 光和 e 光的振幅不等，有一定的相位差值，且振动方向互相垂直，一般合成为椭圆偏振光，椭圆的形状随 o 光和 e 光的相位差值的不同而改变。对于同种晶体，决定椭圆形状的因素是入射光的振动方向与光轴的夹角 $\alpha$ 以及晶片的厚度 $d$，如图 3-18-2 所示。

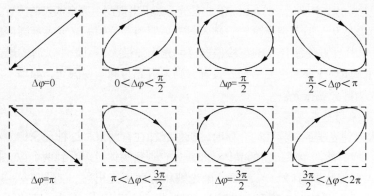

图 3-18-2　不同的$\Delta\varphi$值的椭圆形状

若相位差$\Delta\varphi=2k\pi$，$k=1$，2，3，$\cdots$，则$2k\pi=\dfrac{2\pi}{\lambda}(n_o-n_e)d$，即

$$d=\frac{k\lambda}{n_o-n_e} \tag{3-18-2}$$

称为全波片，线偏振光入射，从波片透射出的光偏振态不发生改变。

当相位差$\Delta\varphi=(2k+1)\pi$，$k=1$，2，3，$\cdots$时

$$d=\frac{\lambda}{2(n_o-n_e)} \tag{3-18-3}$$

称为半波片（$\lambda/2$片），线偏振光入射，从波片透射出的光为平面偏振光，但振动面相对于入射光转过$2\alpha$角。此外，半波片还把右旋的圆偏振光变为左旋，左旋的变为右旋。

当相位差$\Delta\varphi=(2k+1)\pi/2$，$k=1$，2，3，$\cdots$时

$$d=\frac{\lambda}{4(n_o-n_e)} \tag{3-18-4}$$

称为$\lambda/4$片。

现把各种偏振光经过$\lambda/4$片后发生的变化列成表 3-18-1。

表 3-18-1　　　　　　　　　　　偏振光经过$\lambda/4$片后偏振态的变化

| 入 射 光 | $\lambda/4$片位置 | 出 射 光 |
|---|---|---|
| 线偏振 | $\alpha=0°$或90°（$\alpha$为线偏振光的振动方向与波片光轴方向的夹角) | 线偏振 |
| | $\alpha=45°$ | 圆偏振 |
| | 其他位置 | 椭圆偏振 |
| 圆偏振 | 任何位置 | 线偏振 |
| 椭圆偏振 | 椭圆的长（短）轴与光轴平行或垂直 | 线偏振 |
| | 其他位置 | 椭圆偏振 |

4. 偏振光的检验方法

假定入射光有自然光、圆偏振光、部分偏振光、椭圆偏振光和线偏振光，让它们分别通过一个检偏器，并使检偏器绕光传播方向旋转一周，对出现的情况作如下分析：

（1）若检偏器有两个完全消光的位置，则入射光为线偏振光。

（2）若光强没有变化，则入射光可能是自然光或者圆偏振光。若在检偏器前加入一块$\lambda/4$片，再

旋转检偏器时，光强仍没有变化，则入射光为自然光。如果出现两个完全消光的位置，则为圆偏振光。

（3）若光强有变化，但无消光位置，则入射光可能为部分偏振光或者椭圆偏振光。这时检偏器前加入一块$\lambda/4$片，并使波片光轴与检偏器透射光光强最大（或最小）时的透振轴方向平行，再旋转检偏器时，如果出现两个完全消光位置，则入射光为椭圆偏振光，如果不出现完全消光的位置，则入射光为部分偏振光。

5. 双折射现象与基本规律

当一束光入射到光学各向异性的介质时，折射光往往有两束，这种现象称为双折射。冰洲石（方解石）就是典型的能产生双折射的晶体，如通过它观察物体可以看到两个像。如图3-18-3（a），当一束激光正入射于冰洲石时，若表面已抛光则将有两束光出射，如图3-18-3（b）所示。对图3-18-3（b）所示的两束光作偏振态检查时发现，由于是正入射，其中一束光不偏折，即图中的o光，它遵守通常的折射定律，称为寻常光（用o表示）。另一束发生了偏折，即图中的e光，它不遵守通常的折射定律，称为非常光（用e表示）。用偏振片检查可以发现，这两束光都是线偏振光，但其振动方向不同，其两束光的光矢量近于垂直。晶体中可以找到一个特殊方向，在这个方向上无双折射现象，这个方向称为晶体的光轴，也就是说，在光轴方向o光和e光的传播速度、折射率是相等的。此处特别强调光轴是一个方向，不是一条直线，这与几何光学中的光轴是不同的。只有一个光轴的晶体称为单轴晶体，如冰洲石、石英、红宝石、冰等。有一些晶体有两个光轴方向，此种晶体称为双轴晶体，如云母、蓝宝石、橄榄石、硫磺等。

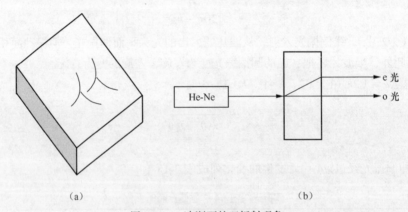

（a）　　　　　　　　　　　　　　　　　　（b）

图3-18-3　冰洲石的双折射现象

由界面法线与晶体光轴构成的平面称为主截面。当入射光在主截面内时，即入射面与主截面重合时，则o光与e光均在入射面内，否则e光不在入射面内。晶体中光轴与折射线构成的平面称为主平面。当主截面与入射面重合时，两个主平面也重合且与主截面重合。一般情况下，e光的主平面与o光的主平面并不重合。o光的电矢量$E_o$垂直于o光的主平面，e光的电矢量$E_e$在e光的主平面内。由于两个主平面的夹角很小，所以$E_o$与$E_e$近乎垂直。

## 【实验仪器】

He-Ne激光器、黑玻璃镜、偏振片、$X$轴旋转二维架、$\lambda/4$片及架、冰洲石及转动架、白屏、底座。

## 【实验内容与步骤】

（1）用检偏器和$\lambda/4$片检验He-Ne激光的偏振态，并解释判断依据。

（2）测布儒斯特角，定偏振片光轴：使 He-Ne 激光器发射的近似平行光束，向光学台分度盘中心的黑玻璃镜入射。转动分度盘，对任意入射角，利用偏振片和 X 轴旋转二维架组成的检偏器检验反射光，转动 360°观察部分偏振光的强度变化。当光束以布儒斯特角 $i_B$ 入射时，反射的线偏振光可被检偏器消除（对 $n$ =1.51，$i_B$ =57°）。该入射角需反复仔细校准。因线偏振光的振动面垂直于入射面，按检偏器消光方位可以定出偏振片的易透射轴。

（3）线偏振光分析：使 He-Ne 激光通过偏振片起偏振，用装在 X 轴旋转二维架上（对准指标线）的偏振片在转动中检偏振，分析透射光强变化与两偏振片光轴夹角的关系。应用马吕斯定律画出透射光强（设通过起偏器的光强为 $I_0$，通过检偏器的光强为 $I$）变化与两偏振片光轴夹角的关系，并对观察到的现象进行解释。

（4）椭圆偏振光分析：使激光束通过偏振片起偏振，再通过 $\lambda/4$ 片，使偏振片光轴与波片光轴的夹角不等于 0°，45°，90°（即 $n\pi/4$），用装在 X 轴旋转二维架上的偏振片在旋转中观察透射光强变化，是否有两明两暗位置（注意与上一项实验现象有何不同），在暗位置检偏器的透振方向即椭圆的短轴方向。

（5）圆偏振光分析：在透振轴正交的二偏振片之间加入 $\lambda/4$ 片，旋转波片至透射光强恢复为零处，从该位置再转动 45°，即可产生圆偏振光。此时若用检偏器转动检查，透射光强是不变的。（第（4）步和第（5）步应使用白屏观察）

（6）利用冰洲石及转动架，可以观察和分析该晶体的双折射现象。让自然光（或钠光，或 He-Ne 激光）通过支架上的一个小孔入射冰洲石晶体，用眼睛在适当距离能够看到光束一分为二。转动支架，又能判别寻常光（o 光）和非常光（e 光），进而用检偏器确定 o 光和 e 光偏振方向的关系，记录在报告中。

## 【思考题】

1. 怎样用实验方法来区分自然光、圆偏振光、椭圆偏振光、部分偏振光、线偏振光？

2. 求在下列情形下理想的起偏器和检偏器之间的夹角：（1）透射光是入射自然光强度的 1/3；（2）透射光是最大透射光强度的 1/3。

# 第四章
## 综合和应用性实验

# 实验十九　迈克尔逊干涉仪的调整与使用

在物理学史上，迈克尔逊曾用自己发明的光学干涉仪器进行实验，精确地测量微小长度，否定了"以太"的存在，这个著名的实验为近代物理学的诞生和兴起开辟了道路，1907 年获得诺贝尔物理学奖。迈克尔逊干涉仪原理简明，构思巧妙，堪称精密光学仪器的典范。随着对仪器的不断改进，还能用于光谱精细结构的研究和利用光波标定标准米尺等实验。目前，根据迈克尔逊干涉仪的基本原理研制的各种精密仪器已广泛地应用于生产、生活和科技领域。

### 【实验目的】

1. 了解迈克尔逊干涉仪的结构和干涉条纹的形成原理。
2. 学会迈克尔逊干涉仪的调整和使用方法。
3. 观察等倾干涉条纹，测量激光的平均波长。
4. 观察等厚干涉现象，加深对干涉原理的理解。

### 【实验原理】

用迈克尔逊干涉仪测量激光平均波长。迈克尔逊干涉仪的工作原理如图 4-19-1 所示，入射光照在分光板 $P_1$ 上，被分成两束 1'光和 2'光。1'光经 $M_1$ 反射后由原路返回再次穿过分光板 $P_1$ 后成为 1″光，到达观察点 E 处；2'光到达 $M_2$ 后被 $M_2$ 反射后按原路返回，在 $P_1$ 的第二面上形成 2″光，也被返回到观察点 E 处。由于 1'光在到达 E 处之前穿过 $P_1$ 三次，而 2'光在到达 E 处之前穿过 $P_1$ 一次，为了补偿 1'，2'两光的光程差，便在 $M_2$ 所在的光路上放置一个与 $P_1$ 的厚度、折射率严格相同的平面玻璃板 $P_2$，满足 1'，2'两光在到达 E 处时没有因玻璃介质而引入额外的光程差，所以称 $P_2$ 为补偿板。由于 1'，2'两光均来自同一光源，所以两光是相干光。

综上所述，光线 2″是在分光板 $P_1$ 的第二面反射得到的，这样使 $M_2$ 在 $M_1$ 的附近（上部或下部）形成一个虚像 $M_2'$，因而，在迈克尔逊干涉仪中，自 $M_1$，$M_2$ 的反射相当于自 $M_1$，$M_2'$ 的反射。也就是说，在迈克尔逊干涉仪中产生的干涉可以等效于 $M_1$ 和 $M_2'$ 之间的空气薄膜所产生的干涉。

在理论课程的学习中，我们已经知道，利用分光板的前后表面对入射光的依次反射，使入射光振幅分解为若干部分，由这些部分光波相遇时产生的干涉，称为分振幅法的干涉。

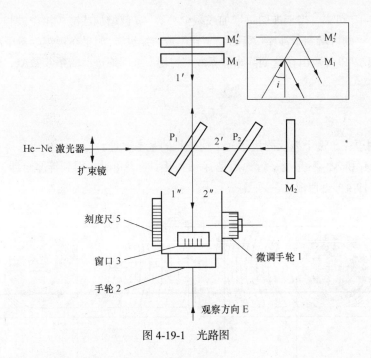

图 4-19-1　光路图

显然，分别由 $M_1$ 和 $M_2'$ 反射的两光的光程差为

$$\Delta = 2d\cos i \tag{4-19-1}$$

式中：$i$ 为入射光的倾角。

可分两种情况来进行讨论：

其一，当 $M_1$ 和 $M_2'$ 完全平行时，得到等倾干涉，干涉条纹如图 4-19-2 所示。

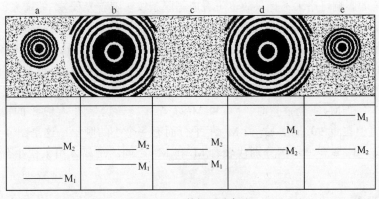

图 4-19-2　等倾干涉条纹

两光束的光程差只决定于光的入射角 $i$，对于第 $k$ 级亮纹而言，可得

$$2d\cos i_k = k\lambda \tag{4-19-2}$$

根据等倾干涉原理，与平行表面 $M_1$，$M_2'$ 有相同入射角的光线经 $M_1$，$M_2$ 反射后有相同的光程差，因而其远场干涉为同心圆。在圆心处，$i = 0$，则

$$2d = k\lambda \tag{4-19-3}$$

可以得到 $M_1$ 和 $M_2'$ 的距离 $d$ 的微小改变量 $\Delta d$ 与干涉条纹级差 $\Delta k$ 的关系为

$$\Delta d = \Delta k \cdot \lambda/2 \tag{4-19-4}$$

从式（4-19-4）可知，当干涉图每增加或减少一级，$d$ 就增加或减少半个波长。如果观察者的目光固定在圆心，则可看到干涉条纹不断"冒出"或"缩进"。如果在迈克尔逊干涉仪上读出始末二态走过的距离 $\Delta d$ 以及数出在这期间干涉条纹"冒出"或"缩进"的条纹数 $\Delta k$，则可以计算光波的波长 $\lambda$。

$$\lambda = \frac{2\Delta d}{\Delta k} \tag{4-19-5}$$

这就是利用迈克尔逊干涉仪测量激光平均波长的基本原理。

其二，当 $M_1$ 和 $M'_2$ 不完全平行，而是有一个很小的夹角时，得到等厚干涉，如图 4-19-3 所示。此时式（4-19-4）近似成立。

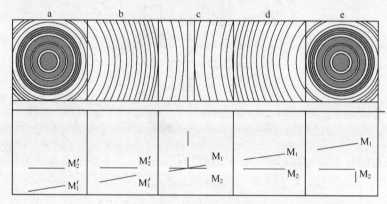

图 4-19-3　等厚干涉条纹

严格地讲，只有光程差 $\Delta = 0$ 时，所形成的一条直的干涉条纹是等厚条纹，不过靠近 $\Delta = 0$ 附近的条纹，倾角的影响可略去不计，故也可看成等厚条纹。随着光程差 $\Delta$ 的增大，即楔形空气薄膜的厚度由 0 逐渐增加，则直条纹将逐渐变成双曲线、椭圆等。当光程差 $\Delta$ 减小，即空气薄膜的厚度由 0 逐渐向另一方向增大，直条纹也逐渐变成双曲线、椭圆等，只不过曲率要反号。此外，楔形空气薄膜的夹角变大，条纹的间距变密。注意图 4-19-2 和图 4-19-3，从它们可以进一步直观地讨论在迈克尔逊干涉仪出现的干涉光场特征。

当反射镜 $M_1$ 和 $M_2$ 完全垂直时，$M_1$ 和 $M'_2$ 完全平行，这是图 4-19-2 的情形；当反射镜 $M_1$ 和 $M_2$ 不垂直但接近 90° 时，$M_1$ 和 $M'_2$ 不平行而有一个小的倾角，这是图 4-19-3 的情形。两图的 a，b，c，d，e 五个子图分别代表着 $M_1$ 和 $M'_2$ 之间的距离 $d$ 由大变小至 0 再由小变大的干涉过程。

## 【实验仪器】

迈克尔逊干涉仪、He-Ne 激光器、扩束镜、观察屏。

## 【实验内容与步骤】

1. 迈克尔逊干涉仪的凋整

按图 4-19-1 所示放置 He-Ne 激光器和迈克尔逊干涉仪。

（1）调平迈克尔逊干涉仪，将固定式反射镜背面三螺钉以及与镜座相连的水平和竖直螺栓调到松紧适当的位置。

（2）打开激光器的电源开关，调节激光器的位置与高低，使激光束大致垂直 $M_2$，反射光按原路返回。

（3）转动粗调手轮，使可移动式反射镜位置在 28～38 mm 范围内。

（4）这时观察屏上会出现两排红色亮点，一般每排 4 个。仔细、耐心、轻缓地调节固定式反射镜背面的三颗螺钉，使两个平面镜反射到毛玻璃屏上的两组亮点重合（最亮的两点重合），此时固定式反射镜与可移动式反射镜已经大体垂直，基本符合等倾干涉条件（判断重合程度好坏的标准是观察调重合后的最亮点中有无细干涉条纹出现）。

（5）在激光器与分光板间放上扩束镜，并调节扩束镜的位置与高低，使透射的激光光束均匀照亮分光板。此时观察屏上一般有明暗相间的干涉条纹出现，如图 4-19-3 中（b）（c）（d）所示。这时 $M_1$ 与 $M'_2$ 有一定夹角，属于等厚干涉。注意这种干涉条纹有各种模式，如直条纹、弧形纹，其条纹的粗细和间距也随两镜的夹角大小而有很大的差异，一般刚出现时，条纹多细微密集，必须细心观察才能看到。若无任何条纹出现，需撤掉扩束镜，重复步骤（4）。

（6）粗调。轻缓调节固定式反光镜上的三颗螺钉，使视场内的干涉条纹曲率半径变小，弧度变大，从圆弧向圆环过渡，同时条纹间距变大，并转动粗调手轮调整可移动式反射镜的位置，使圆弧的数目在 8～10 个为宜。

（7）微调。调整水平和垂直拉簧螺丝，使视场内条纹成为同心圆环，如图 4-19-2 中（b）（d）所示。这时 $M_1$ 和 $M'_2$ 完全平行，形成等倾干涉条纹。圆环数目在 3～6 个为宜。

（8）有时同心圆的曲率半径及条纹间距太大或太小，不便于测试，可以适当调节粗调手轮，使可移动式反射镜的位置改变，从而获得较适宜的干涉圆环；由于仪器主转轴加工和装配误差，此项调节一般会影响两个反光镜的垂直度，因此可能需要重做步骤（6）。

2. 测量激光平均波长

（1）仪器调整好之后，连续同一方向转动微调手轮，仔细观察干涉条纹"冒出"或"缩进"现象。先练习读毫米刻度尺、读数窗口和微调手轮上的读数，掌握干涉条纹"冒出"或"缩进"个数、速度与调节微调手轮的关系。

（2）仪器调零。因为转动微调手轮时，粗调手轮一起转动，但转动粗调手轮时微调手轮不动。因此在读数前应先调零点。方法如下：将粗调手轮沿某一方向（例如顺时针方向）旋转至零，然后同方向转动微调手轮使之对齐某一刻度。在此之后的测量过程中，两手轮沿同向旋转，才能保证二者读数匹配。

（3）经上述调节后，读出动镜 $M_1$ 所在的相对位置，以此为"0"位置，然后沿同一方向转动微调手轮，仔细观察屏上的干涉条纹"冒出"或"缩进"的个数。每隔 50 个条纹，记录一次动镜 $M_1$ 的位置。共记 500 条条纹，连续记录 11 个位置的读数，填入数据表 4-19-1 中。

表 4-19-1　　　　　　　　　　　　　　数据表

| | 1 | 2 | 3 | 4 | 5 | 6 | 7 | 8 | 9 | 10 |
|---|---|---|---|---|---|---|---|---|---|---|
| $d_1$/mm | | | | | | | | | | |
| $d_2$/mm | | | | | | | | | | |
| $\Delta k$ | | | | | 50 | | | | | |
| $\Delta d_n(\text{mm}) = d_{n+5} - d_n$ | | | | | | | | | | |
| $\Delta k'$ | | | 250 | | | | | | | |
| $\lambda$/nm | | | | | | | | | | |
| $\overline{\lambda}$/nm | | | | | | | | | | |

（4）数据处理。由式（4-19-5）按照逐差法计算出激光的平均值 $\bar{\lambda}$，并与公认值（632.8 nm）比较，计算其相对误差。

相对误差为

$$E = \left| \frac{\bar{\lambda} - \lambda_{标}}{\lambda_{标}} \right| \times 100\%$$

## 【仪器简介】

迈克尔逊干涉仪的主体结构如图 4-19-4 所示，由下面五部分组成。

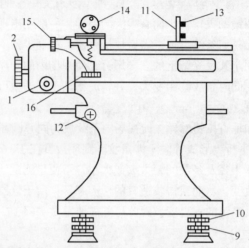

1. 微调手轮　2. 粗调手轮　9. 调平螺丝　10. 锁紧圈　11. 移动反射镜　12. 紧固螺丝

13. 反射镜调节螺丝　14. 固定反射镜　15. 水平拉簧螺丝　16. 垂直拉簧螺丝

图 4-19-4　迈克尔逊干涉仪主体结构图

① 底座。底座由生铁铸成，较重，保证仪器的稳定性。底座由三个调平螺丝 9 支撑，调平后可以拧紧锁紧圈 10 以保持座架稳定。

② 导轨。导轨 7 由两根平行的长约 280 cm 的框架和精密丝杠 6 组成，固定在底座上，精密丝杠穿过框架正中，丝杆螺距为 1 cm，如图 4-19-5 所示。

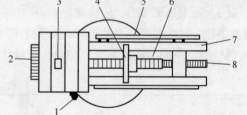

③ 拖板部分。拖板 4 是一块平板，反面做成与导轨吻合的凹槽，装在导轨上，下方是精密丝杆，丝杆穿过螺母，当丝杆旋转时，拖板能前后移动，带动固定在其上的可移动反光镜 11（即 $M_1$）在导轨面上移动，实现粗调。$M_1$ 是一块很精密的平面镜，表面镀有金属膜，具有较高的反射率，垂直地固定在拖板上，它的

1. 微调手轮　2. 粗调手轮　3. 读数窗口　4. 拖板

5. 标度尺　6. 精密丝杠　7. 导轨　8. 滚花螺母

图 4-19-5　导轨

法线严格地与丝杆平行。$M_1$ 倾角可分别用镜背后的三颗螺丝 13 来调节，各螺丝的调节范围是有限的，如果螺丝向后顶得过松，在移动时，可能因震动而使镜面有倾角变化，如果螺丝向前顶得太紧，致使条纹不规则，严重时，有可能使螺丝丝口打滑或平面镜破损。

④ 固定式反光镜部分。固定式反光镜 $M_2$ 与 $M_1$ 相同，固定在导轨框架右侧的支架上。通过调节镜座上的水平螺丝 15 使 $M_2$ 在水平方向转过一微小的角度，能够使干涉条纹在水平方向微动；通过调节其上的垂直螺丝 16 使 $M_2$ 在垂直方向转过一微小的角度，能够使干涉条纹上下微动；与三颗螺丝 13 相比，15，16 改变 $M_2$ 的镜面方位小得多。定镜部分还包括分光板 $P_1$ 和补偿板 $P_2$。$P_1$，$P_2$ 平行放置，与 $M_2$ 固定在同一臂上，且与 $M_1$ 和 $M_2$ 的夹角均为 45°。$P_1$ 的第二面上镀有半透明、半反射膜，能够将入射光分成振幅几乎相等的反射光 1′、透射光 2′，所以 $P_1$ 称为分光镜。

⑤ 读数系统和传动部分。

a. 移动反射镜 11（即 $M_1$）的移动距离可在机体侧面的标度尺 5 上直接读得，其最小刻度为毫米（mm）。

b. 粗调手轮 2 旋转一周，M2 移动 1 mm，读数窗口内的鼓轮也转动一周，鼓轮一圈被等分100 格，每格 0.01 mm。窗口上的基准线指示其刻度，精确到 0.01 mm。

c. 微调手轮 1 每转过一周，$M_2$ 移动 0.01 mm，从读数窗口 3 中可看到读数鼓轮移动一格，而微调鼓轮的一圈被等分为 100 格，则每格表示为 $10^{-4}$ mm。

最后读数应为上述三者之和，以 mm 为单位，最后读数小数点后应保留五位（包括 1 位估读）。

## 【注意事项】

1. 绝对不能用手或其他东西去触摸光学镜片，尤其是半反半透膜。

2. 在调节和测量过程中，一定要非常细心和耐心，调节螺丝时要轻缓，转动手轮时要缓慢、均匀。

3. 为了防止引进螺距差，每项测量时必须沿同一方向转动手轮，途中不能倒退。

4. 为了测量读数准确，使用干涉仪前必须对读数系统进行校正。

## 【思考题】

1. 简述本实验所用干涉仪的读数方法。

2. 怎样利用干涉条纹的"冒出"和"缩进"来测定光波的波长？

# 实验二十　光电效应及普朗克常数的测定

光电效应是由赫兹在 1887 年首先发现的，这一发现对认识光的本质具有极其重要的意义。1905 年，爱因斯坦从普朗克的能量子假设中得到启发，提出光量子的概念，成功地说明了光电效应的实验规律。1916 年，密立根以精确的光电效应实验证实了爱因斯坦的光电方程，测出的普朗克常数与普朗克按绝对黑体辐射定律中的计算值完全一致。爱因斯坦和密立根分别于 1921 年和1923 年获得诺贝尔物理学奖。

光电效应的应用极为广泛。用光电效应的原理制成的光电管、光电倍增管及光电池等各种光电器件，是光电自动控制、有声电影、电视录像、传真和电报等设备中不可缺少的器件。

## 【实验目的】

1. 了解光电效应的基本规律，加深对光的量子性的理解。

2. 测量光电管的伏安特性曲线，正确找出不同光频率下的截止电压。

3. 验证爱因斯坦光电方程，测定普朗克常数。

## 【实验原理】

19 世纪末，德国物理学家赫兹在从事电磁实验时注意到，接收电路中感应出来的电火花，当间隙的两个端面受到光照射时，火花变得更强一些。此后，他的同事勒纳德测量了受到光照射的金属表面所释放的粒子的电荷，确认释放的粒子是电子，从而证实赫兹所观察到的火花加强现象是在光照射下金属表面发射电子的结果。

研究光电效应的实验装置如图 4-20-1 所示。光电管（GD）是利用光电效应制成的能将光信号转化为电信号的光电器件。在一抽成高真空的容器内装有阴极 K 和阳极 A，当单色光通过石英窗口照射到金属板 K 上时，金属板便释放出电子，这种电子称为光电子。如果在 A，K 两端加上电势差 $U$，则光电子在加速电场作用下飞向阳极，形成回路中的光电流。光电流的强弱由检流计读出。实验结果可归纳如下。

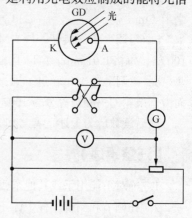

图 4-20-1　光电效应实验原理图

1. 饱和光电流

以一定强度的单色光照射阴极 K 时，加速电势差 $U = U_A - U_K$ 愈大，光电流 $I$ 也愈大。当加速电势差增加到一定量值时，光电流达到饱和值 $I_H$，如图 4-20-2 所示。这意味着从阴极 K 发射出来的电子全部飞到 A 极上。如果增加入射光的强度，在相同的加速电势差下，光电流的量值增大，相应的 $I_H$ 也增大，说明从阴极 K 逸出的电子数增加了。因此，光电效应的第一个结论是：单位时间内，受光照的金属板释放出来的电子数和入射光的强度成正比。

2. 截止电势差

如果降低加速电势差的量值，光电流 $I$ 也随之减少。当电势差 $U$ 减小到零并逐渐变负时（$U = U_A - U_K$ 为负值，即 AK 间加反向电压），光电流 $I$ 一般并不等于零，这表明从金属板 K 逸出的电子具有初动能，尽管有电场阻碍它运动，仍有部分电子能到达阳极 A，反向电势差绝对值越大，光电流越小。当反向电势差达到某一值时，光电流便降为零。此时电势差的绝对值 $U_a$ 叫做截止电势差。截止电势差的存在，表明光电子从金属表面逸出时的初速度有最大值 $v_m$，也就是光电子的初动能具有一定的限度，即

$$\frac{1}{2}mv_m^2 = eU_a \tag{4-20-1}$$

式中：$e$ 和 $m$ 为电子的电荷量和质量。实验还指出，$\frac{1}{2}mv_m^2$ 与光强无关，如图 4-20-2 所示。这样，得到光电效应的第二结论：光电子从金属表面逸出时具有一定的初动能，最大初动能等于电子的电荷量和截止电势差的乘积，与入射光的强度无关。

3. 截止频率（又称红限）

当改变入射光的频率，截止电势差 $U_a$ 和放射光的频率之间具有线性关系，即

$$U_a = K\nu - U_0 = \frac{1}{2}mv_m^2 \tag{4-20-2}$$

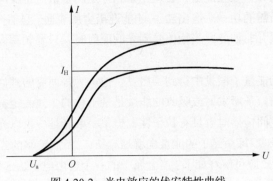

图 4-20-2 光电效应的伏安特性曲线

式中：$K$ 和 $U_0$ 都是正数。对不同的金属来说，$U_0$ 的量值不同；对同一金属，$U_0$ 为恒量。$K$ 为不随金属性质类别而改变的普适恒量。

由上式可知光电子从金属表面逸出时的最大初动能随入射光的频率 $\nu$ 线性地增加，如图 4-20-3 所示。

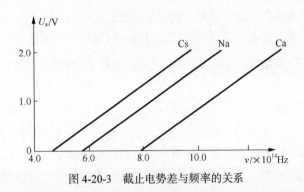

图 4-20-3 截止电势差与频率的关系

因为 $\frac{1}{2}m\upsilon_{\mathrm{m}}^2$ 是正值，要使光所照射的金属释放电子，放射光的频率 $\nu$ 必须满足 $\nu \geqslant \dfrac{U_0}{K}$ 的条件。令 $\nu_0 = \dfrac{U_0}{K}$，$\nu_0$ 称为光电效应的红限。图 4-20-3 表明，每种金属都存在频率的极限值 $\nu_0$。光电效应的第三个结论是：光电子从金属表面逸出时的最大初动能与入射光的频率成线性关系。当入射光的频率小于 $\nu_0$ 时，不管入射光的强度多大，都不会产生光电效应。

4. 弛豫时间

实验证明，从入射光开始照射直到金属释出电子，无论光的强度如何，几乎是瞬时的，弛豫时间不超过 $10^{-9}\,\mathrm{s}$。

上述光电效应的实验事实和光的波动说有着深刻的矛盾。一方面，按照光的波动说，金属在光的照射下，金属中的电子将从入射光中吸收能量，从而逸出金属表面。逸出时的初动能取决于光振动的振幅，光电子的初动能应随入射光的强度而增加。但是实验结果是：任何金属所释出的光电子的最大初动能都随入射光的频率线性地上升，而与入射光的强度无关。另一方面，按照光的波动说，如果光强足够供应从金属释出光电子所需要的能量，那么光电效应对各种频率的光都会发生。但是实验事实是：每种金属都存在一个红限 $\nu_0$，对于频率小于 $\nu_0$ 的入射光，不管其强度多大，都不能发生光电效应。

金属中的电子从入射光中吸收能量，必须积累到一定的量值（至少等于电子从金属表面逸出时克服表面原子的引力所需的功——逸出功），才能逸出金属表面。显然入射光愈弱，能量积累的时间就愈长。但实验结果并非如此，当物体受到光的照射时，只要频率大于红限，光电子几乎是立刻发射出来的。

爱因斯坦从普朗克的能量子假设中得到了启发，他认为普朗克的理论只考虑了辐射物体上谐振子能量的量子化，即谐振子所发射或吸收的能量是量子化的，他假定空腔内的辐射能本身也是量子化的，就是说光在空间传播时也具有粒子性，想象一束光是一束以光速 $c$ 运动的粒子流，这些粒子称为光量子（光子）。每一光子的能量也就是 $\varepsilon = h\nu$，不同频率的光子具有不同的能量。

按照光子理论，光电效应可解释如下：当金属中的一个自由电子从入射光中吸收一个光子后，就获得能量 $h\nu$，$h$ 为普朗克常数。如果 $h\nu$ 大于电子的逸出功 $W$，可从金属中逸出。根据能量守恒定律，应有

$$h\nu = \frac{1}{2}m\upsilon_{\mathrm{m}}^2 + W \qquad\qquad （4\text{-}20\text{-}3）$$

式中：$\frac{1}{2}m\upsilon_{\mathrm{m}}^2$ 是光电子的最大初动能。上式称为爱因斯坦光电效应方程。爱因斯坦方程表明，光电子的初动能与入射光的频率成线性关系，从而解释了式（4-20-2）。入射光的强度增加时，光子数也增多，因而单位时间内光电子数目也将随之增加，这就很自然地说明了饱和光电流或光电子数与光的强度之间的正比关系。假定 $\frac{1}{2}m\upsilon_{\mathrm{m}}^2 = 0$，再由方程（4-20-3）可得

$$\nu_0 = \frac{W}{h}$$

这表明：①频率为 $\nu_0$ 的光子具有发射光电子的最小能量。如果光子频率低于 $\nu_0$，不管光子数目多大，单个光子没有足够的能量去发射光电子，所以红限相当于电子所吸收的能量全部消耗于电子的逸出功时入射光的频率；②当一个光子被吸收时，全部能量立即被电子吸收，不需要积累能量的时间，这也就自然说明了光电效应的瞬时发生的问题。

如果用实验方法获得的截止电压 $U_\mathrm{a}$ 与入射光频率 $\nu$ 的关系是一条直线，就证实了爱因斯坦光电方程的正确性，这正是密立根验证光电方程的实验思想。密立根对此进行了近十年的研究，于1916 年得出了光电子的最大初动能与入射光频率之间是严格的线性关系，从而证明光电方程的正确性。

由式（4-20-1）和式（4-20-3），得

$$h\nu = eU_\mathrm{a} + W \qquad\qquad （4\text{-}20\text{-}4）$$

$$U_\mathrm{a} = \frac{h\nu}{e} - \frac{W}{e} = \frac{h}{e}(\nu - \nu_0) \qquad\qquad （4\text{-}20\text{-}5）$$

测出不同频率 $\nu$ 的入射光所对应的截止电压 $U_\mathrm{a}$，由此可作 $U_\mathrm{a}$—$\nu$ 图线，由直线斜率 $K = h/e$ 可求得普朗克常数

$$h = eK \qquad\qquad （4\text{-}20\text{-}6）$$

实际测量的光电管伏安特性曲线要比理论的复杂，因为用光电效应测量普朗克常数还需排除下列某些干扰。

① 存在暗电流和本底电流。在完全没有光的照射下，由于光电管阴极本身的电子热运动所产生的电流称为暗电流。本底电流则是由于外界各种漫反射光照射到光电管阴极所形成的电流。

② 存在阳极电流。光电管在制造和使用时，阳极不可避免地被阴极材料所沾染。在光的照射下，被沾染的阳极也会发射光电子并形成阳极电流，在光电管加反向电压时，该电流流向与阴极电流流向相反。

因此，实测的光电流是阴极电流与阳极电流、暗电流、本底电流之和，这就给确定截止电压 $U_a$ 带来一定的困难。若采取措施使暗电流、本底电流很小予以忽略，则实测电流是阴极电流与阳极电流的叠加，其特性曲线如图 4-20-4 所示。可见，实测电流为零时，并不是阴极电流为零。若用实测电流与 $U$ 轴的交点 $U_a'$ 来代替 $U_a$ 会引入误差；若用实测反向电流刚开始饱和时的"转折"点 $U_a''$ 替代 $U_a$ 也有误差。究竟用哪种方法应根据光电管的不同结构和性能来决定。

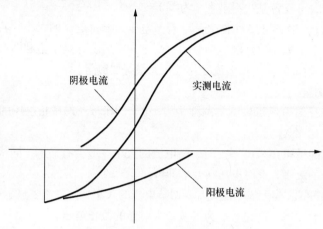

图 4-20-4　实测的伏安特性曲线

## 【实验仪器】

光电效应实验仪一台、光电管（带暗盒）一个、高压汞灯一个、滤色片一盒（5 片）。

## 【实验内容与步骤】

1. ZKY-GD-4 型光电效应实验仪

（1）将高压汞灯，光电效应实验仪接上 220 V 的电源，打开电源开关，预热 30 min。

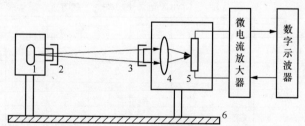

1. 汞灯　2. 光阑　3. 滤光片　4. 成像物镜　5. 光电管　6. 导轨

图 4-20-5　光电效应实验装置示意图

（2）接好光电效应实验仪的连线，红线接红色接口，蓝线接蓝色接口。

（3）调整光电管的暗盒和高压汞灯的距离，一般在 30～50 cm。光阑可以控制入射光的强度，在滤光片的盒中，直径共有 2 mm、4 mm、8 mm 三种，一般选用中等的 4 mm 即可。

（4）高压汞灯和光电效应实验仪预热好了，可以调节电流量程的零点，调零时，光电流的测试线必须断开，轻轻转动"调零"旋钮，直到数字电流表显示全为"0"，而且要稳定。在下面的实验中，电流表每换一次量程，必须重新调零。

2．光电管伏安特性曲线的测量

（1）测量伏安曲线电压可供调节范围是−1～50 V，考虑电流表显示不至于满偏，也不要太小，电流的量程一般选为×10⁻¹⁰ A。

（2）电流表显示不仅是光电流的大小，主要还有暗电流存在，而且不同的电流量程下，暗电流大小也是不一样的，因此需要掌握对暗电流大小的估计。盖上光电管暗盒的遮光罩，连上测试线，电压在起始的−1 V即可，此时电流表所显示的即为暗电流的大小，一般的光电管电流在×10⁻¹⁰ A的量程下，暗电流太小或者显示不出来（为零）。

（3）取下遮光罩，依次换上5个滤光片。调节电压，测量电流的大小，若存在暗电流，实际光电流的大小要从测量值中扣除。电压调节的原则是先密后疏，基本饱和即可。电压最小调节的单位为0.5 V，在0 V附近的几个点电流变化较快，最好要测量。

3．截止电压的测量

（1）测量截止电压时电压可供调节范围是−2～0 V，此时考虑截止电压的测量尽量准确，电流的量程一般选为×10⁻¹² A。

（2）光电管电流的量程在×10⁻¹² A时，暗电流的大小一般会有显示，同伏安特性曲线测量一样，先要估计暗电流的大小，此时电压在0 V即可。

（3）取下遮光罩，依次换上5个滤光片。调节电压的大小，使电流表显示稳定在暗电流大小，即表示光电流为零，此时电压的绝对值为该波长入射光的截止电压。

## 【数据记录与处理】

① 光电管伏安特性曲线的测量。电压与电流的大小记录在表 4-20-1 中，然后在坐标纸上画出相应的伏安特性曲线。

② 测量的截止电压大小填入表4-20-2，由爱因斯坦的光电效应方程知，$U_a$–$\nu$应为线性关系，坐标纸上画出 $U_a$–$\nu$ 的关系，并用线性回归法求出直线的斜率 $K = \dfrac{\Delta U_a}{\Delta \nu}$，得到普朗克常数 $h=eK$，与公认值 $h_0=6.626 \times 10^{-34}$ J·s 比较，写出相对误差。

表 4-20-1　　　　　距离 L=　　cm，光阑孔径 φ=　　mm

| 365 nm | $U_{KA}$/V | | | | | | | |
| | $I_{KA}$/(×10⁻¹⁰/A) | | | | | | | |
| 405 nm | $U_{KA}$/V | | | | | | | |
| | $I_{KA}$/(×10⁻¹⁰/A) | | | | | | | |
| 436 nm | $U_{KA}$/V | | | | | | | |
| | $I_{KA}$/(×10⁻¹⁰/A) | | | | | | | |
| 546 nm | $U_{KA}$/V | | | | | | | |
| | $I_{KA}$/(×10⁻¹⁰/A) | | | | | | | |
| 577 nm | $U_{KA}$/V | | | | | | | |
| | $I_{KA}$/(×10⁻¹⁰/A) | | | | | | | |

表 4-20-2　　　　　　　　距离 $L=$ 　　cm，$\varphi=$ 　　mm

| 波长/nm | 365 | 405 | 436 | 546 | 577 | $h/(\times 10^{-34} \text{J}\cdot\text{s})$ |
|---|---|---|---|---|---|---|
| 频率/（$\times 10^{-14}$Hz） | 8.22 | 7.41 | 6.88 | 5.49 | 5.20 | |
| $U_a$/V | | | | | | |

## 【注意事项】

1. 由于暗电流等的存在，截止电压不在光电流 $I=0$ 处而较难准确确定，故在电流开始变化的"抬头点"附近细心地多测几个点以保证较准确地确定截止电压。

2. 保护滤色片。更换滤色片时注意避免污染，不能用手触摸，如发现灰尘等可用镜头纸擦净，保证良好透光。

3. 保护光电管。实验前或实验完毕后用遮光罩盖住光电管暗盒进光窗，更换滤色片要先将汞灯光源出光孔遮盖住，避免强光直接照射阴极，缩短光电管寿命。

4. 保护光源。高压汞灯的功率较大，温度很高，实验完毕应及时关闭电源，以免影响使用寿命。

5. 光源与光电管暗盒之间距离宜取 30～50 cm，从光源出光孔射出的光必须直照光电管阴极面，暗盒可作左右及高低调节。为避免光线直射阳极带来反向光电流增大，测试时光窗口需加合适孔径的光阑。

6. 光电管入射窗口不要面对其他强光源（如窗户等），以减小杂散光干扰。

7. 仪器不宜在强磁场、强电场、高强度及温度变化大的场合下工作。

8. 连线时务必请先接好地线，后接信号线。特别注意不要让电压输出端 A 与地线短路，以免烧毁电源。

9. 预热汞灯时，一旦开启，不要随意关闭。如果熄灭，停 3～5 min 再熄灭。

## 【思考题】

1. 什么是爱因斯坦的光量子理论？从哪些方面很好地解释了光电效应的实验？

2. 什么是暗电流？为什么要估计暗电流的大小？

3. 由 $U_a$-$\nu$ 的线性关系是否可以求出截止频率 $\nu_0$？

# 实验二十一　金属电子逸出功的测定

金属电子逸出功（或逸出电位）的测定实验，综合性地应用了直线测量法、外延测量法和补偿测量法等基本实验方法。在数据处理方面有较好的技巧性训练。因此，这是一个比较有意义的实验。对工科学生如在阅读理论部分时有困难，可以在承认公式的前提下进行实验。

## 【实验目的】

1. 用里查孙直线法测定钨的逸出功。

2. 学习直线测量法、外延测量法和补偿测量法等基本实验方法。

3. 进一步学习图表法处理数据。

## 【实验原理】

若真空二极管的阴极（用被测金属钨丝做成）通以电流加热，并在阳极上加以正电压时，在连接这两个电极的外电路中将有电流通过，如图 4-21-1 所示。这种电子从热金属丝发射的现象，称为热电子发射。研究热电子发射的目的之一是用以选择合适的阴极材料。这可以在相同加热温度下测量不同阴极材料的二极管的饱和电流，然后相互比较，加以选择。

1. 电子的逸出功

根据固体物理学中金属电子理论，金属中的传导电子能量的分布是按费米-狄拉克能量分布的。即

$$f(E) = \frac{dN}{dE} = \frac{4\pi}{h^3}(2m)^{\frac{3}{2}}E^{\frac{1}{2}}\left[\exp\left(\frac{E-E_F}{kT}\right)+1\right]^{-1} \qquad (4\text{-}21\text{-}1)$$

式中：$E_F$ 称费米能级。

在绝对零度时电子的能量分布如图 4-21-2 中曲线（1）所示。这时电子所具有的最大能量为 $E_F$。当温度 $T>0$ 时，电子的能量分布曲线如图 4-21-2 中曲线（2）所示。其中能量较大的少数电子具有比 $E_F$ 更高的能量，其数量随能量的增加而指数减少。

在通常温度下由于金属表面与外界（真空）之间存在一个势垒 $E_b$，所以电子要从金属中逸出，至少具有能量 $E_b$。从图 4-21-2 可见，在绝对零度时电子逸出金属至少需要从外界得到能量为

$$E_0 = E_b - E_F = e\varphi$$

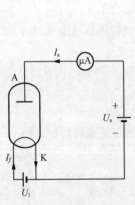

图 4-21-1  实验原理图

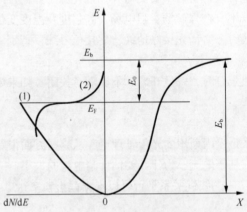

图 4-21-2  电子能量分布曲线

$E_0$（或 $e\varphi$）称为金属电子的逸出功（或功函数），其常用单位为电子伏特（eV），它表征要使处于绝对零度下的金属中具有最大能量的电子逸出金属表面所需要给予的能量。$\varphi$ 称为逸出电位，其数值等于以电子伏特为单位的电子逸出功。

可见，热电子发射是用提高阴极温度的办法以改变电子的能量分布，使其中一部分电子的能量大于势垒 $E_b$。这样，能量大于势垒 $E_b$ 的电子就可以从金属中发射出来。因此，逸出功 $e\varphi$ 的大小，对热电子发射的强弱，具有决定性作用。

2. 热电子发射公式

根据费米-狄拉克能量分布式（4-21-1），可以导出热电子发射的里查孙-热西曼公式：

$$I = AST^2\exp\left(-\frac{e\varphi}{kT}\right) \qquad (4\text{-}21\text{-}2)$$

式中：$I$——热电子发射的电流强度，单位为 A；

$A$——和阴极表面化学纯度有关的系数，单位为 $A \cdot (m \cdot K)^{-2}$；

$S$——阴极的有效发射面积，单位为 $m^2$；

$T$——发射热电子的阴极的绝对温度，单位为 K；

$k$——玻尔兹曼常数，$k=1.38 \times 10^{-23}$ J/K。

原则上我们只要测定 $I$，$A$，$S$ 和 $T$，就可以根据式（4-21-2）计算出阴极材料的逸出功 $e\varphi$。但困难在于 $A$ 和 $S$ 这两个量是难以直接测定的，所以在实际测量中常用下述的里查孙直线法，以设法避开 $A$ 和 $S$ 的测量。

3. 里查孙直线法

将式（4-21-2）两边除以 $T^2$，再取对数得

$$\lg \frac{I}{T^2} = \lg AS - \frac{e\varphi}{2.30kT} = \lg AS - 5.04 \times 10^3 \varphi \frac{1}{T} \tag{4-21-3}$$

从式（4-21-3）可见，$\lg \dfrac{I}{T^2}$ 与 $\dfrac{1}{T}$ 成线性关系。如以 $\lg \dfrac{I}{T^2}$ 为纵坐标，以 $\dfrac{1}{T}$ 为横坐标作图，从所得直线的斜率，即可求出电子的逸出电位 $\varphi$，从而求出电子的逸出功 $e\varphi$。该方法叫里查孙直线法。其好处是可以不必求出 $A$ 和 $S$ 的具体数值，直接从 $I$ 和 $T$ 就可以得出 $\varphi$ 的值，$A$ 和 $S$ 的影响只是使 $\lg \dfrac{I}{T^2} - \dfrac{1}{T}$ 直线产生平移。类似的这种处理方法在实验和科研中很有用处。

4. 从加速电场外延求零场电流

为了维持阴极发射的热电子能连续不断地飞向阳极，必须在阴极和阳极间外加一个加速电场 $E_a$。然而由于 $E_a$ 的存在会使阴极表面的势垒 $E_b$ 降低，因而逸出功减小，发射电流增大，这一现象称为肖脱基效应。可以证明，在阴极表面加速电场 $E_a$ 的作用下，阴极发射电流 $I_a$ 与 $E_a$ 有如下的关系

$$I_a = I \exp\left(\frac{0.439\sqrt{E_a}}{T}\right) \tag{4-21-4}$$

式中：$I_a$ 和 $I$ 分别是加速电场为 $E_a$ 和零时的发射电流，$I$ 又称为零场电流。对式（4-21-4）取对数得

$$\lg I_a = \lg I + \frac{0.439}{2.30T}\sqrt{E_a} \tag{4-21-5}$$

如果把阴极和阳极做成同轴圆柱形，并忽略接触电位差和其他影响，则加速电场可表示为

$$E_a = \frac{U_a}{r_1 \ln \dfrac{r_2}{r_1}} \tag{4-21-6}$$

式中：$r_1$ 和 $r_2$ 分别为阴极和阳极的半径，$U_a$ 为阳极电压，将式（4-21-6）代入式（4-21-5）得

$$\lg I_a = \lg I + \frac{0.439}{2.30T} \frac{1}{\sqrt{r_1 \ln \dfrac{r_2}{r_1}}} \sqrt{U_a} \tag{4-21-7}$$

由式（4-21-7）可见，对于一定尺寸的真空二极管，当阴极的温度 $T$ 一定时，$\lg I_a$ 和 $\sqrt{U_a}$ 成线性关系。如果以 $\lg I_a$ 为纵坐标，以 $\sqrt{U_a}$ 为横坐标作图，如图 4-21-3 所示。这些直线的延长线与纵坐标的交点为 $\lg I$。由此即可求出在一定温度下加速电场为零时的发射电流 $I$。

综上所述，要测定金属材料的逸出功，首先应该把被测材料做成二极管的阴极。当测定了阴极温度 $T$，阳极电压 $U_a$ 和发射电流 $I_a$ 后，通过上述的数据处理，得到零场电流 $I$。再根据式（4-21-3），即可求出逸出功 $e\varphi$（或逸出电位 $\varphi$）。

## 【实验仪器】

全套仪器包括理想(标准)二极管，温度测量系统，专用电源，测量阳极电压、电流等的电表。

### 1. 理想（标准）二极管

为了测定钨的逸出功，可以将钨作为理想二极管的阴极（灯丝）材料。所谓"理想"是指把电极设计成能够严格地进行分析的几何形状。根据上述原理，我们设计成同轴圆柱形系统。"理想"的另一个含义是把待测的阴极发射面限制在温度均匀的一定长度内和近似地能把电极看成是无限长的，即无边缘效应的理想状态。为了避免阴极的冷端效应（两端温度较低）和电场不均匀等的边缘效应，在阳极两端各装一个保护（补偿）电极，它们在管内相连后再引出管外，但阳极和它们绝缘。因此，保护电极虽和阳极加相同的电压，但其电流并不包括在被测热电子发射电流中。这是一种用补偿测量的仪器设计。在阳极上还开有一个小孔（辐射孔），通过它可以看到阴极，以便用光测高温计测量阴极温度。理想二极管的结构如图 4-21-4 所示。

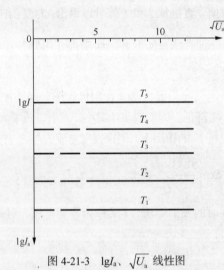

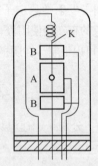

图 4-21-3　$\lg I_a$、$\sqrt{U_a}$ 线性图　　　　图 4-21-4　理想二极管的结构

### 2. 阴极（灯丝）温度 $T$ 的测定

阴极温度 $T$ 的测定方法有两种：一种是用光测高温计通过理想二极管阳极上的小孔，直接测定。但用这种方法测温时，需要判定二极管阴极和光测高温计灯丝的亮度是否相一致。该项判定具有主观性，尤其对初次使用光测高温计的学生，测量误差更大。另一种方法是根据已经标定的理想二极管的灯丝（阴极）电流 $I_f$，查表 4-21-1 得到阴极温度 $T$。相对而言，此种方法的实验结果比较稳定。但测定灯丝电流的安培表，应选用级别较高的，如 0.5 级表。

表 4-21-1　　　　　　　　　　　　灯丝电流与阴极温度关系表

| 灯丝电流 $I_f$/A | 0.50 | 0.55 | 0.60 | 0.65 | 0.70 | 0.75 | 0.80 |
|---|---|---|---|---|---|---|---|
| 阴极温度 $T/10^3$K | 1.72 | 1.80 | 1.88 | 1.96 | 2.04 | 2.12 | 2.20 |

### 3. 实验电路

根据实验原理，实验电路如图 4-21-5 所示。

## 【实验内容与步骤】

（1）熟悉仪器装置，并连接好安培表（1 A，测量灯丝电流 $I_f$）和微安表（1 000 μA，测量阳极电流 $I_a$）。伏特表已安装在逸出功测定仪上。接通电源，预热 10 min。

（2）取理想二极管灯丝电流 $I_f$ 从 0.50～0.70 A，每间隔 0.05 A 进行一次测量。对应每一灯丝电流，在阳极加 25，36，49，64，…，144 V 诸电压，各测出一组阳极电流 $I_a$。记录数据于表 4-21-2 并换算至表 4-21-3。

（3）根据表 4-21-3，作出 $\lg I_a - \sqrt{U_a}$ 图线。求出截距 $\lg I$，即可得到在不同阴极温度时的零场热电子发射电流 $I$，并换算成表 4-21-4。

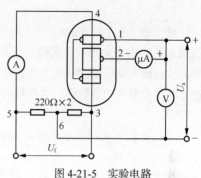

图 4-21-5 实验电路

（4）根据表 4-21-4 数据，作出 $\lg \dfrac{I}{T^2} - \dfrac{1}{T}$ 图线。从直线斜率求出钨的逸出功 $e\varphi$（或逸出电位 $\varphi$）。

## 【数据记录与处理】

表 4-21-2                        数据记录表

| $I_a$/$(10^{-6}$A$)$   $U_a$/V    $I_f$/A | 25 | 36 | 49 | 64 | 81 | 100 | 121 | 144 |
|---|---|---|---|---|---|---|---|---|
| 0.50 | | | | | | | | |
| 0.55 | | | | | | | | |
| 0.60 | | | | | | | | |
| 0.65 | | | | | | | | |
| 0.70 | | | | | | | | |

表 4-21-3                        换算表

| $\lg I_a$   $\sqrt{U_a}$    $T/10^3$K | 5.0 | 6.0 | 7.0 | 8.0 | 9.0 | 10.0 | 11.0 | 12.0 |
|---|---|---|---|---|---|---|---|---|
| | | | | | | | | |
| | | | | | | | | |
| | | | | | | | | |
| | | | | | | | | |
| | | | | | | | | |

表 4-21-4                        数据

| $T/10^3$K | | | | | | |
|---|---|---|---|---|---|---|
| $\lg I$ | | | | | | |
| $\lg \dfrac{I}{T^2}$ | | | | | | |
| $\dfrac{1}{T}$ | | | | | | |

直线斜率 $m=$ _____，逸出功 $e\varphi=$ _____ eV

金属钨逸出功公认值 $e\varphi=4.5$ eV，相对误差 $E=$ _____ %

# 实验二十二　密立根油滴实验

密立根（R.A.Millikan）在 1910～1917 年的 7 年间，致力于测量微小油滴上所带电荷的工作，这就是著名的密立根油滴实验，它是近代物理学发展过程中具有重要意义的实验。密立根经过长期的实验研究获得了两项重要的成果：一是证明了电荷的不连续性，即电荷具有量子性，所有电荷都是基本电荷 $e$ 的整数倍；二是测出了电子的电荷值，即基本电荷的电荷值 $e = (1.602 \pm 0.002) \times 10^{-19}$ C。

本实验就是采用密立根油滴实验这种比较简单的方法来测定电子的电荷值 $e$。由于实验中产生的油滴非常微小（半径约为 $10^{-9}$ m，质量约为 $10^{-15}$ kg），进行本实验特别需要严谨的科学态度、严格的实验操作、准确的数据处理，才能得到较好的实验结果。

## 【实验目的】

1. 验证电荷的不连续性，测定基本电荷 $e$ 的电量大小。
2. 学会对仪器的调整，油滴的选定、跟踪、测量，以及数据的处理。

## 【实验原理】

实验中，用喷雾器将油滴喷入两块相距为 $d$ 的水平放置的平行极板之间，如图 4-22-1 所示。油滴在喷射时由于摩擦，一般都会带电，设油滴的质量为 $m$，所带电量为 $q$，在两平行极板之间的电压为 $V$，油滴在两平行极板之间将受到两个力的作用：一个是重力 $mg$，一个是电场力 $qE = q\dfrac{V}{d}$。通过调节加在两极之间的电压 $V$，可以使这两个力大小相等、方向相反，从而使油滴达到平衡，悬浮在两极板之间。此时有

$$mg = q\frac{V}{d} \tag{4-22-1}$$

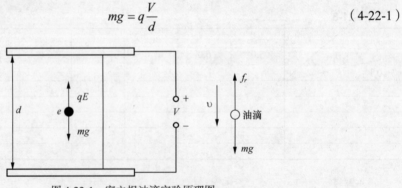

图 4-22-1　密立根油滴实验原理图

为了测定油滴所带的电量 $q$，除了测定 $V$ 和 $d$ 外，还需要测定油滴的质量 $m$。但是，由于其值 $m$ 很小，需要使用下面的特殊方法进行测定。

因为在平行极板间未加电压时，油滴受重力作用将加速下降，但是由于空气的黏滞性会对油滴产生一个与其速度大小成正比的阻力，油滴下降一小段距离而达到某一速度 $\upsilon$ 后，阻力与重力达到平衡（忽略空气的浮力），油滴将以此速度匀速下降。

由斯托克斯定律可得

$$f_r = 6\pi a\eta\upsilon = mg \qquad (4\text{-}22\text{-}2)$$

式中：$\eta$ 是空气的黏滞系数；$a$ 是油滴的半径（由于表面张力的作用，小油滴总是呈球状）。设油滴的密度为 $\rho$，油滴的质量 $m$ 可用下式表示

$$m = \frac{4}{3}\pi a^3 \rho \qquad (4\text{-}22\text{-}3)$$

将式（4-22-2）和式（4-22-3）合并，可得油滴的半径为

$$a = \sqrt{\frac{9\eta\upsilon}{2\rho g}} \qquad (4\text{-}22\text{-}4)$$

由于斯托克斯定律对均匀介质才是正确的，对于半径小到 $10^{-6}\,\text{m}$ 的油滴小球，其大小接近空气空隙的大小，空气介质对油滴小球不能再认为是均匀的了，因而斯托克斯定律应该修正为

$$f_r = \frac{6\pi a\eta\upsilon}{1 + \dfrac{b}{aP}}$$

式中：$b$ 为一修正常数，取 $b = 6.17 \times 10^{-6}\,\text{m}\cdot\text{cm Hg}$；$P$ 为大气压强，单位为 cmHg。利用平衡条件和式（4-22-3）可得

$$a = \sqrt{\frac{9\eta\upsilon}{2\rho g} \cdot \frac{1}{1 + \dfrac{b}{aP}}} \qquad (4\text{-}22\text{-}5)$$

式（4-22-5）根号下虽然还包含油滴的半径 $a$，因为它是处于修正项中，不需要十分精确，仍可用式（4-22-4）来表示。将式（4-22-5）代入式（4-22-3）得

$$m = \frac{4}{3}\pi\left[\frac{9\eta\upsilon}{2\rho g} \cdot \frac{1}{1 + \dfrac{b}{aP}}\right]^{\frac{3}{2}} \cdot \rho \qquad (4\text{-}22\text{-}6)$$

当平行极板间的电压为 0 时，设油滴匀速下降的距离为 $l$，时间为 $t$，则油滴匀速下降的速度为

$$\upsilon = \frac{l}{t} \qquad (4\text{-}22\text{-}7)$$

将式（4-22-7）代入式（4-22-6），再将式（4-22-6）代入式（4-22-1）得

$$q = \frac{18\pi}{\sqrt{2\rho g}}\left[\frac{\eta l}{t} \cdot \frac{1}{1 + \dfrac{b}{aP}}\right]^{\frac{3}{2}} \cdot \frac{d}{V} \qquad (4\text{-}22\text{-}8)$$

实验发现，对于同一个油滴，如果改变它所带的电量，则能够使油滴达到平衡的电压必须是某些特定的不连续的值 $V_n$。研究这些电压变化的规律可以发现，它们都满足下面的方程

$$q = ne = mg\frac{d}{V_n} \qquad (4\text{-}22\text{-}9)$$

式中：$n = \pm 1,\ \pm 2,\ \cdots$，而 $e$ 则是一个不变的值。

对于不同的油滴，可以证明有相同的规律，而且 $e$ 值是相同的常数，这就是说电荷是不连续的，电荷存在着最小的电荷单位，即电子的电荷值 $e$。于是式（4-22-8）可化为

$$ne = \frac{18\pi}{\sqrt{2\rho g}}\left[\frac{\eta l}{t}\cdot\frac{1}{1+\frac{b}{aP}}\right]^{\frac{3}{2}}\cdot\frac{d}{V_n} \quad\quad (4\text{-}22\text{-}10)$$

根据上式即可测出电子的电荷值 $e$，验证电子电荷的不连续性。

## 【实验仪器】

密立根油滴仪、显示器、喷雾器、钟油。

## 【实验内容与步骤】

1. 仪器调节

（1）接通电源，调节监视器，使屏幕显示稳定。

（2）调节调平螺丝，使水准仪的气泡移到中央，这时平行极板处于水平位置，电场方向和重力平行。

（3）将工作电压选择开关放在"下落"位置，这时上下极板短路且不带电，油滴容易喷入。

2. 测量练习

（1）喷入油滴。将油滴从油雾室的喷口喷入，调节显微镜摄像头两侧螺丝，使视场中出现大量油滴，犹如夜空繁星。微调显微头，进行聚焦，使油滴更清楚。

（2）练习选择油滴。要做好本实验，很重要的一点就是选择好被测量的油滴。油滴的体积既不能太大，也不能太小（太大时必须带的电荷很多才能达到平衡；太小时由于热干扰和布朗运动的影响，很难稳定），否则难以测量准确。对于所选油滴，当取平衡电压为 160 V，匀速下降距离 $l=2$ mm，所用时间约为 20 s 时，油滴大小和所带电量适中，测量也较为准确。因此，需要反复测试练习才能选择好待测油滴。当油滴喷入油雾室中观察到大量油滴时，在平行板上加上平衡电压（约 160 V），驱走不需要的油滴，等待 1 min 左右，只剩下几滴油滴在慢慢移动，注意其中等偏大的一颗，微调显微摄像头使油滴很清楚，仔细调节电压使这颗油滴平衡。

（3）练习控制油滴。工作电压选择开关放在"下落"位置，让油滴下落至分划板"2"线以下，再将电压选择开关放在"提升"位置，让油滴上升至分划板"0"线以上，如此反复练习，以熟练掌握控制油滴的方法，期间可以加上平衡电压使油滴停止运动。

（4）速度测试练习。任意选择几个下降速度不同的油滴，用显微镜右侧的计时按钮测出它们下降一段距离所需要的时间，掌握测量油滴速度的方法。

3. 正式测量

由式（4-22-10）可知，进行本实验真正需要测量的量只有两个：一个是油滴的平衡电压 $V_n$；另一个是油滴匀速下降的速度，即油滴匀速下降距离 $l$ 所需的时间 $t$。

（1）测量平衡电压必须经过仔细的调节，应该将油滴悬于分划板上某条横线附近，以便准确地判断出这颗油滴是否平衡，应该仔细观察 1 min 左右，如果油滴在此时间内在平衡位置附近漂移不大，才能认为油滴是真正平衡了。记下此时的平衡电压 $V_n$。

（2）在测量油滴匀速下降一段距离 $l$ 所需的时间 $t$ 时，为保证油滴下降的速度均匀，应先让它下降一段距离后再测量时间。选定测量的一段距离应该在平行极板之间的中间部分，占分划板中间四个分格为宜，此时的距离为 $l=2$ mm，若太靠近上电极板，小孔附近有气流，电场也不均匀，会影响测量结果；太靠近下极板，测量完时间后，油滴容易丢失，不能反复测量。

（3）由于有涨落，对于同一颗油滴，必须重复测量 6 次。同时，还应该选择不少于 4 颗不同的油滴进行测量，将测量结果填入表 4-22-1 中。

（4）通过计算求出基本电荷的值，验证电荷的不连续性。

## 【数据记录与处理】

### 1. 数据处理方法

根据式（4-22-10）和式（4-22-4）可得

$$ne = \frac{k}{[k(1+k'/\sqrt{t})]^{3/2}} \cdot \frac{d}{V_n} \tag{4-22-11}$$

式中：$k = \frac{18\pi}{\sqrt{2\rho g}}(\eta l) \cdot d$，$k' = \frac{b}{P}\sqrt{\frac{2\rho g}{9\eta l}}$。取油的密度 $\rho = 981 \text{ kg/m}^3$；重力加速度 $g = 9.80 \text{ m/s}^2$；空气的黏滞系数 $\eta = 1.83 \times 10^{-5} \text{ kg/(m·s)}$；油滴下降距离 $l = 2.00 \times 10^{-3} \text{ m}$；常数 $b = 6.17 \times 10^{-6} \text{ m·cmHg}$；大气压 $P = 76.0 \text{ cmHg}$；平行极板距离 $d = 5.00 \times 10^{-3} \text{ m}$。

将上述数据代入式（4-22-11）可得，$k = 1.43 \times 10^{-14} \text{ kg·m}^2/\text{s}^{1/2}$，$k' = 0.0196 \text{ s}^{1/2}$。

$$ne = \frac{1.43 \times 10^{-14}}{[t(1+0.02\sqrt{t})]^{3/2}} \cdot \frac{1}{V_n} \tag{4-22-12}$$

显然，上面的计算是近似的。但是，一般情况下，误差仅在 1% 左右，对于工科学生的物理实验来讲是可以的。

将式（4-22-12）所得数据除以电子电荷的公认值 $e = 1.602 \times 10^{-19} \text{ C}$，所得整数就是油滴所带的电荷数 $n$，再用 $n$ 去除实验测得的电荷值，就可得到电子电荷的测量值。对不同油滴测得的电子电荷值不能再求平均值。

### 2. 数据表格

表 4-22-1　　　　　　　　　　　　　　　数据表格

| 油滴编号 | $V_n$/V | $t$/s | $\overline{V}_n$/V | $\overline{t}$/s | $q$/（$10^{-19}$C） | $n$ | $e$/（$10^{-19}$C） |
|---|---|---|---|---|---|---|---|
| 1 | | | | | | | |
| | | | | | | | |
| | | | | | | | |
| | | | | | | | |
| | | | | | | | |
| | | | | | | | |
| 2 | | | | | | | |
| | | | | | | | |
| | | | | | | | |
| | | | | | | | |
| | | | | | | | |
| | | | | | | | |
| 3 | | | | | | | |
| | | | | | | | |
| | | | | | | | |
| | | | | | | | |
| | | | | | | | |
| | | | | | | | |

续表

| 油滴编号 | $V_n$/V | $t$/s | $\overline{V}_n$/V | $\overline{t}$/s | $q$/($10^{-19}$C) | $n$ | $e$/($10^{-19}$C) |
|---|---|---|---|---|---|---|---|
| 4 | | | | | | | |
| | | | | | | | |
| | | | | | | | |
| | | | | | | | |

## 【仪器简介】

密立根油滴仪包括油滴盒、油滴照明装置、调平系统、测量显微镜、供电电源以及电子停表、喷雾器等部分。

MOD-5 型油滴仪用 CCD 摄像头代替人眼观察,实验时可以通过黑白电视机来测量。

油滴盒是由两块经过精磨的平行极板(上、下电极板)中间垫以胶木圆环组成。平行极板间的距离为 $d$。胶木圆环上有进光孔、观察孔和石英窗口。油滴盒放在有机玻璃防风罩中。上电极板中央有一个 $\varphi = 0.4$ mm 的小孔,油滴从油雾室经过雾孔和小孔落入上、下电极板之间,上述装置如图 4-22-2 所示。油滴由照明装置照明。油滴盒可用调平螺丝调节,并由水准泡检查其水平。

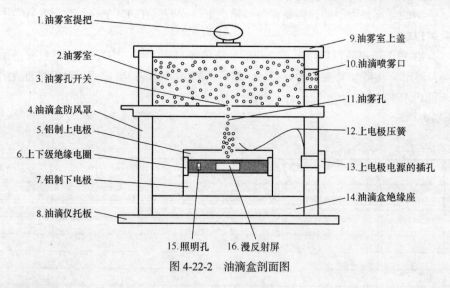

1.油雾室提把　　9.油雾室上盖　　2.油雾室　　10.油滴喷雾口　　3.油雾孔开关　　11.油雾孔　　4.油滴盒防风罩　　5.铝制上电极　　12.上电极压簧　　6.上下级绝缘电圈　　13.上电极电源的插孔　　7.铝制下电极　　14.油滴盒绝缘座　　8.油滴仪托板　　15.照明孔　　16.漫反射屏

图 4-22-2　油滴盒剖面图

## 【注意事项】

1. 喷油时,只需喷一两下即可,不要喷得太多,不然会堵塞小孔。

2. 对选定油滴进行跟踪测量的过程中,如果油滴变得模糊了,应随时调节显微镜镜筒的位置,对油滴聚焦;对任何一个油滴进行的任何一次测量中都应随时调节显微镜,以保证油滴处于清晰状态。

3. 平衡电压取 160 V 左右为最好,应该尽量在这个平衡电压范围内去选择油滴。例如,开始时平衡电压可定在 160 V,如果在 160 V 的平衡电压情况下已经基本平衡时,只需稍微调节平衡电压就可使油滴平衡,这时油滴的平衡电压在 160 V 左右。

4. 调节水准仪及显微摄像头,使油滴在监视口上保证竖直下落。

**【思考题】**

1. 为什么对选定油滴进行跟踪时，油滴有时会变得模糊起来？

2. 通过实验数据进行分析，指出做好本实验关键要抓住哪几步？造成实验数据测量不准的原因是什么？

3. 为什么对不同油滴测得的电子电荷最后不能再求平均值来得到电子电荷的测量值？

# 实验二十三　夫兰克-赫兹实验

20 世纪初，在原子光谱的研究中确立了原子能级的存在。原子光谱中的每根谱线就是原子从某个较高能级向较低能级跃迁时的辐射形成的。原子能级的存在，除了可由光谱研究证实外，还可以利用慢电子轰击稀薄气体原子的方法来证明。1914 年，即玻尔理论发表后的第二年，夫兰克（F. Franck）和赫兹（G. Hertz）采用这种方法研究了电子与原子碰撞前后电子能量改变的情况，测定了汞原子的第一激发电位，令人信服地证明了原子内部量子化能级的存在，给玻尔理论提供了独立于光谱研究方法的直接的实验证据。后来他们又观测了实验中被激发的原子回到基态时所辐射的光，测出的辐射光的频率很好地满足了玻尔理论中的频率定则。为此，他们获得了 1925 年度诺贝尔物理学奖。

**【实验目的】**

1. 学习夫兰克和赫兹研究原子内部能量的基本思想和实验设计方法。掌握测量原子激发电位的实验方法。

2. 测量氩原子的第一激发电位，从而验证原子能级的存在。

**【实验原理】**

根据玻尔理论，原子是由原子核和以核为中心沿各种不同轨道运动的一些电子构成的。对于不同的原子，这些轨道上的电子数分布各不相同。一定轨道上的电子具有一定的能量，能量最低的状态称为基态，能量较高的状态称为激发态。当同一原子的电子从较低能量的轨道跃迁到较高能量的轨道时，原子就处于受激发态。但是原子所处的能量状态并不是任意的，而是受到玻尔理论的两个基本假设的制约。

① 定态假设。原子只能处在一些稳定状态中，其中每一状态具有一定的能量值 $E_i$（$i=1$，2，3，…），这些能量值是彼此分立、不连续的，称为能级。

② 频率定则。当原子从一个稳定状态过渡到另一个稳定状态时，即从一个能级跃迁到另一个能级，就发射或吸收一定频率的电磁辐射，电磁辐射的频率 $\nu$ 由下式决定

$$\nu = \frac{E_m - E_n}{h} \tag{4-23-1}$$

式中：$h$ 为普朗克常数，1986 年推荐值为 $h = (6.626\,075\,5 \pm 0.000\,004\,0) \times 10^{-14}\,\mathrm{J \cdot s}$。

原子状态的改变通常在两种情况下发生：一是当原子本身吸收或放出电磁辐射时，二是当原子与其他粒子发生碰撞而交换能量时。本实验就是利用具有一定能量的电子与氩原子相碰撞而发生能量交换来实现原子状态的改变。

由玻尔理论可知，处于基态的原子发生状态改变时，其所需的能量不能小于该原子从基态跃

迁到第一激发态时所需的能量，这一能量称为临界能量。当电子与原子碰撞时，如果电子能量小于临界能量，则发生弹性碰撞；若电子能量大于临界能量，则发生非弹性碰撞。这时，电子给予原子以跃迁到第一激发态时所需要的能量，其余的能量仍由电子保留。

一般情况下原子在激发态所处的时间不会太长，短时间后会回到基态，并以电磁辐射的形式释放出所获得的能量。电磁辐射的频率 $\nu$ 满足下式

$$h\nu = eU_0 \tag{4-23-2}$$

$U_0$ 为原子的第一激发电位。当电子的能量等于或大于第一激发能时，原子就开始发光。

夫兰克-赫兹实验的原理可用图 4-23-1 来说明，其核心是夫兰克-赫兹管（简称 F-H 管），它是一个具有双栅极结构的柱面型充氩等惰性气体的四极管。灯丝 H 通电后炽热，使旁热式阴极 K 受热而发射慢电子。第一栅极 $G_1$ 和阴极 K 之间的电位差由电源 $U_{G_1K}$ 提供，有一个小的正向电压，其作用主要是消除空间电荷对阴极发射电子的影响。加速电压 $U_{G_2K}$ 加在第二栅极 $G_2$ 和阴极 K 之间，建立一个加速电场，使从阴极发出的电子在 $U_a$ 的加速下，以动能 $eU_{G_2K}$ 穿过第二栅极 $G_2$ 而飞向板极 A。由于阴极 K 到栅极 $G_2$ 之间的距离比较大，在适当的氩蒸气压下，这些电子与气体原子可以发生多次碰撞。电压 $U_{G_2A}$ 在 $G_2$ 与板极 A 之间形成一个减速电场。在穿越 $G_2$ 的电子中，只有能量大于 $eU_{G_2A}$ 的电子才能到达板极 A 而形成板极电流 $I_A$。板极电流 $I_A$ 用微电流测试仪测量，其值大小反应了从阴极到达板极的电子数。在保持 $U_H$，$U_{G_2A}$ 和 $U_{G_1K}$ 不变的情况下，改变加速电压 $U_{G_2K}$ 的大小，测出相应的板极电流 $I_A$，将得到如图 4-23-2 所示的 $I_A$-$U_{G_2K}$ 特性曲线。

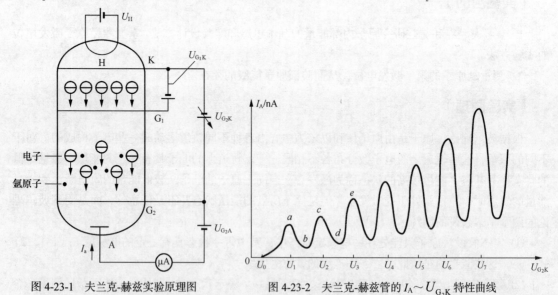

图 4-23-1　夫兰克-赫兹实验原理图　　　图 4-23-2　夫兰克-赫兹管的 $I_A \sim U_{G_2K}$ 特性曲线

当加速电压 $U_{G_2K}$ 从零开始增大时，板极电流 $I_A$ 也随之增大，表示电子动能增加，到达板极的电子数目必随之增多。这说明电子在飞行途中尽管会与管内的氩原子碰撞，但不损失能量，是弹性碰撞。

当 $U_{G_2K}$ 增大到氩原子的第一激发电位 $U_0$ 时，这时在栅极 $G_2$ 附近的电子与氩原子发生非弹性碰撞，把几乎全部的能量传递给氩原子，使氩原子激发。这些损失了能量的电子不能穿越减速电场到达板极，即到达板极的电子数目减少，所以 $I_A$ 开始下降。

继续增大 $U_{G_2K}$，板极电流 $I_A$ 又逐渐回升，这说明电子与氩原子碰撞后的剩余能量尚能使电子穿越减速电场而到达板极。当 $U_{G_2K}$ 增大到 $2U_0$ 时，$I_A$ 又转为下降，说明电子与氩原子发生了第二次

非弹性碰撞而失去能量，并且受到减速电场的阻挡而不能到达板极，电流 $I_A$ 再度下降。同样的道理，随着加速电压 $U_{G_2K}$ 的继续增大，电子会在栅极 $G_2$ 附近发生第三次、第四次……非弹性碰撞，从而引起板极电流 $I_A$ 的相应下跌，形成具有规则起伏的 $I_A$-$U_{G_2K}$ 曲线。可见，加速电压凡满足

$$U_{G_2K} = nU_0 + V_0 \quad (n=1，2，3，\cdots) \tag{4-23-3}$$

时，板极电流 $I_A$ 都会相应下跌，而与相邻两板极电流极大值(或极小值)所对应的加速电压的差值就是氩原子的第一激发电位 $U_0$，它的公认值为 11.5 V。

从 $I_A$-$U_{G_2K}$ 特性曲线可见，板极电流 $I_A$ 并不是突然下降的，有一个变化过程，这是因为阴极发射出来的电子，它们的初始能量不是完全相同的，服从一定的统计规律。另外，由于电子与氩原子的碰撞有一定的概率，在大部分电子与氩原子碰撞而损失能量的时候，还会存在一些电子没有参与碰撞而到达了板极，所以 $I_A$ 不会降到零。

处于激发态的原子是不稳定的。在上述实验中，被电子碰撞的氩原子从基态跃迁到第一激发态，吸收了 $eU_0$ 电子伏特的能量；当它再跳回基态时，就应该有 $eU_0$ 电子伏特的能量以电磁辐射形式发射出来，辐射的频率 $\nu$ 由式（4-23-2）决定。取 $h=6.63 \times 10^{-34}$ J·s，$c=3.00 \times 10^8$ m/s，$e=1.60 \times 10^{-19}$ C，如果 F-H 管内充以氩气，氩的第一激发电位 $U_0 = 11.5$ V，它从第一激发态跃迁回基态所辐射的光波波长为 $\lambda=812$ nm。

## 【实验仪器】

F-H$_2$ 夫兰克-赫兹实验仪、双踪示波器。

## 【实验内容与步骤】

1. 初始调整

（1）开机前先熟悉仪器结构，按照实验原理图（仪器面板图）正确连接实验线路，因夫兰克-赫兹管很容易因电压设置不当而损坏，务必反复检查，切勿连错!!!（按插座和连线颜色连接）

（2）开机预热 3 min。

（3）将测量方式选择手动；将扫描电压和 100 V 调节旋钮逆时针旋至最小；将灯丝电压 $U_H$ 选择 3.5 V；电流倍率选择 $10^{-9}$。

（4）将电压选择开关拨到"5V"挡，旋转"5V"调节旋钮，使电压表读数为 2 V，即 $U_{G_1K}$ 为 2V。

（5）将电压选择开关拨到"15V"挡，旋转"15V"调节旋钮，使电压表读数为 7.5 V，即拒斥电压 $U_{G_2A}$ 为 7.5 V。

（6）将电压选择开关拨到"100V"挡，旋转"100V"调节旋钮，使电压读数为 0 V，即加速电压 $U_{G_2K}$ 为 0 V。调节调零旋钮使电流表显示 0。

2. 手动测量激发电位

（1）逐点测量。调节"100V"调节旋钮，使 $U_{G_2K}$ 从零开始逐渐增大，每隔 1 V 测一对应板流 $I_A$ 值。为便于作图，在电流 $I_A$ 极值（峰、谷值）附近每隔 0.2 V 测一次板流 $I_A$ 值。记录测试条件，将数据记入表 4-23-1

（2）先将加速电压（100 V）旋钮逆时针旋至最小，依次分别改变灯丝电压 $U_H$ 为 4 V，拒斥电压 $U_{G_2A}$ 为 8 V，手动逐点测量加速电压 $U_{G_2K}$ 与板流 $I_A$ 数值。记录测量条件，将数据记入表格（自拟）。以便分析改变灯丝电压和拒斥电压时，$I_A$-$U_{G_2K}$ 曲线的变化规律。

3. 示波器观察 $I_A$-$U_{G_2K}$ 曲线

（1）将测量方式选择自动；将本机 X，Y 插座分别与示波器 X，Y 插座连接，并使示波器工作于 X，Y 方式，打开示波器电源开关，调节示波器 X，Y 位移旋钮使扫描基线位于显示屏底部。

（2）顺时针旋转扫描电压旋钮，观察示波器显示屏上显示的波形，调节示波器 X，Y 增益，使 $I_A$-$U_{G_2K}$ 曲线显示清晰合理（X 方向显示 4 个峰值或谷值左右；Y 方向占 6 格左右）。

（3）先将扫描电压旋钮逆时针旋至最小，依次分别改变灯丝电压 $U_H$（4V）和拒斥电压 $U_{G_2A}$（8V），依次观察改变灯丝电压和拒斥电压时，$I_A$-$U_{G_2K}$ 曲线的变化规律。

## 【数据记录与处理】

表 4-23-1　　　　　　　　　　$I_A$-$U_{G_2K}$ 曲线数据记录表

| 测量条件 | $U_H=$ | | | $U_{G_1K}=$ | | | $U_{G_2A}=$ | | |
|---|---|---|---|---|---|---|---|---|---|
| $U_{G_2}$/V | | | | … | | | | | |
| $I_A$/nA | | | | … | | | | | |

在同一张坐标纸上绘出不同测量条件下的 $I_A$-$U_{G_2K}$ 曲线，由曲线确定出各极值(峰值和谷值)电位值，并记入表 4-23-2。

表 4-23-2　　　　　　　　　　$I_A$-$U_{G_2K}$ 曲线峰值和谷值表

| 测量条件 | $U_H=$ | $U_{G_1K}=$ | $U_{G_2A}=$ | |
|---|---|---|---|---|
| $n$ | 1 | 2 | 3 | 4 |
| $U_{n\text{峰值}}$/V | | | | |
| $U_{n\text{谷值}}$/V | | | | |

用逐差法计算出氩原子第一激发态电位的测量值 $\overline{U}_0$：

$$\overline{U}_0=\left(\frac{U_{3\text{峰值}}-U_{1\text{峰值}}}{2}+\frac{U_{4\text{峰值}}-U_{2\text{峰值}}}{2}+\frac{U_{3\text{谷值}}-U_{1\text{谷值}}}{2}+\frac{U_{4\text{谷值}}-U_{2\text{谷值}}}{2}\right)/4=$$

$U_0$ 的测量误差（公认值 $U_0$=11.5 V）

$$E=\frac{|U_0-\overline{U}_0|}{U_0}\times100\%=$$

## 【注意事项】

① 夫兰克-赫兹管很容易因电压设置不当而遭到损坏，实验线路务必反复检查，切勿连错!!!（按插座和连线颜色连接）

② 手动测量时，加速电压增至 60 V 以后，要注意电流数值，发现突然剧增时，应立即减小加速电压，以免夫兰克-赫兹管击穿损坏。

③ 为保护夫兰克-赫兹管，测到第四个峰、谷值后，加速电压不能再升高。

④ 实验过程中，务必先将加速电压（100 V）旋钮逆时针旋至最小，才能改变测量条件。

## 【思考题】

1. 为什么 $I_A$-$U_{G_2K}$ 沿着曲折路线迂回前进?

2. 拒斥电压 $U_{G_2A}$ 增大时，$I_A$ 如何改变?

3. 灯丝电压改变时，夫兰克-赫兹管内什么参量将发生改变?

# 实验二十四　半导体 P-N 结的物理特性及弱电流测量

半导体 P-N 结电流-电压关系特性是半导体器件的基础，也是半导体物理学和电子学教学的重要内容。本实验采用一个简单的电路测量通过 P-N 结的扩散电流与 P-N 结电压之间的关系，并通过数据处理，证实 P-N 结的电流与电压遵循指数关系；在测得 P-N 结器件温度的情况下，还可以从实验得到玻尔兹曼常量（Boltzmann constant）。P-N 结扩散电流在 $10^{-6} \sim 10^{-8}$ A 量级范围，本实验采用运算放大器组成电流-电压变换器，对这种弱电流进行精确的测量，要求学生掌握用运算放大器组成电流-电压转换器的方法测量弱电流；熟悉 P-N 结的物理特性；并学习通过实验数据处理求得经验公式的方法。

## 【实验目的】

1. 测量室温下 P-N 结电流与电压关系，证明此关系符合指数规律。
2. 在不同温度条件下，测量玻尔兹曼常量。
3. 学习用运算放大器组成电流-电压变换器测量弱电流。

## 【实验原理】

### 1. 弱电流测量

过去物理实验中 $10^{-6} \sim 10^{-11}$ A 量级弱电流常采用光点反射式检流计测量，该仪器灵敏度较高，约 $10^{-9}$ A/分度。但有许多不足之处，如十分怕震，挂丝易断，光标易偏出满度，瞬间过载易引起误差变大，使用和维修不便等。近年来，集成电路与数字化显示技术越来越普及。高输入阻抗运算放大器性能优良，价格低廉，用它组成电流-电压变换器测量弱电流信号，具有输入阻抗低、电流灵敏度高、温漂小、线性好、设计制作简单、结构牢靠等优点，因而被广泛应用于物理测量中。

LF356 是一个高输入阻抗集成运算放大器，用它组成电流-电压变换器如图 4-24-1 所示。其中电阻 $Z_r$ 为电流-电压变换器等效输入阻抗。

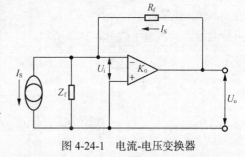

图 4-24-1　电流-电压变换器

由图 4-24-1 可知，运算放大器的输出电压为

$$U_0 = -K_0 U_i \tag{4-24-1}$$

式中：$U_i$ 为输入电压，$K_0$ 为运算放大器的开环电压增益，即图 4-24-1 中电阻 $R_f \rightarrow \infty$ 时的电压增益，$R_f$ 称为反馈电阻。因为理想运算放大器的输入阻抗 $r_i \rightarrow \infty$，所以信号源输入电流只流经反馈网络构成的通路，因而有

$$I_s = (U_i - U_0)/R_f = U_i(1 + K_0)/R_f \tag{4-24-2}$$

由式（4-24-2）可得电流-电压变换器等效输入阻抗 $Z_r$ 为

$$Z_r = U_i / I_s = R_f /(1 + K_0) \approx R_f / K_0 \tag{4-24-3}$$

根据式（4-24-1）和式（4-24-2），可得电流-电压变换器输入电流 $I_s$ 与输出电压 $U_0$ 之间的关

系式，由于 $K_0 \gg 1$，可得

$$I_s = -\frac{U_0}{K_0}(1+K_0)/R_f \approx -\frac{U_0}{R_f} \qquad (4\text{-}24\text{-}4)$$

由式（4-24-4）可知，在已知 $R_f$ 情况下，只要测得输出电压 $U_0$ 即可求得 $I_s$ 值。

以 LF356 为例：开环增益 $K_0 = 2 \times 10^5$，输入抗阻 $r_i = 10^{12}\,\Omega$，若取 $R_f$ 为 1.00 MΩ，则由式（4-24-3）可得

$$Z_r = 1.00 \times 10^6\ \Omega/(1 + 2 \times 10^5) = 5\ \Omega$$

若选用四位半量程 200 mV 数字电压表，它最后一位变化为 0.01mV，那么用上述电流-电压变换器能显示最小电流值为

$$(I_s)_{\min} = 0.01\ \text{mV}/1.00 \times 10^6\ \Omega = 1 \times 10^{-11}\ \text{A}$$

这一实例说明，用集成运算放大器组成电流-电压变换器测量弱电流，具有输入阻抗小、灵敏度高的优点。

2. P–N 结的物理特性及玻尔兹曼常量测量

由半导体物理学中有关 P–N 结的研究，可以得出 P–N 结的正向电流-电压关系满足

$$I = I_0\left[\exp(eU/kT) - 1\right] \qquad (4\text{-}24\text{-}5)$$

式中：$I$ 是通过 P–N 结的正向电流，$I_0$ 是不随电压变化的常量，$T$ 是热力学温度，$e$ 是电子的电量，$U$ 为 P–N 结正向压降。由于在常温（300 K）时，$kT/e = 0.026$ V，而 P–N 结正向压降约为十分之几伏，则 $e^{eU/kT} \gg 1$，式（4-24-5）可简化为

$$I = I_0\exp(eU/kT) \qquad (4\text{-}24\text{-}6)$$

即 P–N 结正向电流随正向电压按指数规律变化。若测得 P–N 结 $I$–$U$ 关系值，则利用式（4-24-6）可以求出 $e/kT$。在测得温度 $T$ 后，就可以得到 $e/k$ 常量，然后将电子电量作为已知值代入，即可求得玻尔兹曼常量 $k$。

在实际测量中，为了提高测量玻尔兹曼常量的正确性，利用集成运算放大器组成的电流-电压变换器输入阻抗极小的特点，常用半导体三极管的集电极 c 与基极 b 短接（共基极）来代替 P–N 结进行测量，具体线路如图 4-24-2 所示。

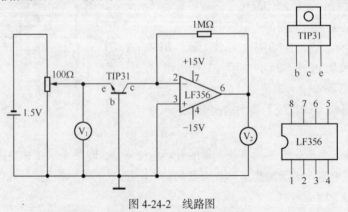

图 4-24-2　线路图

用三极管代替二极管的原因是：二极管的正向 $I$–$U$ 关系虽然能较好满足指数关系，但求得的常量 $k$ 往往偏小。这是因为通过二极管的电流不只是扩散电流，还有其他电流。一般它包括三个部分：

第一，扩散电流，它严格遵循 $I = I_0 e^{eU/kT}$；第二，耗尽层复合电流，它正比于 $e^{eU/2kT}$；第三，表面电流，它是由 Si 和 SiO$_2$ 界面中杂质引起的，其值正比于 $e^{eU/mkT}$，一般 $m > 2$。

因此，为了验证式（4-24-6）及求出准确的 $e/k$ 常量，不宜采用硅二极管，而采用硅三极管接成共基极线路，因为此时集电极与基极短接，集电极电流中仅仅是扩散电流。复合电流主要在基极出现，测量集电极电流时，将不包括它。本实验中选取性能良好的硅三极管 TIP31，实验中又处于较低的正向偏置，这样表面电流影响也完全可以忽略，所以此时集电极电流与结电压将满足指数规律式（4-24-6）。

## 【实验仪器】

P-N 结物理特性测定仪、TIP31 型三极管和温度计。

## 【实验内容与步骤】

1. 必做部分

测量 P-N 结扩散电流与电压关系，求出玻尔兹曼常量；学习由实验数据经曲线拟合得经验公式的方法。

（1）实验线路如图 4-24-2 所示。图中 $V_1$ 和 $V_2$ 为数字电压表，TIP31 为硅功率三极管，调节电压的分压器为多圈电位器，为保持 P-N 结与周围环境温度一致，把 TIP31 功率三极管连同散热器浸没在变压器油瓶中，变压器油温度用温度计测量。

（2）在室温下，测量三极管发射极与基极之间电压 $U_1$ 和相应电压 $U_2$，在室温下 $U_1$ 值约从 0.30 V 至 0.42 V，每隔 0.01 V 测一个数据点，约测 10 个数据点，直至 $U_2$ 值达到饱和时（$U_2$ 值变化较小或基本不变）结束测量。在记录数据开始和记录数据结束时，都要同时记录变压器油的温度 $t$，取温度平均值 $t$。

（3）把式（4-24-6）改为 $U_2 = I_o R_f e^{eU_1/kT} = a e^{bU_1}$，将上式两边取对数得 $\ln U_2 = bU_1 + \ln a$，由测得的 $U_1$、$U_2$ 值可求出常量 $a$ 和 $b$；将温度数据 $t$ 转换为热力学温度 $T$ 代入，可得到 $e/k$ 及玻尔兹曼常量 $k$。

（4）在不锈钢保温杯中加一些热水并搅拌。当温度处于稳定时，记下温度值，尽快测量 $U_1$ 与 $U_2$ 的关系数据；计算玻尔兹曼常量 $k$；与室温测得的结果进行比较。

2. 选做部分

在冰点或低温下测量 P-N 结扩散电流和结电压的关系，求玻尔兹曼常量。

（1）把 0 ℃冰屑放入恒温槽中，冰屑压紧后，开一个与试管直径相近的竖直小孔，把内有温度计及 TIP31 三极管的试管插入冰屑孔中，观测水银温度计温度，当温度降至 0 ℃时（有的水银温度计，当温度接近 0 ℃，其示值不为 0 ℃，思考一下这是为什么），测量 $U_2$-$U_1$ 关系数据，并求得玻尔兹曼常量。

（2）把待测三极管放入低温恒温槽中，测量 $U_2$-$U_1$ 关系数据，填入表 4-24-1，并求得玻尔兹曼常量。

## 【数据记录与处理】

① 测量 $U_1$、$U_2$ 值填入表 4-24-1，并计算 $\ln U_2$ 的数值。

表 4-24-1                                  数据记录

| $n$ | $U_1$ | $U_2$ | $\ln U_2$ |
| --- | --- | --- | --- |
| 1 | | | |
| 2 | | | |
| 3 | | | |
| 4 | | | |
| 5 | | | |

| $n$ | $U_1$ | $U_2$ | $\ln U_2$ |
|---|---|---|---|
| 6 | | | |
| 7 | | | |
| 8 | | | |
| 9 | | | |
| 10 | | | |
| 11 | | | |
| 12 | | | |

② 用 Excel 表格处理数据，用最小二乘法拟合直线（$\ln U_2$-$U_1$），求出直线的斜率、截距及相关系数 $R$，得出常量 $a$、$b$，算出玻尔兹曼常量 $k$。

③ 用 Excel 表格处理数据，利用测得数据作出 $U_1$-$U_2$ 图，得出函数式和相关系数 $R$，得出常量 $a$、$b$，算出玻尔兹曼常量 $k$。

### 【注意事项】

1. 数据处理时，对于扩散电流太小（起始状态）及扩散电流接近或达到饱和时的数据，在处理数据时应删去，因为这些数据可能偏离式（4-24-6）。

2. 必须观测恒温装置上温度计读数，待所加热水与 TIP31 三极管处于相同温度时（即处于热平衡时），才能记录 $U_1$ 和 $U_2$ 数据。

3. 用本装置做实验，TIP31 型三极管温度可采用的范围为 0～50 ℃。若要在-12～0 ℃温度范围内做实验，必须采用低温恒温装置。

4. 由于各公司的运算放大器（LF356）性能有些差异，在换用 LF356 时，有可能同一台仪器达到饱和电压 $U_2$ 值不相同。

5. 本仪器电源具有短路自动保护功能，运算放大器若 15 V 接反或地线漏接，本仪器也有保护装置，一般情况集成电路不易损坏。请勿将二极管保护装置拆除。

### 【思考题】

1. 用集成运算放大器组成电流-电压变换器测量 $10^{-6}$～$10^{-11}$ A 电流，与光点反射式检流计相比有哪些优点？

2. 本实验在测量 P–N 结温度时，应该注意哪些问题？

3. 减小反馈电阻对输出电压有何影响？对实验结果有影响吗？

# 实验二十五  刚体转动惯量的测定

转动惯量是描述刚体转动惯性大小的物理量，是研究和描述刚体转动规律的一个重要物理量，它不仅取决于刚体的总质量，而且与刚体的形状、质量分布以及转轴位置有关。对于质量分布均匀、具有规则几何形状的刚体，可以通过数学方法计算出它绕给定转动轴的转动惯量。对于质量分布不均匀、没有规则几何形状的刚体，用数学方法计算其转动惯量是相当困难的，通常要用实验的方法来测定其转动惯量。因此，学会用实验的方法测定刚体的转动惯量具有重要的实际意义。

实验上测定刚体的转动惯量，一般都是使刚体以某一形式运动，通过描述这种运动的特定物理量与转动惯量的关系来间接地测定刚体的转动惯量。测定转动惯量的实验方法较多，如拉伸法、扭摆法、三线摆法等，本实验是利用"刚体转动惯量实验仪"来测定刚体的转动惯量。为了便于与理论计算比较，实验中仍采用形状规则的刚体。

## 【实验目的】

1. 测定刚体的转动惯量。
2. 验证转动定律及平行轴定理。

## 【实验原理】

1. 转动惯量 $J$ 的测量原理

转动惯量实验仪是一架绕竖直轴转动的圆盘支架，如图 4-25-1 和图 4-25-2 所示。转动体系由承物台、绕线塔轮、遮光细棒等（含小滑轮）组成。遮光细棒随体系转动，依次通过光电门，每 $\pi$ 弧度（半圈）遮一个光电门记录一次时间。塔轮上有三个不同半径（$r$）的绕线轮，砝码钩上可以放置不同的砝码以变化所施的外力矩。待测物体可以放置在支架上，支架的下面有一个倒置的塔式轮，是用来绕线的。

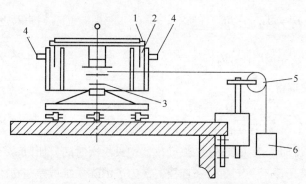

1. 承物台　2. 遮光细棒　3. 绕线塔轮

4. 光电门　5. 滑轮　6. 砝码

图 4-25-1　刚体转动惯量实验仪

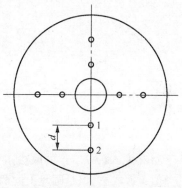

图 4-25-2　承物台俯视图

设转动惯量仪空载（不加任何试件）时的转动惯量为 $J_0$。我们称它为该系统的本底转动惯量，加试件后该系统的转动惯量用 $J_1$ 表示，根据转动惯量的叠加原理，该试件的转动惯量 $J_2$ 为

$$J_2=J_1-J_0 \qquad (4-25-1)$$

如何测量 $J_0$？让我们从刚体动力学的理论来加以推导。

① 如果不给该系统加外力矩（即不加重力砝码），该系统在某一个初角速度的启动下转动，此时系统只受摩擦力矩的作用，根据转动定律则有

$$-L=J_0\beta_1 \qquad (4-25-2)$$

式中：$J_0$ 为本底转动惯量，$L$ 为摩擦力矩，负号是因 $L$ 的方向与外力矩的方向相反，$\beta_1$ 为角加速度，计算出 $\beta_1$ 值应为负值。

② 给系统加一个外力矩（即加适当的重力砝码），则该系统的受力分析如图 4-25-3 所示。

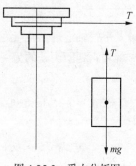

图 4-25-3　受力分析图

$$mg-T=ma \tag{4-25-3}$$

$$T \cdot r-L=J_0\beta_2 \tag{4-25-4}$$

$$a = r\beta_2 \tag{4-25-5}$$

式中：$\beta_2$ 是在外力矩与摩擦力矩的共同作用下系统的角加速度，$r$ 是塔轮的半径，将式（4-25-2）、（4-25-3）、（4-25-4）、（4-25-5）联立求解得

$$J_0 = \frac{mgr}{\beta_2 - \beta_1} - \frac{\beta_2}{\beta_2 - \beta_1}mr^2 \tag{4-25-6}$$

同理，加试件后，也可用同样的方法测出 $J_1$，然后代入式（4-25-1）减去本底转动惯量 $J_0$，即可得到试件的转动惯量。式（4-25-6）中，$m$，$g$，$r$ 都是已知或者可直接测量的物理量，问题在于如何测量 $\beta_1$ 和 $\beta_2$。

2. 角加速度 $\beta$ 的测量原理

刚体做匀变速转动时，我们知道角位移 $\theta$ 和时间 $t$ 的关系为

$$\theta = \omega_0 t + \frac{1}{2}\beta t^2 \tag{4-25-7}$$

在一次转动过程中，取两个不同的角位移 $\theta_1$ 和 $\theta_2$，则有

$$\theta_1 = \omega_1 t_1 + \frac{1}{2}\beta t_1^2 \tag{4-25-8}$$

$$\theta_2 = \omega_1 t_2 + \frac{1}{2}\beta t_2^2 \tag{4-25-9}$$

将式（4-25-8）、式（4-25-9）联立求解得

$$\beta = \frac{2(\theta_2 t_1 - \theta_1 t_2)}{t_1 t_2 (t_2 - t_1)} \tag{4-25-10}$$

下面就 $\theta_2$，$\theta_1$，$t_2$，$t_1$ 的取法作一下说明。由于每转过π弧度仪器记录一次时间，所以 $\theta_2$，$\theta_1$ 间的差值可取成π。但是圆盘上的两个遮光片不一定在同一直径上，为了消除系统误差，$\theta_2$，$\theta_1$ 间的差值应取成2π。以第 $n$ 次计时 $T_n$ 为时间起点，则

$$\theta_1=2\pi$$
$$\theta_2=4\pi$$
$$t_1=T_{n+2}-T_n$$
$$t_2=T_{n+4}-T_n$$

代入式（4-25-10）得

$$\beta_n = \frac{4\pi(2T_{n+2} - T_n - T_{n+4})}{(T_{n+2} - T_n)(T_{n+4} - T_n)(T_{n+4} - T_{n+2})} \tag{4-25-11}$$

3. 验证平行轴定理

平行轴定理：质量为 $m$ 的刚体，对过其质心 c 的某一转轴的转动惯量为 $J_c$，则刚体对平行于该轴和它相距为 $d$ 的另一转轴的转动惯量 $J_{平行}$ 为

$$J_{平行} = J_c+md^2 \tag{4-25-12}$$

在式（4-25-12）两端都加上系统本底的转动惯量 $J_0$，则有

$$J_{平行} + J_0 = J_c + J_0 + md^2 \tag{4-25-13}$$

令 $J_{平行}+J_0=J$，又 $J_c$，$J_0$ 都为定值，则 $J$ 与 $d^2$ 呈线性关系，实验中若测得此关系，则验证了平行轴定理。

## 【实验仪器】

CH-GL1 型智能转动惯量实验仪（电脑毫秒计）。

## 【实验内容与步骤】

先将 CH-GL1 型智能转动惯量实验仪和电脑毫秒计用信号线连接起来，再将砝码挂钩挂在线的一端。线的长度最好是当砝码落地时，另一端刚好脱开塔轮，在线的另一端打个结，将打结的一端塞入塔轮的狭缝中，将线全部绕在塔轮上。然后放开砝码让其自由落下，当砝码落地时线的另一端自动从塔轮的狭缝中脱出。转动惯量仪在转动过程中，电脑毫秒计会自动记录下每转过π弧度时的次数和时间，而且还能计算出角加速度的值。

（1）调节转台的底角螺钉，使仪器处于水平状态。将刚体转台的一组光电门和实验仪主机的一路信号输入接口连接（已连接好），另一路留作备用。打开仪器后面板上的电源开关，前面板上八位 LED 数码管显示"XX　-------"，其中前两位显示的"XX"表示分机号，仪器进入待机状态，此后依次操作相应按键可以完成"空台""圆环""圆盘""圆位 0""圆位 1""圆位 2"等六种实验，六种实验顺序可以是任意的。以"空台"实验为例说明。

（2）按动"空台"键，显示"00"，仪器等待刚体转动时的遮光电信号输入，从光电门第一次被遮挡时开始计时，随着刚体的不断转动遮光次数连续增加，刚体每转一周光电门被遮挡 2 次，遮挡 60 次后，计时自动停止。

在连续 2 次遮挡时隔>6.553 5 s 或者实验过程中按任意键时计数也能自动停止，但是一般不要进行此操作。

（3）计数结束后显示"END"，此时按"β 值"键显示"b1 ------"，表示要显示空台实验的 β 值，同时面板上的"β 值"指示灯亮，然后按"个位"键开始显示第一个 β 值，操作"个位"和"十位"键可以显示其他次数的 β 值。

时间的提取方法同 β 值一样，按"时间"键显示"P1 ------"表示要显示空台实验的时间值，同时面板上的时间指示灯亮，此项操作一般不用。

（4）其他五种实验的操作同上。特别提醒的是，若按"β 值"键显示"b2 ------"，表示要显示的数据为圆环实验的 β 值，以此类推……，显示"b6 ------"表示要显示的数据为圆位 2 实验的β 值。反复按"β 值"键可以选择显示任一种实验的 β 值。

（5）任意一种实验都可以反复做多次，实验仪主机内的单片机储存器只保存此种实验的最后一次实验数据。为了使实验仪发射到上位机的实验数据与学生的记录数据一致，要求学生只记录此种实验的最后一次数据。

（6）当做完六种实验后，按"发射"键将六种实验数据发射给上位机。若发射成功，实验仪显示"66 666666"，否则表示发射不成功，需要再按一次"发射"键，如果还收不到发射成功显示，需要检查无线发射和接收设备。若显示"-- ------"表示没全部做完六种实验，实验数据不能发射。只有六种实验全部做完后，按"发射"键才起作用，否则按"发射"键无效。

（7）六种实验没做完之前不能按"复位"键，否则机内存的实验数据会全部丢失，实验需要重新开始。

由于在砝码落地前刚体转动的圈数不多，实验仪计算的角加速度正值较少，但是角加速度的负值却有几十个值。因为磨擦力矩与刚体转动速度有一定关系，为了减小 β 值的测量误差，应在砝码落地前后各取 4 个数值相差较小的 β 值，再各取平均值。将测量数据填入表 4-25-1 中。

## 【数据记录与处理】

砝码的质量：$m=$＿＿＿＿＿＿＿＿　　　$g=$＿＿＿＿＿

塔轮中间一轮的半径：　　　$r=$＿＿＿＿＿＿

圆盘：半径 $r=$＿＿＿＿＿　　质量 $m=$＿＿＿＿＿

圆环：内径 $r=$＿＿＿＿＿　　外径 $R=$＿＿＿＿＿　　　质量 $m=$＿＿＿＿＿

小圆柱：质量 $m=$＿＿＿＿＿

载物台上各孔中心距转轴的距离，由内到外分别为：$r=0.0$ cm，$5.0$ cm，$7.5$ cm

表 4-25-1                测量刚体的转动惯量

| | 有/无外力矩 | | $\beta$ 值/（rad/s²) | | | $\bar{\beta}$ | $J/$（kg·m²) |
|---|---|---|---|---|---|---|---|
| 空台 | 有/$\beta_2$ | | | | | | $J_{空台}=J_0=$ |
| | 无/$\beta_1$ | | | | | | |
| 圆环 | 有/$\beta_2$ | | | | | | $J_{空台+圆环}=$ |
| | 无/$\beta_1$ | | | | | | |
| 圆盘 | 有/$\beta_2$ | | | | | | $J_{空台+圆盘}=$ |
| | 无$\beta_1$ | | | | | | |
| 圆柱 | 0 | 有/$\beta_2$ | | | | | $J_{空台+圆柱}=$ |
| | | 无/$\beta_1$ | | | | | |
| | 5.0 | 有/$\beta_2$ | | | | | $J'_{空台+圆柱}=$ |
| | | 无/$\beta_1$ | | | | | |
| | 7.5 | 有/$\beta_2$ | | | | | $J''_{空台+圆柱}=$ |
| | | 无/$\beta_1$ | | | | | |

① 计算圆环的转动惯量的测量值和理论值，并得出测量误差。

测量值=$J_{空台+圆环}-J_{空台}=$

理论值=

相对误差=

② 计算圆盘的转动惯量的测量值和理论值，并得出测量误差。

测量值=$J_{空台+圆盘}-J_{空台}=$

理论值=

相对误差=

③ 验证平行轴定理。计算小圆柱分别在离转轴 0.0 cm、5.0 cm、7.5 cm 处系统的转动惯量，画出 $J$–$d^2$ 曲线，从而验证平行轴定理。

## 【仪器简介】

本机由实验仪主机、无线发射接收器、刚体转台等组成，主机内的单片微型计算机能精确记录刚体转台的遮光时间，并根据时间数据计算出刚体转动的角加速度。测量数据能够存储在实验仪内，且可通过无线发射电路传输到上位机。上位机利用管理软件完成实验数据的统计、误差计算、曲线绘制等功能，这样不仅能够及时了解和监督学生的实验情况，而且通过对照学生的实验报告，客观地评定学生的实验成绩。

主要技术参数：计时范围：100 μs～6.553 5 s，计时分辨力：100 μs，每次计时次数≤60，相对湿度≤80%，电源：220 V,50 Hz。

前面板上按键说明：

β值—提取角加（减）速度按键　　　时间—提取时间按键　　　个位—次数加 1 按键

十位—次数减 1 按键　　　　　　空台—空台实验按键　　　圆环—圆环实验按键

圆盘—圆盘实验按键　　　　　　发射—数据无线发射按键　复位—重新开始按键

圆位 0—小圆柱在转台中心处实验按键　　　圆位 1—小圆柱在 5 cm 处实验按键

圆位 2—小圆柱在 7.5cm 处实验按键

## 【注意事项】

1. 刚体转台下面的光电门遮光片非常锋利，刚体转动时手不要靠近遮光片，以免划伤。

2. β值会比时间值少 4 个，当计满时，时间值为 60 个，而 β值仅有 56 个。$t$ 的单位为 s，角加速度的单位为 rad/s$^2$。

## 【思考题】

1. 本实验方法为什么可以不考虑滑轮的质量及其转动惯量？

2. 本实验是如何检验转动定律和平行轴定理的？

3. 分析本实验产生误差的主要原因是什么。

4. 摩擦力矩随角速度如何变化?试说明之。

5. 结合实验，总结一下转动惯量的物理意义。

# 实验二十六　声速测定

声波是一种在弹性媒质中传播的机械纵波。声速是描述声波在媒质中传播特性的一个基本物理量，它的测量方法可分为两类：第一类方法是根据关系式 $v = L/t$，测出传播距离 $L$ 和所需时间 $t$ 后，即可算出声速 $v$；第二类方法是利用关系式 $v = v\lambda$，测量其频率 $v$ 和波长 $\lambda$ 来算出声速 $v$。本实验所采用的共振干涉法和相位比较法属于后者。

由于超声波具有波长短、易于定向发射及抗干扰等优点，所以在超声波段进行声速测量是比较方便的。通常利用压电陶瓷换能器来进行超声波的发射和接收。

## 【实验目的】

1. 了解超声波的产生和接收原理。

2. 学习用共振干涉法测量超声波在空气中传播的速度。

3. 学习用相位比较法测量超声波在空气中传播的速度。

## 【实验原理】

1. 超声波与压电陶瓷换能器

频率为 20 Hz～20 kHz 的机械振动在弹性媒质中传播形成声波，高于 20 kHz 的称为超声波，超声波的传播速度就是声波的传播速度，而超声波具有波长短、易于定向发射等优点。声速实验所采用的超声波频率一般都在 35～45 kHz 之间。在此频率范围内，采用压电陶瓷换能器作为声波的发射器、接收器效果最佳。

压电陶瓷换能器根据它的工作方式，分为纵向（振动）换能器、径向（振动）换能器及弯曲振动换能器。本实验中采用纵向换能器。图 4-26-1 为纵向换能器的结构简图。当一交变正弦电压信号加在发射器上时，由于压电晶片的逆压电效应，产生机械振动发出超声波。可移动的压电超声波接收器，由于压电晶片的正压电效应，将接收的声振动转化为电压信号。

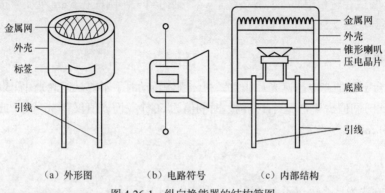

（a）外形图　　　　（b）电路符号　　　　（c）内部结构

图 4-26-1　纵向换能器的结构简图

### 2. 共振干涉法

如图 4-26-2 所示，设有一从发射源（发射换能器 $S_1$）发出的一定频率的声波，经过空气传播，到达接收器（接收换能器 $S_2$）。如果接收面与发射面严格平行，入射波即在接收面上垂直反射，入射波与反射波相干涉形成驻波，反射面处为驻波的波节。改变接收器与发射源之间的距离 $l$，在一系列特定的距离上，媒质中出现稳定的驻波共振现象。此时，$l$ 等于半波长的整数倍，驻波的幅度达到极大。不难看出，在移动发射器的过程中，相邻两次达到极大值时，移动发射器的距离即为半波长。因此，测量声波的波长，可以在一边观察示波器上声压振幅值的同时，缓慢地改变 $S_1$ 和 $S_2$ 之间的距离。示波器上就可以看到声振动幅值不断地由最大变到最小再变到最大，两相邻的振幅最大之间 $S_2$ 移动过的距离亦为 $\lambda/2$。超声换能器 $S_2$ 至 $S_1$ 之间的距离的改变可通过转动螺杆的鼓轮来实现，而超声波的频率可由低频信号发生器频率显示窗口直接读出。在连续多次测量相隔半波长的 $S_2$ 的位置变化以后，我们可以由公式 $v=\nu\lambda$，运用测量数据计算出声速。

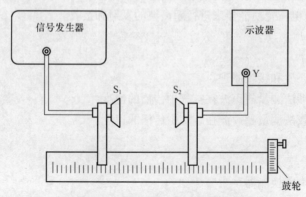

图 4-26-2　共振干涉法测量声速连线图

3. 相位比较法

沿着波传播方向上的任何两个相位差为 $2\pi$ 的整数倍的位置之间的距离等于波长的整数倍，即 $l=n\lambda$（$n$ 为正整数）。为了判断相位差，可根据两个相互垂直的简谐振动的合成所得到的李萨如图形来测定。根据振动和波的理论，设发射器 $S_1$ 处的声振动方程为

$$x = A_1\cos\left(\omega t + \varphi_1\right) \tag{4-26-1}$$

若声波在空气中的波长为 $\lambda$，则声波沿波线传到接收器 $S_2$ 处的声振动方程为

$$x = A_2\cos(\omega t + \omega_2) = A_2\cos\left(\omega t + \varphi_1 - \frac{2\pi\Delta x}{\lambda}\right) \tag{4-26-2}$$

$S_1$ 和 $S_2$ 处的声振动的相位差为

$$\Delta\varphi = \frac{2\pi\Delta x}{\lambda} \tag{4-26-3}$$

所以相位差为 $2\pi$ 时，移动距离等于波长。

4. 声速的理论值

声速的理论值由下式决定：

$$v_t = \sqrt{\frac{\gamma RT}{\mu}} \tag{4-26-4}$$

式中：$\gamma$ 为空气定压比热容与定容比热容之比，$R$ 为摩尔气体常量，$\mu$ 为气体的摩尔质量，$T$ 为绝对温度。在 0℃时，声速 $v_0 = 331.45$ m/s，在 $t$ ℃时声速的理论计算公式应为

$$v_t = v_0\sqrt{\frac{T}{273.15}} = v_0\sqrt{1 + \frac{t}{273.15}} \tag{4-26-5}$$

## 【实验仪器】

声速测量仪、示波器、信号发生器、温度计（公用）、导线若干。

## 【实验内容与步骤】

1. 连接电路

共振干涉法时信号发生器的电压输出端接声速测量仪的输入端，声速测量仪输出端接示波器的通道 Y，相位比较法时信号发生器的电压输出端另外再接示波器的通道 X。

2. 测定压电陶瓷换能器的最佳工作频率

各仪器都正常工作以后，首先调节声速测量仪信号源输出电压（15 V 左右），调整信号频率（35～45 kHz），使在示波器上获得稳定波形，观察频率调整时接收波的电压幅度变化，在某一频率点处电压幅度最大，此频率即是压电换能器 $S_1$、$S_2$ 相匹配频率点（即谐振频率，在该频率上换能器能输出最强的超声波），记录频率 $\nu$。

3. 共振干涉法（驻波法）测量声速

当测得一接收波形的最大值后，连续地移动接收端的位置（向前或者向后，必须是一个方向），测量相继出现 10 个极大值所对应的各接收面的位置 $x_i$（$i = 0,1,2,\cdots,9$），波长 $\lambda = 2|x_i - x_{i-1}|$，用逐差法处理数据，由 $\nu = v\lambda$ 求出声速。

4. 相位比较法（李萨如图法）测量声速

（1）在用相位比较法时，信号源的发射端的发射波形与示波器的 Y 相连，接收端的接收波形

与示波器的 **X** 相连，如图 4-26-3 所示，即可利用李萨如图形观察发射波与接收波的相位差。对于两个同频率互相垂直的谐振动的合成，随着两者之间相位差从 0→2π 变化，其李萨如图形由斜率为正的直线变为椭圆，椭圆变到斜率为负的直线，再由斜率为负变为斜率为正的直线。记录读数时，应选择李萨如图形为斜率相同的直线时所对应的位置，如图 4-26-4 所示。

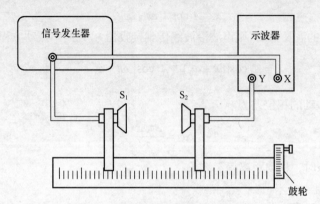

图 4-26-3　相位比较法测量声速连线图

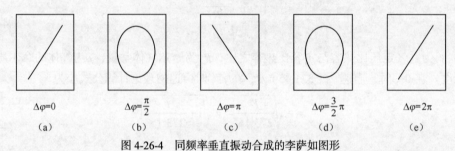

图 4-26-4　同频率垂直振动合成的李萨如图形

（2）测量波长。转动距离调节鼓轮，连续地移动发射端的位置（向前或者向后，必须是一个方向），每移动一个波长，就会重复出现斜率为正（或负）的直线图形。测量相继出现 10 个斜率为正（或负）的直线图形时相应的各接收面的位置 $x_i$（$i = 0,1,2,\cdots,9$），波长 $\lambda = |x_i - x_{i-1}|$，用逐差法处理数据。

（3）从信号发生器上读出频率值，由 $\nu = \nu\lambda$ 求出声速 $\nu$。

### 【数据记录与处理】

测得各接收面的位置 $x_i$（$i = 0,1,2,\cdots,9$），填入表 4-26-1 中，共振干涉法与相位比较法作表相同。

表 4-26-1　　　　输入电压：_____　　输入频率：_____　　环境温度：_____

| 位置 | $x_0$ | $x_1$ | $x_2$ | $x_3$ | $x_4$ | $x_5$ | $x_6$ | $x_7$ | $x_8$ | $x_9$ |
|---|---|---|---|---|---|---|---|---|---|---|
| 标尺读数/mm | | | | | | | | | | |
| $\Delta x = \dfrac{x_{i+5} - x_i}{5}$ | $(x_5 - x_0)/5$ | | $(x_6 - x_1)/5$ | | $(x_7 - x_2)/5$ | | $(x_8 - x_3)/5$ | | $(x_9 - x_4)/5$ | |

① 共振干涉法：$\lambda = 2\overline{\Delta x}$。

② 相位比较法：$\lambda = \overline{\Delta x}$，由 $\nu = \nu\lambda$ 求出 $\nu$，并与理论值比较。

【思考题】

1. 用逐差法处理数据的优点是什么？

2. 实验前为什么先要找到压电陶瓷换能器的最佳工作频率？怎样调整其最佳工作频率？

3. 相位比较法为什么选直线图形作为测量基准？从斜率为正的直线变到斜率为负的直线过程中相位改变了多少？

# 实验二十七 动态法测量固体的杨氏模量

杨氏模量是描述固体材料弹性形变的一个重要物理量，是工程材料的一个重要物理参数。测定杨氏模量的方法很多，因条件限制一般多采用"静态法"测量（如拉伸法），该方法的缺点是不能真实反映材料内部结构的变化，也不宜测量较粗、较脆的材料。按照国标（GB）规定的方法是"动态悬挂法"（"动力学法"）。其基本方法是：将一根截面均匀的试样（杆）悬挂在两只传感器（一只激振、一只拾振）下面，在两端自由的条件下，使其做自由振动，实验中监测出试样振动时的固有基频，根据试样的几何尺寸、密度等参数测得材料的杨氏模量。该方法能准确反映材料在微小形变时的物理性能，测得值精确稳定，对脆性材料如石墨、陶瓷、玻璃、塑料、复合材料等也能测定。该方法测定的温度范围极广，从液氮温度直至 2 600 ℃范围内均可。

## 【实验目的】

1. 了解动态悬挂法测量金属材料杨氏弹性模量的原理，并测量杨氏模量。

2. 测量杨氏模量随温度的变化关系。

3. 培养学生综合运用仪器的能力。

## 【实验原理】

1. 杆的横振动基本方程

任何物体都有其固有的振动频率，这个固有振动频率取决于试样的振动模式、边界条件、杨氏模量、密度以及试样的几何尺寸、形状。只要从理论上建立了一定振动模式、边界条件和试样的固有频率及其他参量之间的关系，就可通过测量试样的固有频率、质量和几何尺寸来计算杨氏模量。

一细长杆做微小横振动时，取杆的一端为坐标原点，沿杆的长度方向为 $x$ 轴建立坐标系，利用牛顿力学和材料力学的基本理论可推出杆的振动方程为

$$\frac{\partial^2 U}{\partial t^2} + \frac{EI}{\lambda} \frac{\partial^4 U}{\partial x^4} = 0 \tag{4-27-1}$$

式中：$U(x, t)$ 为杆上任一点 $x$ 在时刻 $t$ 的横向位移，$E$ 为杨氏模量，$I$ 为绕垂直于杆并通过横截面形心的轴的惯量矩，$\lambda$ 为单位长度质量。

对长度为 $L$，两端自由的杆，边界条件为

两端自由

$$\left. \frac{\partial^2 U}{\partial x^2} \right|_{x=0,L} = 0$$

两端无切向力

$$\left.\frac{\partial^3 U}{\partial x^3}\right|_{x=0,L} = 0 \qquad (4\text{-}27\text{-}2)$$

用分离变量法解式（4-27-1）微分方程并利用边界条件式（4-27-2），可推导出杆自由振动的频率方程为

$$\cos kL \cdot \mathrm{ch}\, kL = 1 \qquad (4\text{-}27\text{-}3)$$

式中：$k$ 为求解过程中引入的系数，其值满足

$$k^4 = \frac{\omega^2 \lambda}{EI} \qquad (4\text{-}27\text{-}4)$$

式中：$\omega$ 为棒的固有振动角频率。从式（4-27-4）可知，当 $\lambda$，$E$，$I$ 一定时，角频率 $\omega$（或频率 $f$）是待定系数 $k$ 的函数，$k$ 可由式（4-27-3）求得。利用数值计算法求得 $n$ 个解为

$$k_1 L = 1.506\pi,\ k_2 L = 2.499\,7\pi,\ k_3 L = 3.500\,4\pi,\ k_4 L = 4.500\,5\pi,\ \cdots,\ k_n L \approx \left(n + \frac{1}{2}\right)\pi$$

这样，对应 $k$ 的 $n$ 个取值，杆的固有振动频率有 $n$ 个，$f_1$，$f_2$，$f_3$，$\cdots$，$f_n$。其中，$f_1$ 为杆振动的基频；$f_2$，$f_3$，$\cdots$ 分别为杆振动的一次谐波频率、二次谐波频率……杨氏模量是材料的特性参数，与谐波级次无关，根据这一点可以导出谐波振动与基频振动之间的频率关系为

$$f_1 : f_2 : f_3 : f_4 = 1 : 2.76 : 5.40 : 8.93$$

若取基频，由 $k_1 L = 1.506\pi$ 及式（4-27-4）可解得

$$f_1^2 = \frac{1.506^4 \pi^2 EI}{4L^4 \lambda}$$

对圆形杆有 $I = \dfrac{\pi}{64} d^4$，得

$$E = 1.606\,7\,\frac{mL^3}{d^4} f_1^2 \qquad (4\text{-}27\text{-}5)$$

式中：$L$ 为杆长，$d$ 为圆形杆的直径，$m$ 为杆的质量，$f_1$ 为试样的共振频率。

同理，对宽度为 $b$，厚度为 $h$ 的矩形杆有 $I = \dfrac{bh^3}{12}$，则得

$$E = 0.946\,4\,\frac{L^3 m}{bh^3} f^2 \qquad (4\text{-}27\text{-}6)$$

式（4-27-5）和式（4-27-6）中尺寸的单位为米（m），质量的单位为千克（kg），频率的单位为赫兹（Hz），计算出杨氏模量 $E$ 的单位为牛顿/米$^2$（N/m$^2$）。这样，若在实验中测定了试样（杆）的质量、长度、直径以及在不同温度时的固有频率，即可计算出试样在不同温度时的杨氏模量。

在推导计算公式的过程中，没有考虑试样任一截面两侧的剪切作用和试样在振动过程中的回转作用。显然这只有在试样的直径与长度之比（径长比）趋于零时才能满足。精确测量时应对试样不同的径长作出修正。令

$$E_0 = KE$$

式中：$E$ 为未经修正的杨氏模量，$E_0$ 为修正后的杨氏模量，$K$ 为修正系数。$K$ 值如表 4-27-1 所示。

表 4-27-1 基频波修正系数随径长比的变化

| 径长比 $d/L$ | 0.01 | 0.02 | 0.03 | 0.04 | 0.05 |
|---|---|---|---|---|---|
| 修正系数 $K$ | 1.001 | 1.002 | 1.005 | 1.008 | 1.014 |

实验时一般可取径长比为 0.03～0.04 的试样，若径长比较小，会因试样易于变形而使实验结果误差增大。对同一材料不同径长比的试样，经修正后可以获得稳定的实验结果。

2. 杨氏模量的测量

根据图 4-27-1 连接实验装置。图中"1"是功率函数信号发生器，它发出的声频信号经换能器"2"转换为机械振动信号，该振动通过悬丝"3"传入试样引起试样"4"振动，试样的振动情况通过悬丝"3"传入接收换能器"5"转变为电信号进入示波器显示。调节信号发生器的输出频率，当信号发生器的输出频率不等于试样的固有频率时，试样不发生共振，示波器上波形幅度很小。当信号发生器的输出频率等于试样的固有频率时，试样发生共振，在示波器"6"上可看到信号波形振幅突然增大。此时信号发生的频率即为试样共振频率。测出共振频率，并结合上述相应公式计算试样的杨氏模量。

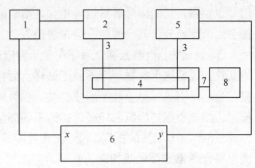

图 4-27-1　李萨如图形法实验装置示意图

3. 李萨如图法观测共振频率

实验时也可采用李萨如图法测量共振频率。激振器和拾振器的信号分别输入示波器"6"的 X 和 Y 通道，示波器处于观察李萨如图形状态，从小到大调节信号发生器的频率，直到出现稳定的正椭圆时，即达到共振状态。这是因为，拾振器和激振器的振动频率虽然相同，但是当激振器的振动频率不是试样的固有频率时，试样的振动振幅很小，拾振器的振幅也很小，甚至检测不到振动，在示波器上无法合成李萨如图形（正椭圆），只能看到激振器的振动波形；只有当激振器的振动频率调节到试样的固有频率达到共振时，拾振器的振幅突然很大，输入示波器的两路信号才能合成李萨如图形（正椭圆）。

4. 内插法精确测量基频

实验时考虑以下两个问题。首先，理论上试样在基频下共振有两个节点，要测出试样的基频共振频率，只能将试样悬挂或支撑在 0.224L 和 0.776L 的两个节点处。但是，在两个节点处振动振幅几乎为零，悬挂或支撑在节点处的试样难以被激振和拾振。其次，实验时由于悬丝或支撑架对试样的阻尼作用，所以检测到的共振频率是随悬挂点或支撑点的位置变化而变化的。悬挂点偏离节点越远（距离杆的端点越近），可检测的共振信号越强，但试样所受到的阻尼作用也越大，离试样两端自由这一定解条件的要求相差越大，产生的系统误差就越大。所以，为了消除这一系统误差，可在节点两侧选取不同的点对称悬挂或支撑，用内插测量法找出节点处的共振频率。

所谓内插法，就是所需要的数据在测量数据范围之外，一般很难直接测量，采用作图法拟合出所需要的数据。内插法的适用条件是在所研究的范围内没有突变，否则不能使用。本实验就是以悬挂点或支撑点的位置为横坐标，以相对应的共振频率为纵坐标作出关系曲线，求出曲线最低点（即节点）所对应的共振频率，即试样的基频共振频率。

5. 基频的判断

实验测量中，激发换能器、接收换能器、悬丝、支架等部件都有自己的共振频率，可能以其本身的基频或高次谐波频率发生共振。另外，根据实验原理可知，试样本身也不只在一个频率处发生共振现象，会出现几个共振峰，但是在推导杨氏模量的公式时只讨论了基频共振的情况。因此，正确地判断示波器上显示出的共振信号是否为试样基频共振信号非常关键。对此，可以采用下述方法来判断和解决。

① 理论估算法。实验前先根据试样的材质、尺寸、质量等参数通过理论公式估算出基频共振频率的数值，在估算频率附近寻找。

② 观察法。试样振动时，观察各振动波形的幅度，波幅最大的共振是基频共振；出现几个共振频率时，基频共振频率最低。另外，试样发生共振需要一个孕育过程，共振峰有一定的宽度，信号也较强，切断信号源后信号也会逐渐衰减。因此，发生共振时，迅速切断信号源，除试样共振会逐渐衰减外，其余假共振会很快消失。

③ 触觉法。当输入某个频率在显示屏出现共振时，即使托起试样，示波器显示的波形仍然很少变化，说明这个共振频率不属于试样。而且，悬丝共振时也可以明显看见悬丝上形成驻波，也可以在试样共振时，用一小细杆沿纵向轻碰试样的不同部位，观察共振波振幅。波节处波的振幅不变，波腹处波的振幅减小。波形符合图 4-27-2 的规律即为基频共振。

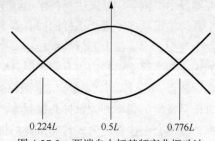

图 4-27-2　两端自由杆基频弯曲振动波

④ 相位法。实验中拾振信号比激振信号落后某一相角，共振时相位差为 $\pi/2$。当激振频率自小而大地扫过共振频率时，相位差从小于 $\pi/2$、等于 $\pi/2$，再到大于 $\pi/2$。根据共振时的这一特征，可以判断共振信号。将激励信号输入示波器的 X 轴，待测信号输入 Y 轴，在示波器上将出现一个椭圆形。当激振信号的频率调节到共振频率附近时，随着待测信号振幅的急剧增大，横卧着的椭圆形开始立起来，其长轴自 Y 轴的一侧扫过 Y 轴向另一侧变化。

⑤ 听诊法。用听诊器沿试样纵向移动，能明显听出波腹处声大，波节处声小，并符合图 4-27-2 的规律。

## 【实验仪器】

YM-3 型动态杨氏模量实验仪( 含试样、YM-2 型功率函数信号发生器、YM-3 型加热炉、YM-3 型数显温控器 )，示波器，游标卡尺，螺旋测微计，电子天平等。

## 【实验内容与步骤】

（1）试样几何尺寸及质量测量。用卡尺测量试样的长度，用螺旋测微计测量直径，取不同部位测量三次，取平均值，质量用电子天平测定。

（2）将试样正确地悬挂于支架上，悬点在节点附近，并按要求连线。

（3）测试前根据试样的杨氏模量理论值，通过理论公式估算出共振频率的数值，并首先在上述频率附近进行寻找。

（4）选择最大值法或李萨如图形法，测出共振频率，测试系统按要求连接后，改变函数信号发生器的频率值，观察示波器，如出现极大值或椭圆时，记录此时的函数信号发生器的频率值，即为共振频率。反复进行测量并记下共振频率值，求出常温下材料的杨氏模量 $E$。

（5）将试样放入加热炉中，不断加热试样，测出不同温度下的共振频率，求出不同温度下材料的杨氏模量 $E$（ 最高温度测到约 600 ℃ ）。

## 【数据记录与处理】

① 求出共振频率的平均值，依据公式计算出常温下材料的杨氏模量 $E$。

② 作出杨氏模量 $E$ 和温度 $t$ 的关系图线。

## 【注意事项】

1. 换能器由厚度为 0.1～0.3 mm 的压电晶体用胶粘接在 0.1 mm 左右的黄铜片上构成，故极其脆弱。千万不能用力拉悬丝，否则会损坏膜片或换能器。悬挂试样或移动悬丝位置时，应轻放轻动，不能给予悬丝冲击力。

2. 实验时，悬丝必须捆紧，不能松动，且在通过试样轴线的同一截面上，一定要等试样稳定之后才可正式测量。

3. 尽可能采用较小的信号激发，激振器所加正弦信号的峰-峰值幅度限制在 1 V 内，这时发生虚假信号的可能性较小。

## 【思考题】

1. 共振法测定金属杆杨氏模量的基本依据是什么？动态法测量有何特点？

2. 试样共振时，信号发生器频率和试样的固有频率是否完全一致？如何鉴别假振和准确共振？

# 实验二十八　箔片式电阻应变片性能—— 应变电桥

信息技术（IT）的三大基础是信息的采集、传输和处理技术，即传感器技术、通信技术和计算机技术，它们分别构成了信息技术系统的"感官""神经"和"大脑"。因此，传感器技术是 21 世纪人们在高新技术发展方面争夺的一个制高点，我国和世界各国都将其视为现代高新技术发展的关键。传感器就是能感受外界信息并能按一定规律转换为可用信号的装置，指可以将一种形式的能量转换为另一种形式的能量的器件，是根据一些物理效应（理论）、化学反应和生物效应而设计制作的，它能够把自然界的各种物理量和化学量等精确地变换为电子电路或计算机能够处理的信号，从而对这些量进行监测或控制。

## 【实验目的】

1. 掌握电阻应变片的应变效应，电桥工作原理、基本结构及应用。

2. 测试应变梁变形的信号输出。

3. 比较各种电桥电路的输出关系。

4. 掌握应变片在工程测试中的典型应用。

## 【实验原理】

1. 电阻应变片的基本原理

我们知道，对于长为 $L$，截面积为 $S$，电阻率为 $\rho$ 的金属电阻丝，其电阻 $R$ 为

$$R = \rho \frac{L}{S} \tag{4-28-1}$$

如其两端受一拉力，电阻丝尺寸要发生变化，即长度增加，截面积减小，另外，实验证明 $\rho$ 也会变化，式（4-28-1）的全微分式为

$$dR = \frac{L}{S}d\rho + \frac{\rho}{S}dL - \rho L\frac{dS}{S^2} \tag{4-28-2}$$

式中：$S = \pi r^2$，$r$ 为电阻丝半径。

故　　$dS = 2\pi r dr$

可有

$$\frac{dS}{S} = 2\frac{dr}{r} \tag{4-28-3}$$

考虑到电阻丝沿轴向伸长时，其径向要缩小，两者变形比值为泊松比$\mu$，即

$$\frac{dr}{d} = -\mu\frac{dL}{L} \tag{4-28-4}$$

式中：负号表示两者变形的方向相反，多数金属材料的泊松比$\mu$为 0.3～0.5。

将式（4-28-3）和式（4-28-4）代入式（4-28-2）中有

$$dR = \frac{L}{S}d\rho + \frac{\rho}{S}dL + 2\mu\frac{\rho L}{S}\frac{dL}{L} \tag{4-28-5}$$

其电阻的相对变化由式（4-28-5）及式（4-28-1）相比可得

$$\frac{dR}{R} = (1+2\mu)\frac{dL}{L} + \frac{d\rho}{\rho}$$

或

$$\frac{\dfrac{dR}{R}}{\dfrac{dL}{L}} = (1+2\mu) + \frac{\dfrac{d\rho}{\rho}}{\dfrac{dL}{L}} \tag{4-28-6}$$

式（4-28-6）说明了电阻的变化率与其应变之间的关系，称之为电阻丝的相对灵敏度，用符号 $k$ 表示，故

$$k = (1+2\mu) + \frac{\dfrac{d\rho}{\rho}}{\dfrac{dL}{L}} \tag{4-28-7}$$

式中：$(1+2\mu)$ 是电阻丝单位形变而产生的电阻变化率；$\dfrac{d\rho}{\rho}$ 是单位形变引起的电阻率变化，

金属的 $\dfrac{d\rho}{\rho}$ 很小，可忽略。金属电阻应变片就是根据上述原理而设计制作的，其结构如图 4-28-1 所示。

2. 电桥电路

电桥电路（图 4-28-2）是最常用的非电量电测电路的一种，根据分压器原理可知

$$U_{cb} = \frac{R_4}{R_1 + R_4}E$$

$$U_{db} = \frac{R_3}{R_2 + R_3}E$$

得电桥电路的输出电压为

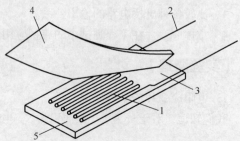

1. 敏感栅　2. 引线　3. 黏结剂　4. 盖层　5. 基底

图 4-28-1　应变片结构示意图

$$U_0 = U_{cb} - U_{db} = \frac{R_2 R_4 - R_1 R_3}{(R_1 + R_4)(R_2 + R_3)}E \tag{4-28-8}$$

如初始条件设 $R_1 = R_2 = R_3 = R_4 = R$，则 $U_0 = 0$。如果仅 $R_1$ 为电阻应变片，其他三个电阻为固定电阻，构成单臂应变电桥，$R_1$ 承受应变后，电阻变为 $R + \Delta R$ 输出电压：

$$U_0 = -\frac{\Delta R}{4R + 2\Delta R}E \approx -\frac{\Delta R}{4R}E$$

（4-28-9）

自行推导图 4-28-3 所示半桥差动应变电桥和全桥差动应变电桥得输出电压的绝对值 $|U_0|$。

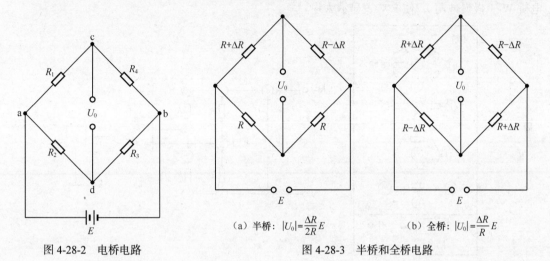

图 4-28-2 电桥电路

（a）半桥：$|U_0| = \dfrac{\Delta R}{2R}E$　　（b）全桥：$|U_0| = \dfrac{\Delta R}{R}E$

图 4-28-3 半桥和全桥电路

由于实际电桥各臂阻值和引线电阻的差异，当应变 $dL/L = 0$ 时，电桥的输出电压不为 0，因此，必须对电桥进行预平衡调节。其方法为：在相邻臂上并联一个高阻值的可调电阻 $W_D$（通常为 $10 \sim 30\ \text{k}\Omega$），如图 4-28-4 所示，调节 $W_D$ 使电桥预平衡。

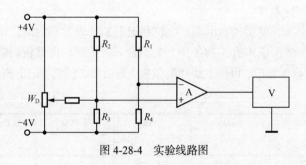

图 4-28-4 实验线路图

## 【实验仪器】

CSY10A 传感器实验仪，包括直流稳压电源（$\pm 4\ \text{V}$ 挡）、电桥、差动放大器、箔式电阻应变片、螺旋测微仪、数字电压表。

## 【实验内容与步骤】

1. 单臂电桥实验

（1）了解所需单元、部件在实验仪上的所在位置，观察梁上的应变片，应变片为棕色衬底箔式结构小方薄片。上下两片梁的外表面各贴两片受力应变片和一片补偿应变片，测微头在双平行梁前面的支座上，可以上、下、前、后、左、右调节。

（2）将差动放大器调零。用连线将差动放大器的正（＋）、负（－）、地短接。将差动放大的输出端与 F/V 表的输入插口 $V_i$ 相连；开启主、副电源；调节差动放大器的增益到最大位置，然后调整差动放大器的调零旋钮使 F/V 表显示为零，关闭主、副电源。

（3）根据图 4-28-5 接线 $R_1$、$R_2$、$R_3$ 为电桥单元的固定电阻。$R_X$（$R_4$）为应变片；将稳压电源的切换开关置 ±4 V 挡，F/V 表置 20V 挡（粗调）。调节测微头，使测微头脱离双平行梁，开启主、副电源，调节电桥平衡网络中的 $W_1$，使 F/V 表显示为零，然后将 F/V 表置 2 V 挡（细调），再调电桥 $W_1$（慢慢地调），使 F/V 表显示为零。

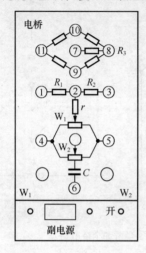 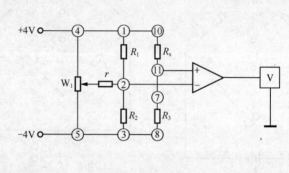

图 4-28-5　实验电路连接图

（4）将测微头安装到双平等梁的自由端（与自由端磁钢吸合），调节测微头支柱的高度（梁的自由端跟随变化）使 F/V 表显示接近零，再旋动测微头，使 F/V 表显示为零（细调零），这时的测微头刻度为零位的相应刻度。

（5）往下旋动测微头，使梁的自由端产生位移记下 F/V 表显示的值。建议每旋动测微头一周即 $\Delta X = 0.5$ mm 记一个数值填入表 4-28-1 中，共测量 6 组数据。再重新调整测微头使电压显示为 0，并重新定义新的零位刻度值，再往上旋动测微头，测量方法同前，记下测量数值填入表 4-28-1。

表 4-28-1　测量数据

| 位移 $X$/mm | 2.500 | 2.000 | 1.500 | 1.000 | 0.500 | 0.000 |
| --- | --- | --- | --- | --- | --- | --- |
| 电压/mV | | | | | | |
| 位移 $X$/mm | −2.500 | −2.000 | −1.500 | −1.000 | −0.500 | |
| 电压/mV | | | | | | |

（6）据所得结果用最小二乘法算出公式 $V=KX+b$ 中的系数 $K$ 和 $b$，并画出实验曲线和线性拟合曲线。

（7）实验完毕，关闭主、副电源，所有旋钮转到初始位置。

2. 半桥实验和全桥实验

半桥实验接线图参见单臂电桥，将 $R_3$ 固定电阻换为与 $R_4$ 工作状态相反的另一应变片，即取两片受力方向不同的应变片，形成半桥。

全桥实验中，在半桥实验图的基础上将 $R_1$，$R_2$ 两个固定电阻换成另两片受力应变片，组桥时只要掌握对臂应变片的受力方向相同，邻臂应变片的受力方向相反即可，否则相互抵消没有输出。

实验步骤（2）～（7）参照单臂电桥实验。

## 【仪器简介】

CSY 系列传感器系统实验仪是用于检测仪表类课程教学实验的多功能教学仪器。其特点是：集被测体、各种传感器、信号激励源、处理电路和显示器于一体，可以组成一个完整的测试系统。它能完成包含光、磁、电、温度、位移、振动、转速等内容的测试实验。通过这些实验，实验者可对各种不同的传感器及测量电路原理和组成有直观的感性认识，并可在本仪器上举一反三开发出新的实验内容。

## 【注意事项】

1.实验台面板上虚线所示的四个电阻实际上并不存在，仅作为一标记，便于组桥。

2.做此实验时应将低频振荡器的幅度关至最小，以减小其对直流电桥的影响。

3.电位器 $W_1$、$W_2$ 在有的型号仪器中标为 RD、RA。

## 【思考题】

1. 单臂电桥时，作为桥臂电阻应变片应选用：（1）正（受拉）应变片；（2）负（受压）应变片；（3）正、负应变片均可。

2. 半桥测量时两片不同受力状态的电阻应变片接入电桥时，应放在：（1）对边；（2）邻边。

3. 桥路（差动电桥）测量时存在非线性误差，是因为：（1）电桥测量原理上存在非线性；（2）应变片应变效应是非线性的；（3）调零值不是真正为零。

4. 全桥测量中，当两组对边（$R_1$、$R_3$ 为对边）电阻值 $R$ 相同时即 $R_1 = R_3$，$R_2 = R_4$，而 $R_1 \neq R_2$ 时，是否可以组成全桥：（1）可以；（2）不可以。

实验仪主要由实验工作台、信号及显示部分、处理电路三部分组成。

1. 实验工作台

（1）实验工作台左边

位于仪器顶部的实验工作台部分，左边是一副平行式悬臂梁，梁上装有应变式、热电式、热敏式 P-N 结温度式和压电加速度式五种传感器。

① 应变式。平行梁上梁的上表面和下梁的下表面对应地贴有八片应变片，受力工作片分别用符号 ↕ 和 ↓ 表示。其中六片为金属箔式片（BHF-350）。横向所贴的两片温度补偿片，用符号 ↔ 和 ⟶ 表示。片上标有"BY"字样的为半导体式应变片，灵敏系数为 130。

② 热电式（热电偶）。串接工作的两个铜-康铜热电偶分别装在上、下梁表面，冷端温度为环境温度。分度表见实验指导书。

③ 热敏式。上梁表面装有玻璃珠状的半导体热敏电阻 MF-51，负温度系数，25 ℃时阻值为 $8 \sim 10$ kΩ。

④ P-N 结温度式。根据半导体 P-N 结温度特性所制成的具有良好线性范围的温度传感器，敏感面为顶端。

⑤ 压电加速度式。位于悬臂梁右部，由 PZT-5 双压电晶片、铜质量块和压簧组成，装在透明外壳中。

（2）实验工作台右边

实验工作台右边是由装于机内的另一副平行梁带动的圆盘式工作台。圆盘周围一圈安装有（依逆时针方向）电感式（差动变压器）、电容式、磁电式、霍尔式、电涡流式五种传感器。

① 电感式（差动变压器）。由初级线圈 $L_i$ 和两个次级线圈 $L_0$ 绕制而成的空心线圈，圆柱形铁氧体铁心置于线圈中间，测量范围 > 10 mm。

② 电容式。由装于圆盘上的一组动片和装于支架上的两组定片组成平行变面积式差动电容，线性范围 ≥ 3 mm。

③ 磁电式。由一组线圈和动铁（永久磁钢）组成，灵敏度为 0.4 V/（m·s）。

④ 霍尔式。半导体霍尔片置于两个半环形永久磁钢形成的梯度磁场中，线性范围 ≥ 3 mm，直流激励电压 ≤ 2 V，交流激励信号 ≤ $V_{P-P}$5 V。

⑤ 电涡流式。多股漆包线绕制的扁平线圈与金属涡流片组成的传感器，线性范围 > 1 mm。

（3）其他传感器

光电式传感器装于电机侧旁。

扩散硅压力传感器与湿敏、气敏传感器可根据用户需要选装。

两副平行式悬臂梁顶端均装有置于激振线圈内的永久磁钢，右边圆盘式工作台由"激振 I"带动，左边平行式悬臂梁由"激振 II"带动。

为进行温度实验，左边悬臂梁之间装有电加热器一组，工作时能获得高于环境温度 30 ℃左右的升温。

以上传感器以及加热器、激振线圈的引线端均位于仪器下部面板最上端一排。

实验工作台上还装有测速电机一组及控件、调速开关。

两只测微仪分别装在左、右两边的支架上。

2. 信号及显示部分

位于仪器上部面板。

① 低频振荡器。1～30 Hz 输出连续可调，$V_{P-P}$ 为 20 V，最大输出电流为 0.5 A，$V_i$ 端插口可提供用电流放大器。$V_i$ 端 3.5 mm 耳机插座静合接点正常接触是保证低频输出的条件，无低频信号输出，则可能是静合接点分开，如遇此情况请打开面板，调节 $V_i$ 插口静合接点接触良好。

② 音频振荡器。0.4～10 kHz 输出连续可调，$V_{P-P}$ 为 20 V，180°，0° 为反输出，$L_V$ 端最大输出功率 0.5 W。

③ 直流稳压电源。± 15 V，提供仪器电路工作电源和温度实验时的加热电源，最大输出 1 A，±2～±10 V，挡距 2 V，分五挡输出，提供直流信号源，最大输出电流 1 A。

④ 数字式电压/频率表。$3\frac{1}{2}$ 位显示，分 2 V，20 V，2 kHz，20 kHz 四挡，灵敏度 ≥ 50 mV，频率显示 5 Hz～20 kHz。

⑤ 指针式直流毫伏表。测量范围分 500 mV，50 mV，5 mV 三挡，精度为 2.5%。

3. 处理电路

该部分位于仪器下部面板。

① 电桥。用于组成应变电桥，面板上虚线所示电阻为虚设，仅为组桥提供插座。$R_1$，$R_2$，$R_3$ 为 350 Ω标准电阻，$W_D$ 为直流调节电位器，$W_A$ 为交流调节电位器。$W_D$ 电位器中心抽头串接的为防短路电阻，$W_A$ 电位器中心抽头串接的为隔直电容。

② 差动放大器。增益可调比例直流放大器，可接成同相、反相、差动结构，增益 1～100 倍。

③ 光电变换器。提供红外发射、接收、稳幅、变换、输出模拟信号电压与频率变换方波信号。四芯航空插座上装有光电转换装置和两根多模光纤（一根接收，一根发射）组成的光强型光纤传

感器。

④ 电容变换器。由高频振荡、放大和双 T 电桥组成。

⑤ 移相器。允许输入电压 200 $V_{P-P}$，移相范围 ±40°（随频率有所变化）。

⑥ 相敏检波器。极性反转电路构成，所需最小参电压 0.5 $V_{P-P}$，允许最大输入电压 20 $V_{P-P}$。

⑦ 电荷放大器。电容反馈式放大器，用于放大压电加速度传感器输出的电荷信号。

⑧ 电压放大器。增益 5 倍的高阻放大器（仅 CSY 型实验仪配置）。

⑨ 涡流变换器。变频式调幅变换电路，传感器线圈是三点式振荡电路中的一个元件。

⑩ 温度变换器。根据输入端热敏电阻值及 P-N 结温度传感器信号变化输出电压信号相应变化的变换电路。

⑪ 低通滤波器。由 50 Hz 陷波器和 RC 滤波器组成，转折频率为 35 Hz 左右。

4. 使用中的注意事项

使用仪器时打开电源开关，检查交、直流信号源及显示仪表是否正常。仪器下部面板左下角处的开关控制处理电路的 ±15 V 工作电源，进行实验时请勿关掉，为保证仪器正常工作，严禁 ±15 V 电源间的相互短路，建议平时将此两插口封住。

指针式毫伏表工作前需对地短路调零，取掉短路线后指针有所偏转是正常现象，不影响测试。

应该注意的是，本仪器是实验性仪器，各电路完成实验的主要目的是用各传感器测试电路作定性的验证，而非工程应用型的传感器定量的测试。

各电路和传感器性能建议通过以下实验检查是否正常：

① 应变片及差动放大器。进行单臂、半桥和全桥实验，各应变片是否正常可用万用表电阻挡在应变片两端测量。各接线图两个节点间即为一实验接插线，接插线可多根叠插，为保证接触良好，插入插孔后请将插头稍许旋转。

② 半导体应变片。进行半导体应变片直流半桥实验。

③ 热电偶。接入差动放大器，打开"加热"开关，观察随温度升高热电势的变化。

④ 热敏式。进行热敏传感器实验，电热器加热升温，观察随温度升高"$V_0$"端输出电压变化情况，注意热敏电阻是负温度系数。

⑤ P-N 结温度式。进行 P-N 结温度传感器测温实验，注意电压表 2 V 挡显示值为绝对温度 $T$。

⑥ 进行移相器实验，用双踪示波器观察两通道波形。

⑦ 进行相敏检波器实验，相敏检波端口序数规律为从左至右，从上到下，其中 4 端为参考电压输入端。

⑧ 进行电容式传感器特性实验，当振动圆盘带动动片上下移动时，电容变换器"$V_0$"端电压应正负过零变化。

⑨ 进行光纤传感器——位移测量，光纤探头可安装在原电涡流线圈的横支架上固定，端面垂直于镀铬反射片，旋动测微仪带动反射片位置变化，从"$V_0$"端读出电压变化值。光电变换器"$F_0$"端输出频率变化方波信号。测频率变化时可参照光纤传感器——转速测试步骤进行。

⑩ 进行光电式传感器测速实验，"$V_0$"端输出的是频率信号。

⑪ 将低频振荡器输出信号送入低通滤波器，输入、输出端用示波器观察，注意根据低通输出幅值调节输入信号大小。

⑫ 进行差动变压器性能实验，检查电感式传感器性能，实验前要找出次级线圈周同端，次级所接示波器为悬浮工作状态。

⑬ 进行霍尔式传感器直流激励特性实验，直流激励信号绝对不能大于 2 V，否则一定会造成

霍尔元件烧坏。

⑭ 进行霍尔式传感器实验，磁电传感器两端接差动放大器输出端，用示波器观察输出波形。

⑮ 进行压电加速度传感器实验，此实验与上述第（12）项内容均无定量要求。

⑯ 进行电涡流传感器的静态标定实验，示波器观察波形端口应在涡流变换器的左上方，即接电涡流线圈处，右上端端口为输出经整流后的直流电压。

⑰ 进行扩散硅压力传感器实验，注意 MP×7 压力传感器为差压输出，故输出信号有、正负两种。

⑱ 进行气敏传感器特性实验，观察输出电压变化。

⑲ 进行湿敏传感器特性演示实验，以上气敏与气敏传感器实验均为演示性质，无定量要求。

⑳ 如果仪器是带微机接口实验软件的，请参阅数据采集及帮助说明。数据采集卡已装入仪器中，其中 A/D 转换是 12 位转换器，最大容错率 1/2 048（即 0.05%），建议在做小信号实验（如应变电桥单臂实验）时，选用合适的量程（200 mV），以正确选取信号。

㉑ 仪器后部的 RS232 接口与计算机串行口相接，信号采集前请正确设置串口，否则计算机将收不到信号。

㉒ 仪器工作时需良好接地，以减小干扰信号，并尽量远离电磁干扰源。

㉓ 仪器的型号不同，传感器的种类不同，则检查项目也会有所不同。

上述检查及实验能够完成，则整台仪器各部分均为正常。

实验时请注意实验指导书中实验内容后的"注意事项"，要在确认接线无误的情况下开启电源，要尽量避免电源短路情况的发生。实验工作台上各传感器部分如位置不太正确，可松动调节螺丝稍作调整，以按下振动梁松手，各部分能随梁上下振动而无碰擦为宜。

附件中的称重平台是在实验工作台左边悬臂梁旁的测微头，取开后装于顶端的永久磁钢上方。实验开始前请检查实验连接线是否完好，以保证实验顺利进行。

本实验仪需防尘，以保证实验仪器接触良好，仪器正常工作温度范围为 0~40 ℃。

# 实验二十九　　太阳能电池基本特性的测定

能源的重要性人人皆知，由于煤、石油、天然气等主要能源的大量消耗，能源危机已成为世人关注的全球性问题。为了经济持续性发展及环境保护，人们正大量开发其他能源，如太阳能、水能及风能。其中以太阳能作为绿色能源其开发和利用大有发展前景。目前，太阳能的利用主要集中在热能和发电两方面，太阳能发电有两种方式：一是光-热-电转换方式，二是光-电直接转换方式。而光-电转换的基本装置就是太阳能电池，太阳能电池应用领域除人造卫星和宇宙飞船外，已广泛应用于许多民用领域，如太阳能汽车、太阳能游艇、太阳能手机、太阳能计算机、太阳能乡村电站等，因此，世界各国十分重视对太阳能电池的研究和利用。

太阳能电池是通过光伏效应或者光化学效应直接把光能转化成电能的半导体器件。我们要将尽可能多的光能转化为电能，这样研究太阳能电池的输出特性就显得尤其重要。

## 【实验目的】

1. 了解太阳能电池的基本结构和工作原理。

2. 理解太阳能电池的基本特性和主要参数，掌握测量太阳能电池的基本特性和主要参数的基本原理和基本方法。

3. 测定太阳能电池的开路电压、短路电流、最佳负载电阻、填充因子等主要参数，分析太阳能电池的伏安特性、负载特性和光照特性。

## 【实验原理】

太阳能电池（solar cell）根据所用材料的不同可分为硅、硫化镉、砷化镓三类半导体材料的太阳能电池。其中硅太阳能电池具有光谱响应范围宽、性能稳定、线性响应好、使用寿命长、转换效率高、耐高温辐射、光谱灵敏度与人眼灵敏度相近等优点，是目前发展最成熟的，在光电技术、自动控制、计量检测等许多领域都被广泛应用。第一个太阳能电池是 1954 年美国贝尔实验室研制出的实用型单晶硅电池。

太阳能电池工作原理的基础是半导体 P-N 结的光伏效应（photovoltaic effect）。光伏效应是由法国科学家贝克雷尔（Becqurel）于 1839 年首先发现。所谓光伏效应，简言之，就是当物体受到光照时，物体内的电荷分布状态发生变化而产生电动势和电流的一种效应。当太阳光照射半导体 P-N 结时，会在 P-N 结两端产生电压，称为光生电动势。

太阳能电池能够吸收光的能量，并将所吸收的光子的能量转化为电能。在没有光照时，可将太阳能电池视为一个二极管，其正向偏压 $U$ 与通过的电流 $I$ 的关系为

$$I = I_0 \left( e^{\frac{qU}{nkT}} - 1 \right)$$

（4-29-1）

式中：$I_0$ 是二极管的反向饱和电流；$n$ 是理想二极管参数，理论值为 1；$k$ 是玻尔兹曼常量；$q$ 为电子的电荷量；$T$ 为热力学温度（可令 $\beta = \frac{q}{nkT}$）。

由半导体理论知，二极管主要是由能隙为 $E_C - E_V$ 的半导体所构成，如图 4-29-1 所示。$E_C$ 为半导体导电带，$E_V$ 为半导体价电带。当入射光子能量大于能隙时，光子被半导体所吸收，并产生电子-空穴对。电子-空穴对受到二极管内电场的影响而产生光生电动势，这一现象称为光伏效应。

假设太阳能电池的理论模型是由一个理想电流源（光照产生光电流的电流源）、一个理想二极管、一个并联电阻 $R_{sh}$ 与一个电阻 $R_s$ 组成，如图 4-29-2 所示。

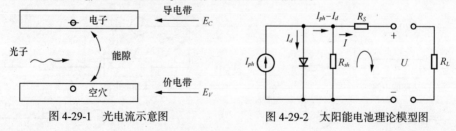

图 4-29-1　光电流示意图　　　　图 4-29-2　太阳能电池理论模型图

$I_{ph}$ 为太阳能电池在光照时该等效电源的输出电流，$I_d$ 为光照时通过太阳能电池内部二极管的电流。由基尔霍夫定律得

$$IR_s + U - (I_{ph} - I_d - I) = 0$$

（4-29-2）

式中：$I$ 为太阳能电池的输出电流，$U$ 为输出电压。由式（4-29-2）可得

$$I \left( 1 + \frac{R_s}{R_{sh}} \right) = I_{ph} - \frac{U}{R_{sh}} - I_d$$

（4-29-3）

假定 $R_{sh} = \infty$ 和 $R_s = 0$，太阳能电池可简化为图 4-29-3 所示电路。

这里，$I = I_{ph} - I_d = I_{ph} - I_0(e^{\beta U} - 1)$，

在短路时，$U=0$，$I_{ph} = I_{SC}$

而在开路时，$I = 0$，$I_{SC} - I_0(e^{\beta U} - 1) = 0$

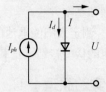

图 4-29-3　太阳能电池简化电路图

所以　　　　　$U_{OC} = \dfrac{1}{\beta} \ln\left[\dfrac{I_{SC}}{I_0} + 1\right]$　　　　（4-29-4）

式（4-29-4）即为在 $R_{sh}=\infty$ 和 $R_s=0$ 的情况下，太阳能电池的开路电压和短路电流的关系式。其中 $U_{OC}$ 为开路电压，$I_{SC}$ 为短路电流，而 $I_0$、$\beta$ 是常量。

太阳能电池的基本技术参数除短路电流 $I_{SC}$ 和开路电压 $U_{OC}$ 外，还有最大输出功率 $P_{\max}$ 和填充因子 $FF$。最大输出功率 $P_{\max}$ 也就是 $IU$ 的最大值。填充因子 $FF$ 定义为

$$FF = P_{\max} / I_{SC} U_{OC} \qquad\qquad （4-29-5）$$

$FF$ 是代表太阳能电池性能优劣的一个重要参数。$FF$ 值越大，说明太阳能电池对光的利用率越高。

## 【实验仪器】

太阳能电池、直流稳压电源、光具座、滑块、白炽灯（40 W）、光功率计、光探测器、遮光罩、数字万用表、电阻箱、毫安表。

## 【实验内容与步骤】

（1）在没有光源（全暗）的条件下，测量太阳能电池正向偏压时的 $I$–$U$ 特性（直流偏压从 0～3.0 V，$R=100\Omega$）。

① 连接电路图（图 4-29-4），将所测 10 组数据填入表 4-29-1。

② 作出 $I$–$U$ 曲线，并用最小二乘法求出常量 $\beta$ 和 $I_0$ 的值。

（2）不加偏压，在使用遮光罩条件下，保持白光源到太阳能电池的距离为 20 cm，测量太阳能电池在不同负载电阻下的输出电流 $I$ 对输出电压 $U$ 的变化关系。

① 连接电路图（图 4-29-5），将所测 10 组数据填入表 4-29-2。

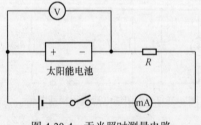

图 4-29-4　无光照时测量电路

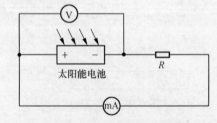

图 4-29-5　恒定光照时测量电路

② 作出 $I$–$U$ 曲线图，并由图求得短路电流 $I_{SC}$ 和开路电压 $U_{OC}$。

③ 作出太阳能电池的输出功率 $P$ 与负载电阻 $R$ 的关系曲线图，并由图求得最大输出功率 $P_{\max}$ 及最大输出功率时对应的最佳负载电阻 $R$。

④ 计算填充因子 $FF = P_{\max} / I_{SC} U_{OC}$。

（3）测量太阳能电池的光照特性。在使用遮光罩条件下，取离白光源水平距离 $l_0 = 20$ cm 的光强作为标准光照强度，用光功率计测量该处的光照强度 $J_0$；改变太阳能电池到光源的距离 $l$，用光功率计测量该处的光照强度 $J$，求光强 $J$ 与位置 $l$ 的关系。测量太阳能电池接收到相对光强度

$J/J_0$ 不同值时，相应的短路电流 $I_{SC}$ 和开路电压 $U_{OC}$ 的值。

① 设计测量电路图，并连接。

② 测量对应不同位置 $l$ 时的光强 $J$，以及相对光强度 $J/J_0$ 不同值时，相应的 $I_{SC}$ 和 $U_{OC}$ 的值。将所测 10 组数据填入表 4-29-3。

③ 作出 $I_{SC}$、$U_{OC}$ 与相对光强 $J/J_0$ 之间的关系曲线图，并用最小二乘法求 $I_{SC}$、$U_{OC}$ 与 $J/J_0$ 之间的近似关系函数。

## 【数据记录与处理】

① 全暗情况下太阳能电池在外加偏压时的伏安特性。

表 4-29-1　　　　　　　　　　　　　　　　数据记录

| $U/V$ | 1.5 | 2.0 | 2.5 | 3.0 | 3.5 | 4.0 | 4.5 | 5.0 | 5.5 | 6.0 |
|---|---|---|---|---|---|---|---|---|---|---|
| $U_1/V$ | | | | | | | | | | |
| $I/\mu A$ | | | | | | | | | | |

由 $I/I_0=e^{\beta U}-1$，当 $U$ 比较大时，$e^{\beta U} \gg 1$，即 $\ln I = \beta U + \ln I_0$，由最小二乘法，将表 4-29-1 中的数据处理后可得 $\beta$、$I_0$ 和相关系数 $r$。

② 不加偏压，使用遮光罩条件下太阳能电池输出电流对输出电压的变化关系。

表 4-29-2　　　　　　　　　　　　　　　　数据记录

| $U/V$ | 0.2 | 0.4 | 0.6 | 0.8 | 1.0 | 1.2 | 1.4 | 1.6 | 1.8 | 2.0 |
|---|---|---|---|---|---|---|---|---|---|---|
| $R/k\Omega$ | | | | | | | | | | |
| $I/mA$ | | | | | | | | | | |
| $P/mW$ | | | | | | | | | | |

$I_{SC}=$ _____　　　　　　　$U_{OC}=$ _____

$P_{max}=$ _____　　　　$R=$ _____　　　$FF=$ _____

③ 太阳能电池的短路电流 $I_{SC}$、开路电压 $U_{OC}$ 与相对光强 $J/J_0$ 的关系。

$J_0=$ _____mW

表 4-29-3　　　　　　　　　　　　　　　　数据记录

| $l/cm$ | 22 | 24 | 26 | 28 | 30 | 32 | 34 | 36 | 38 | 40 |
|---|---|---|---|---|---|---|---|---|---|---|
| $J/mW$ | | | | | | | | | | |
| $J/J_0$ | | | | | | | | | | |
| $U_{OC}/V$ | | | | | | | | | | |
| $I_{SC}/mA$ | | | | | | | | | | |

$$U_{OC}=A\ln(J/J_0)+B$$
$$I_{SC}=C(J/J_0)+D$$

利用最小二乘法拟合，确定出 $A$、$B$、$C$、$D$ 和相关系数 $r$。

## 【注意事项】

1. 太阳能电池和光探测器要轻拿轻放，严禁摔碰。

2. 连接电路时，保持太阳能电池无光照条件。

3. 连接电路时，保持电源开关断开。

## 【思考题】

1. 太阳能电池在使用时正负极能否短路？普通电池在使用时正负极能否短路？为什么？

2. 在一定的负载电阻下，太阳能电池的输出功率取决于什么？何时输出功率最大？与光照强度有怎样的关系？

3. 太阳能电池的串、并联电阻对填充因子 $FF$ 有何影响？

# 实验三十　 $RLC$ 串联电路暂态过程的研究

电路的暂态过程就是当电源接通或断开后的"瞬间"，电路中的电流或电压非稳定的变化过程。电路中的暂态过程不可忽视，在瞬变时某些部分的电压或电流可能大于稳定状态时最大值的好几倍，出现过电压或过电流的现象，所以如果不预先考虑到暂态过程中的过渡现象，电路元件便有损伤甚至毁坏的危险。另一方面，通过暂态过程的研究，还可以从积极方面控制和利用过渡现象，如提高过渡的速度，可以获得高电压或者大电流等。

## 【实验目的】

1. 通过 $RLC$ 串联电路暂态过程的研究，加深对电容、电感特性的认识。

2. 认识 $RLC$ 串联电路的阻尼震荡现象。

3. 了解时间常量 $\tau$ 的物理意义，学会用示波器测量时间常量及电容、电感值。

## 【实验原理】

电压由一个值跳变到另一个值时称为阶跃电压，如图 4-30-1 所示。如果电路中包含有电容、电感等元件，由于在阶跃电压的作用下，电路状态的变化通常经过一定的时间才能稳定下来。在电路的阶跃电压的作用下，从开始发生变化到变为另一稳定状态的过渡过程称为"暂态过程"。这一过程主要由电容、电感的特性所决定。

1. $RC$ 电路的暂态过程

（1）充电过程

图 4-30-2 为研究 $RC$ 暂态过程的电路。当开关 K 接到"1"点时，电源 $E$ 通过电阻 $R$ 对 $C$ 充电，此充电过程满足如下方程

$$R\frac{\mathrm{d}q}{\mathrm{d}t}+\frac{q}{C}=E \tag{4-30-1}$$

式中： $q$ 是电容 $C$ 上的电荷，$\mathrm{d}q/\mathrm{d}t$ 是电流。考虑初始条件 $t=0$，$q_0=0$，便有

$$q = CE(1-\mathrm{e}^{-t/RC})$$
$$U_C = q/C = E(1-\mathrm{e}^{-t/RC}) \tag{4-30-2}$$
$$\mathrm{I}=\mathrm{d}q/\mathrm{d}t = E\mathrm{e}^{-t/RC}$$

以上三个公式都是指数形式，我们只需观测电容电压 $U_C$ 随时间的变化规律，就可以了解其余三个量随时间的变化规律。其中 $RC=\tau$ 称为电路的时间常量。充电和放电的快慢由 $RC$ 决定。由此可得，当 $t=\tau$ 时，$U_C=0.632E$。

图 4-30-3 即为 $U_C(t)$ 曲线，由此可见：$\tau$ 越大，充电过程越慢。其原因是不难理解的。当

$U_C$增大达到 $E$ 值时，电路即达到了稳定状态。

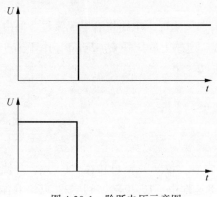 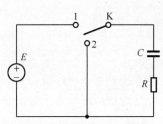

图 4-30-1 　阶跃电压示意图　　　　　图 4-30-2 　$RC$ 暂态过程电路

（2）放电过程

开关 K 由"1"点迅速转接到"2"点，则电容 $C$ 将放电，此放电过程的微分方程为

$$R\frac{\mathrm{d}q}{\mathrm{d}t}+\frac{q}{C}=0 \tag{4-30-3}$$

考虑初始条件 $t=0$ 时，$q_0=CE$，于是得到它的解为

$$q=CE\mathrm{e}^{-t/RC}$$

因而有

$$U_C=q/C=E\mathrm{e}^{-t/RC}$$
$$I=\mathrm{d}q/\mathrm{d}t=-(E/R)\mathrm{e}^{-t/RC} \tag{4-30-4}$$

其中 $I$ 与 $U_R$ 两等式右边的负号表示放电电流方向与充电电流方向相反。由公式可知放电过程也是按指数形式变化的。当 $t=\tau$ 时，由上面的式子可知 $U_C=0.368E$。$U_C$ 随 $t$ 的变化关系如图 4-30-3 和图 4-30-4 所示。

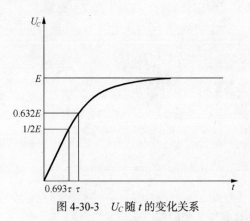

图 4-30-3 　$U_C$ 随 $t$ 的变化关系　　　　　图 4-30-4 　$U_C$ 随 $t$ 的变化关系

通过上面充放电过程分析可知：

① $RC$ 乘积的大小反映充电速度的快慢。

② $U_C$ 达到一半所需时间 $T_{\frac{1}{2}E}=0.693\tau$。

③ 虽然从理论上来说，$t$ 为无穷大时，才表示充放电完成，但实际上 $t=4\tau\sim5\tau$ 时就近似地认

为已经充放电完毕。

**2. $RL$ 电路的暂态过程**

图 4-30-5 中 $E$ 为直流电源，当开关 K 拨到"1"点时，电路将有电流流过，但由于电感 $L$ 上的电流不能突变，电流 $i$ 的增长有个相应的过程，电感上的压降 $U_L=L\mathrm{d}i/\mathrm{d}t$。由于 $U_L+U_R=E$，得

$$L\mathrm{d}i/\mathrm{d}t+iR = E$$

设 $t=0$ 时，$i=0$，得

$$i=E（1-\mathrm{e}^{-Rt/L}）/R \tag{4-30-5}$$

式中：$L/R = \tau$。

**3. $RLC$ 串联电路的暂态过程**

图 4-30-6 为 $RLC$ 串联电路。首先分析放电过程。设开关 K 已接在"1"点，并使电路达到稳定状态，此时电容的电压 $U_C=E$。现将开关 K 迅速地由"1"点转换到"2"点，电容 $C$ 将通过 $L$ 和 $R$ 放电，其方程为

$$L\frac{\mathrm{d}^2q}{\mathrm{d}t^2} + R\frac{\mathrm{d}q}{\mathrm{d}t} + \frac{q}{C} = 0 \tag{4-30-6}$$

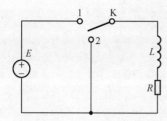

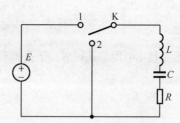

图 4-30-5　$RL$ 暂态过程电路　　　　图 4-30-6　$RLC$ 暂态过程电路

它的初始条件为 $t_1=0, q_0=CE$，$i_0=0$，求解此方程，得到三种解，下面分别讨论这三种情况：

① 当 $R^2<4L/C$ 时

$$q(t) = CE\mathrm{e}^{-t/\tau}\cos(\omega t + \varphi)$$

式中：$\tau = 2L/R, \omega = \dfrac{1}{\sqrt{LC}}\sqrt{1-\dfrac{R^2C}{4L}}$。

其图形如图 4-30-7 中的曲线 1。

② 当 $R^2>4L/C$ 时

$$q(t) = CE\mathrm{e}^{-t/\tau}\cos(\omega t + \varphi)$$

式中：$\tau = 2L/R, \omega = \dfrac{1}{\sqrt{LC}}\sqrt{1-\dfrac{R^2C}{4L}}$。

其图形如图 4-30-7 中的曲线 3。

③ 当 $R^2 = 4L/C$ 时

$$q（t）= CE（1+\mathrm{e}^{-t/\tau}）$$

称为临界阻尼。此时，$R = 2\sqrt{L/C}$，其图形如图 4-30-7 中的曲线 2。

由此可知，$RLC$ 电路在充放电过程中究竟处于哪一种暂态过程，取决于 $R$ 与 $2\sqrt{L/C}$ 之比

下面讨论充电过程。充电暂态过程的方程为

$$L\frac{\mathrm{d}^2q}{\mathrm{d}t^2} + R\frac{\mathrm{d}q}{\mathrm{d}t} + \frac{q}{C} = E \tag{4-30-7}$$

与放电过程相比较，它的解仅差一个常量，相应的三种曲线如图 4-30-7 所示。

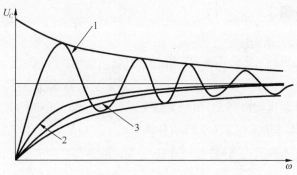

图 4-30-7 $U_C$ 随 $\omega$ 的变化关系

## 【实验仪器】

方波信号发生器、双踪示波器、电阻箱、电容箱、电感、CH-RLC1 型 *RLC* 电路实验仪（其面板图如图 4-30-8 所示）。

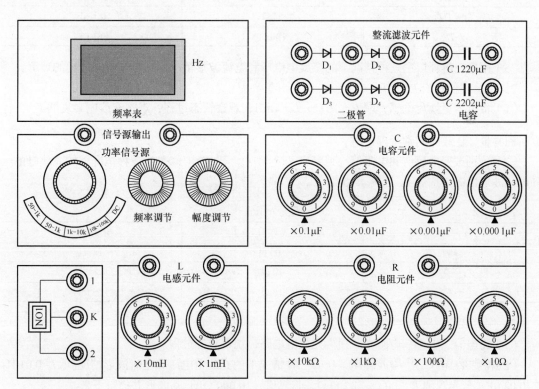

图 4-30-8 CH-RLC1 型 *RLC* 电路实验仪面板图

CH-RLC1 型 *RLC* 暂态稳态实验仪，带有以下配制：

- 十进制电阻箱 10 Ω×10+100 Ω×10+1k Ω×10+10 kΩ×10
- 十进制电容箱 100 pF×10+1 000 pF×10+0.01 μF×10+0.1 μF×10
- 十进制电感箱 10 mH×10+1 mH×10
- 多功能信号源
- 用于对交流信号进行整流滤波实验的二极管和滤波电容(一组)

## 【实验内容与步骤】

1. 用示波器观察 RC 串联波形

（1）观察信号发生器的方波输出波形，并调节其输出频率为 1 kHz，占空比为 50%，方波电压幅度为 2 V。

（2）将信号发生器输出端接到 RC 串联电路中，取 $R=1\ \text{k}\Omega$，$C=0.1\ \mu\text{F}$，用示波器观察电压波形 $U_C$，观察充放电电流波形 $I$（$U_R/R$），并解释波形。

（3）观察充放电半衰期 $T_{\frac{1}{2}E}$，计算时间常量 $\tau$，与时间常量理论值比较，求相对误差。

（4）分别改变电容值和电阻值，观察 $\tau=RC\ll T/2$，$\tau=T/2$，$\tau>T/2$ 三种情况下的充放电电压和电流波形情况(选做)，见表 4-30-1。

表 4-30-1  R 和 C 取值

| $\tau=RC$ | R 取值 | C 取值 |
|---|---|---|
| $\tau\ll T/2$ | 1 Ω | 0.01 μF |
| $\tau=T/2$ | 5 kΩ | 0.1 μF |
| $\tau>T/2$ | 10 kΩ | 0.1 μF |

（5）用理论解释以上三种情况下的充放电电压和电流波形情况，加深对暂态过程的理解。

2. 用示波器观测 RL 波形

（1）将电容更换为电感，取 $R=10\ \Omega$，$L=1\text{mH}$，观察暂态过程，观察充放电半衰期 $T_{\frac{1}{2}E}$，计算时间常量，比较时间常量理论值。

（2）分别改变电感值和电阻值，观察 $\tau=L/R\ll T/2$，$\tau=T/2$，$\tau>T/2$ 三种情况下的充放电电压和电流波形情况（选做），见表 4-30-2。

表 4-30-2  R 和 L 取值

| $\tau=L/R$ | R 取值 | L 取值 |
|---|---|---|
| $\tau\ll T/2$ | 100 Ω | 1m H |
| $\tau=T/2$ | 10 Ω | 0.5 mH |
| $\tau>T/2$ | 10 Ω | 100 mH |

3. 用示波器观测 RLC 波形

（1）将电容、电感、电阻串联接入充放电电路，观察暂态过程。

（2)观察 $R^2<4L/C$，$R^2=4L/C$ 和 $R^2>4L/C$ 三种情况下的充放电电压和电流波形情况。取 $L=0.01\ \text{H}$，$C=0.02\ \mu\text{F}$，分别观测 $R=300\ \Omega$，1 200 Ω，临界值，10 000 Ω的 $U_C$ 波形并描录下来。

## 【注意事项】

1. 连接电路时应注意信号源应与示波器共地。
2. 电路应严格按照电路图顺序连接，不能随便更换元件位置。

## 【思考题】

1. 在直流电压作用下，RC 和 RL 两串联电路的暂态过程各有什么特点？

2. 在直流电压作用下，*RLC* 串联电路的暂态过程有什么特点？

3. $\tau$ 值的物理意义是什么？如何测量 *RC* 串联电路的 $\tau$ 值？

# 实验三十一　用非线性电路研究混沌现象

混沌是指发生在确定的非线性动力学系统中的貌似随机的不规则运动。一个确定性理论描述的系统，其行为却表现为不确定性、不可重复、不可预测。对初始条件具有极端的敏感性(蝴蝶效应)是混沌现象的基本特征。混沌起源于 1961 年美国气象学家洛伦茨在分析天气预报模型时，发现空气动力学中的混沌现象，指出长期的天气预报是不可能的，该现象只能用非线性动力学来解释。一个随时间确定性变化或具有微弱随机性的变化系统，称为动力系统，它的状态可由一个或几个变量数值确定，而非线性动力系统中，两个几乎完全一致的状态经过充分长时间后会变得毫无一致。真实物理系统都是非线性的，因此，在现实生活和实际工程技术问题中，混沌是无处不在的。本实验将通过非线性电路使学生了解混沌现象。

## 【实验目的】

1. 用示波器观测 *LC* 振荡器产生的波形及经 *RC* 移相后的波形。

2. 用双踪示波器观测上述两个波形组成的相图（李萨如图）。

3. 改变可变电阻的阻值，观测相图周期的变化，观测倍周期分岔、阵发混沌、单吸引子（混沌）和双吸引子（混沌）现象，分析混沌产生的原因。

4. 测量非线性负阻电路（元件）的伏安特性。

## 【实验原理】

1. 非线性电路原理

非线性电路主要包括有源非线性负阻、*LC* 振荡器和 *RC* 移相器三部分。电路如图 4-31-1 所示，图中只有一个非线性元件 *R*，它是一个有源非线性负阻器件。电感器 *L* 和电容器 $C_2$ 组成一个损耗可以忽略的振荡回路；可变电阻 $R_{v1}+R_{v2}$ 和电容器 $C_1$ 串联组成移相器将振荡器产生的正弦信号移相后输出。较理想的非线性元件 *R* 是一个三段分段线性元件。图 4-31-2 所示的是该电阻的伏安特性曲线，该特性曲线显示加在此非线性元件上电压与通过它的电流极性是相反的。由于加在此元件上的电压增加时，通过它的电流却减小，因而将此元件称为非线性负阻元件。电路的非线性动力学方程为

$$C_1 = \frac{\mathrm{d}U_{C_1}}{\mathrm{d}t} = G \cdot (U_{C_2} - U_{C_1}) - g \cdot U_{C_1}$$

$$C_2 = \frac{\mathrm{d}U_{C_2}}{\mathrm{d}t} = G \cdot (U_{C_1} - U_{C_2}) + i_L$$

$$L\frac{\mathrm{d}i_L}{\mathrm{d}t} = U_{C_2}$$

式中：导纳 $G = 1/(R_{v1}+R_{v2})$，$U_{C_1}$ 和 $U_{C_2}$ 分别为加在电容器 $C_1$ 和 $C_2$ 上的电压，$i_L$ 表示流过电感器 *L* 的电流，*g* 表示非线性负阻 *R* 的导纳。

2. 有源非线性负阻元件的实现

有源非线性负阻元件实现的方法有多种，这里使用的是一种较简单的电路：采用两个运算放大器（TL082）和六个配置电阻来实现，其电路如图 4-31-3 所示，它的伏安特性曲线如图 4-31-4 所示。本实验研究的是该非线性元件对整个电路的影响，它是一个有源负阻电路（元件），能输出电流维持 $LC$ 振荡器不断振荡，而非线性负阻元件的作用是使振动周期产生分岔和混沌等一系列现象。

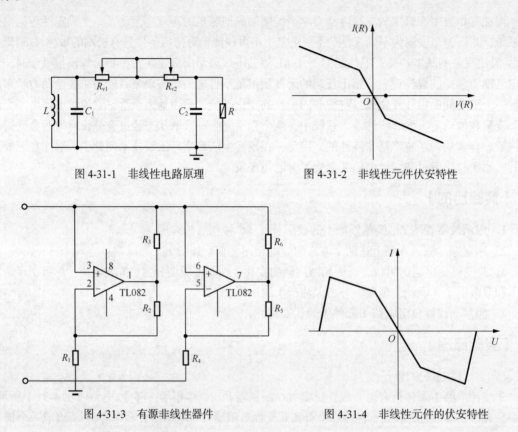

图 4-31-1　非线性电路原理　　　　　　图 4-31-2　非线性元件伏安特性

图 4-31-3　有源非线性器件　　　　　　图 4-31-4　非线性元件的伏安特性

实际非线性混沌电路如图 4-31-5 所示。$L$ 和 $C_2$ 并联构成振荡电路，$R_{v1}$、$R_{v2}$ 和 $C_1$ 的作用是移相，使 $x$、$y$ 两处输入示波器自信号产生相位差，可在示波器上得到 $CH_1$、$CH_2$ 两个信号的合成图像。将电导值 $G$ 取最小（电阻最大），同时用示波器观察李萨如图形。它相当于由方程 $x = U_{C_1}(t)$ 和 $y = U_{C_1}(t)$ 消去时间变量 $t$ 而得到的空间曲线，在非线性理论中这种曲线称为相图。"相"的意思是运动状态，相图反映了运动状态的联系。一开始系统存在短暂的稳态，示波器上的李萨如图形表现为一个光点。随着 $G$ 值的增加（电阻减小）$U_{C_1}$ 和 $U_{C_2}$ 同频率但存在一定的相移，所以此时图像为一斜椭圆；又由于非线性的存在示波器上并不是严格的椭圆，可以用双踪示波器观察到。继续增加电导（电阻减小），原先的一倍周期变成两倍周期，这在非线性理论中称为倍周期分岔。再减小电阻，出现三倍周期，继续减小电阻，依次出现四倍周期、八倍周期……与阵发混沌。随着电阻进一步减小，系统完全进入了混沌区。运动轨线不再是周期性的，同时呈现出奇特而美丽的形状，带有许多空洞，显然有某种规律，我们称为吸引子。

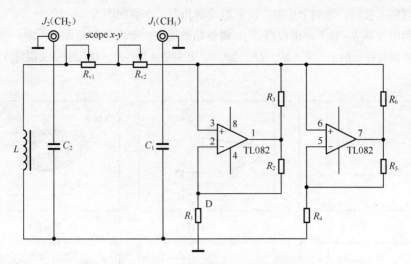

图 4-31-5　非线性电路混沌实验电路

## 【实验仪器】

非线性电路混沌实验仪、双踪示波器、六位电阻箱。

非线性电路混沌实验仪由非线性电路混沌实验线路板、15 V 稳压电源和四位数字电压表（0～20 V，分辨率 1 mV）组成，装在一个仪器箱内。面板如图 4-31-6 所示，面板上的 CH$_1$ 和 CH$_2$ 接线柱分别代表 $U_{C_1}$ 和 $U_{C_2}$ 的电压输出位置，可直接连接示波器的 X-Y 输入观察李萨如图形或对 CH$_1$ 与 CH$_2$ 作双踪显示。可变电阻由粗调电位器 $R_{v_1}$ 和细调电位器 $R_{v_2}$ 充当，调节可变电阻的阻值，用于观察相图的变化。

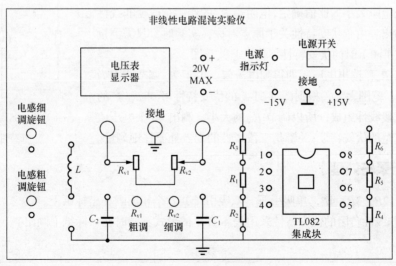

图 4-31-6　非线性混沌实验仪面板图

## 【实验内容与步骤】

（1）观测 $LC$ 振荡器产生的波形与经 $RC$ 移相后的波形。按图 4-31-5 所示电路接线，调节 $R_{v1}+R_{v2}$ 阻值，在示波器上观测 CH$_1$ 和 CH$_2$ 输出的时间信号波形。

（2）用双踪示波器，观测上述两个波形组成的相图（李萨如图）。

（3）粗调电位器 $R_{v2}$ 和细调电位器 $R_{v2}$，观察相图周期的变化及混沌现象。将一个椭圆的周期定为 $P$，要求观测并描绘出，$P$，$2P$，$3P$，$4P$，单吸引子（混沌），双吸引子（混沌）共六个相图（图 3-31-7）。

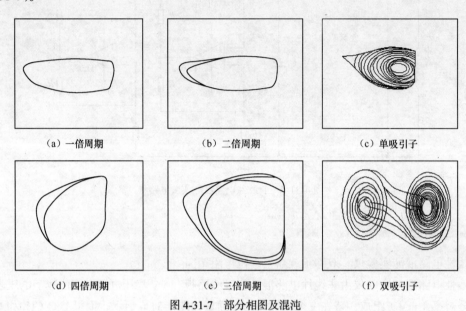

| （a）一倍周期 | （b）二倍周期 | （c）单吸引子 |

| （d）四倍周期 | （e）三倍周期 | （f）双吸引子 |

图 4-31-7 部分相图及混沌

（4）测量非线性负阻（元件）的伏安特性。先把有源非线性负阻与 $RC$ 移相器连线断开，然后接入一电阻箱。测量线路如图 4-31-8 所示。由于非线性负阻是有源的，所以回路中始终有电流。其中伏特表用来测量非线性元件两端的电压，电流的大小可由电压与电阻箱接入电阻大小的比值确定，电阻箱 $R_w$ 的作用是改变非线性元件的对外输出。由于伏安特性关于原点对称，实验时，只需测量电压 $V<0$（或 $V>0$）时的伏安特性，作 $I-V$ 关系图。

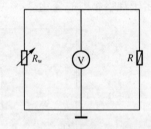

图 4-31-8 测量非线性负阻伏安特性线路

（5）调节 $R_w$，读出电压，即得到电流值。由于 $R_w$ 调节范围为 $0\sim99\,999.9\Omega$，范围太大，根据图 4-31-4 的伏安特性可知 $R_w$-$V$ 的关系也应为三段线性组成，所以调节 $R_w$ 的大小，测出 40 个电压值就可以得到完整的伏安特性，关键是三段线性的拐点处要仔细测量。

## 【数据记录与处理】

① 将 $P$，$2P$，$3P$，$4P$，单吸引子，双吸引子共六个相图画在坐标纸上。

② 测量非线性负阻的伏安特性采用表 4-31-1 的形式，同时在坐标纸上画出。

表 4-31-1　　　　　　　　　　数据表

| 电阻 $R_w/\Omega$ | 电压/V | 电流/mA | 电阻 $R_w/\Omega$ | 电压/V | 电流/mA |
|---|---|---|---|---|---|
|  |  |  |  |  |  |
|  |  |  |  |  |  |
|  |  |  |  |  |  |
|  |  |  |  |  |  |

## 【注意事项】

1. 双运算放大器 TL082 的正负极不能接反,地线与电源接地点接触必须良好。
2. 开始实验时,先接线,后开电源,结束时先关电源,后拆线。
3. 仪器应预热 10 min 开始测量数据。

## 【思考题】

1. 非线性负阻电路(元件),在本实验中的作用是什么?
2. 为什么要采用 RC 移相器,并且用相图来观测倍周期分岔等现象?
3. 通过本实验请阐述:倍周期分岔,混沌,吸引子等概念的物理含义?

# 第五章
# 设计性实验

## 实验三十二　测量电流计的内阻和量程

### 【实验目的与要求】

1. 熟悉电流计的基本结构和工作原理。
2. 自拟电路测定电流计的内阻 $R_g$、量程 $I_g$ 和常数 $K$。

### 【实验仪器】

直流电源、电流计、电压表、六位电阻箱两个、滑线变阻器。

### 【实验提示】

1. 电流计的量程是电流计指针在最大刻度时通过电流计的电流，其值约几百微安。
2. 由于电流计允许通过的电流很小，设计实验方案时要特别注意保证通过电流计的电流不超过电流计的量程。
3. 电流计的内阻约 $150\,\Omega$。
4. 伏安法测电阻的方法不适用于测电流计的内阻，应考虑其他方法。
5. 电阻箱不仅起到电阻的作用，而且还能准确读出电阻的数值，设计实验时，要充分利用电阻箱。
6. 由于电流计允许通过的电流很小，内阻也较小，因此电流计的耐压值也很小，滑线变阻器应采用分压接法。

## 实验三十三　分压电路输出特性研究

### 【实验目的与要求】

1. 理解典型分压电路的特点。
2. 绘出不同负载情况下的输出特性曲线。

3. 通过分析关系曲线的特点总结出如何根据实验条件和要求合理选配滑线变阻器。

4. 思考实验结论在实践中的应用。

## 【实验仪器】

直流电源、滑线变阻器、电阻箱、电压表、开关、导线。

## 【实验提示】

分压电路如图 5-33-1 所示，随着变阻器滑动头 C 从 A 向 B 滑动，负载 $R_L$ 上的电压从零变到 $V_0$，调节范围与变阻器总阻值 $R_0$ 无关。滑动头 C 在任意 $R_2$（$= R_0 - R_1$）位置时，负载 $R_L$ 上的电压为 $V$。为便于分析，不妨引进参数 $X = \dfrac{R_2}{R_0}$ 和 $K = \dfrac{R_L}{R_0}$，那么不同 $K$ 值时，$\dfrac{V}{V_0} - X$ 的关系曲线便可反映出其输出特性，由此思考应如何合理选配滑线变阻器的参数。

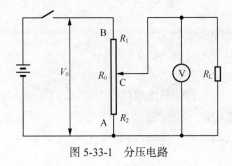

图 5-33-1　分压电路

# 实验三十四　直流电压表的设计

## 【实验目的与要求】

1. 自拟电路测定电流计量程 $I_g$ 和内阻 $R_g$。

2. 设计并组装量程为 3 V、电压灵敏度为 2 kΩ/V 的直流电压表。

3. 用标准电压表校正组装电压表。

4. 写出设计原理与设计步骤。

## 【实验仪器】

CH-WSZ1 型物理综合实验装置，电流计（内阻 $R_g$ 约 150 Ω、量程 $I_g$ 约 300 μA），电阻箱（2 个）、电压表、滑线变阻器。

## 【实验提示】

参考《实验八电表的改装与校正》和相关物理实验教材。

# 附录 A 中华人民共和国法定计量单位

我国的法定计量单位（简称法定单位）包括：

（1）国际单位制的基本单位（附表 A-1）；

（2）国际单位制的辅助单位（附表 A-2）；

（3）国际单位制中具有专门名称的导出单位（附表 A-3）；

（4）国家选定的非国际单位制单位（附表 A-4）；

（5）由词头和以上单位所构成的十进倍数和分数单位（附表 A-5）用于构成十进倍数和分数单位的词头。

法定单位的定义、使用方法等，由国家计量局另行规定。

附表 A-1　　　　　　　　　　国际单位制的基本单位

| 量 的 名 称 | 单 位 名 称 | 单 位 符 号 | 量 的 名 称 | 单 位 名 称 | 单 位 符 号 |
|---|---|---|---|---|---|
| 长度 | 米 | m | 热力学温度 | 开[尔文] | K |
| 质量 | 千克（公斤） | kg | 物质的量 | 摩[尔] | mol |
| 时间 | 秒 | s | 发光强度 | 坎[德拉] | cd |
| 电流 | 安[培] | A | | | |

附表 A-2　　　　　　　　　　国际单位制的辅助单位

| 量 的 名 称 | 单 位 名 称 | 单 位 符 号 |
|---|---|---|
| 平面角 | 弧度 | rad |
| 立体角 | 球面度 | Sr |

附表 A-3　　国际单位制中具有专门名称的导出单位

| 量 的 名 称 | 单 位 名 称 | 单 位 符 号 | 其他表示式 | 备 注 |
|---|---|---|---|---|
| 频率 | 赫[兹] | Hz | $s^{-1}$ | |
| 力，重力 | 牛[顿] | N | $kg \cdot m \cdot s^{-2}$ | 1 达因=$10^{-5}$N |
| 压力，压强，应力 | 帕[斯卡] | Pa | $N/m^2$ | |
| 能[量]，功，热量 | 焦[耳] | J | $N \cdot m$ | 1 尔格=$10^{-7}$J |

续表

| 量 的 名 称 | 单 位 名 称 | 单 位 符 号 | 其他表示式 | 备 注 |
|---|---|---|---|---|
| 功率，辐[射能]通量 | 瓦[特] | W | $J \cdot s^{-1}$ | 1 尔格/秒=$10^{-7}$ W |
| 电荷[量] | 库[仑] | C | $A \cdot s$ | 1 静库仑=$10^{-9}$/2.98 C |
| 电位，电压，电动势，（电势） | 伏[特] | V | W/A | 1 静伏特=$2.993 \times 10^{2}$ V |
| 电容 | 法[拉] | F | C/V | |
| 电阻 | 欧[姆] | Ω | V/A | |
| 电导 | 西[门子] | S | A/V | |
| 磁[通量] | 韦[伯] | Wb | $V \cdot s$ | |
| 磁[通量]密度，磁感应强度 | 特[斯拉] | T | $Wb/m^2$ | $1Gs=10^{-4}$ T |
| 电感 | 亨[利] | H | Wb/A | |
| 摄氏温度 | 摄氏度 | ℃ | | |
| 光通量 | 流[明] | lm | $cd \cdot sr$ | |
| [光]强度 | 勒[克斯] | lx | $lm/m^2$ | |
| [放射性]活度 | 贝克[勒尔] | Bq | $s^{-1}$ | |
| 吸收剂量 | 戈[瑞] | Gy | J/kg | |
| 剂量当量 | 希[沃特] | Sv | J/kg | |

附表 A-4　　　　　　　　国家选定的非国际单位制单位

| 量 的 名 称 | 单 位 名 称 | 单 位 符 号 | 换算关系和说明 |
|---|---|---|---|
| 时间 | 分 | min | 1 min = 60 s |
| | [小]时 | h | 1 h=60 min= 3 600 s |
| | 天，（日） | d | 1 d=24 h = 86 400 s |
| [平面]角 | [角]秒 | ('') | $1''$=（$\pi$/64 800）rad（$\pi$为圆周率） |
| | [角]分 | (') | $1'$=60$''$=（$\pi$/10 800）rad |
| | 度 | (°) | 1°=60'=（$\pi$/180）rad |
| 旋转速度 | 转每分 | r/min | 1 r/min =（1/60）$s^{-1}$ |
| 长度 | 海里 | n mile | 1 n mile=1 852 m（只用于航程） |
| 速度 | 节 | kn | 1 kn = 1 n mile/h =（1 852/3 600）m/s（只用于航行） |
| 质量 | 吨 | t | 1 t=$10^{3}$ kg |
| | 原子质量单位 | u | 1 u≈1.660 56 55 × $10^{-27}$ kg |
| 体积，容积 | 升 | L,(l) | 1 L = 1 $dm^3$ = $10^{-3}$ $m^3$ |
| 能 | 电子伏 | eV | 1 eV≈1.602 189 × $10^{-19}$ J |
| 级差 | 分贝 | dB | |
| 线密度 | 特[克斯] | tex | 1 tex=$10^{-6}$ kg/m |

附表 A-5　　　　　　　　用于构成十进倍数和分数单位的词头

| 所表示的因数 | 词 头 名 称 | 词 头 符 号 | 所表示的因数 | 词 头 名 称 | 词 头 符 号 |
|---|---|---|---|---|---|
| $10^{24}$ | 尧[它] | Y | $10^{-1}$ | 分 | d |
| $10^{21}$ | 泽[它] | Z | $10^{-2}$ | 厘 | c |
| $10^{18}$ | 艾[可萨] | E | $10^{-3}$ | 毫 | m |

续表

| 所表示的因数 | 词 头 名 称 | 词 头 符 号 | 所表示的因数 | 词 头 名 称 | 词 头 符 号 |
|---|---|---|---|---|---|
| $10^{15}$ | 拍[它] | p | $10^{-6}$ | 微 | μ |
| $10^{12}$ | 太[拉] | T | $10^{-9}$ | 纳[诺] | n |
| $10^{9}$ | 吉[咖] | G | $10^{-12}$ | 皮[可] | p |
| $10^{6}$ | 兆 | M | $10^{-15}$ | 飞[母托] | f |
| $10^{3}$ | 千 | k | $10^{-18}$ | 阿[托] | a |
| $10^{2}$ | 百 | h | $10^{-21}$ | 仄[普托] | z |
| $10^{1}$ | 十 | da | $10^{-24}$ | 幺[科托] | y |

# 附录 B  常用物理常量表

附表 B-1　　　　　　　　　　　　基本物理量常量

| 名　称 | 符号 | 数　值 | 单　位 |
|---|---|---|---|
| 真空中的光速 | $c$ | $2.997\,924\,58 \times 10^{8}$ | m/s |
| 电子的电荷 | $e$ | $1.602\,189\,2 \times 10^{-9}$ | C |
| 普朗克常量 | $h$ | $6.626\,176 \times 10^{-34}$ | J·s |
| 阿伏伽德罗常量 | $N_A$ | $6.022\,045 \times 10^{23}$ | $\text{mol}^{-1}$ |
| 原子质量单位 | $u$ | $1.660\,565\,5 \times 10^{-27}$ | kg |
| 质子质量 | $m_p$ | $1.672\,623\,1 \times 10^{-27}$ | kg |
| 中子质量 | $m_n$ | $1.674\,938\,6 \times 10^{-27}$ | kg |
| 电子的静止质量 | $m_e$ | $9.109\,534 \times 10^{-31}$ | kg |
| 电子的荷质比 | $e/m_e$ | $1.758\,804\,7 \times 10^{-11}$ | C/kg |
| 法拉第常量 | $F$ | $9.648\,456 \times 10^{4}$ | C/mol |
| 氢原子的里德伯常量 | $R_H$ | $1.096\,776 \times 10^{7}$ | $\text{m}^{-1}$ |
| 摩尔气体常量 | $R$ | $8.314\,41$ | J/（mol·K） |
| 玻尔兹曼常量 | $k$ | $1.380\,622 \times 10^{-23}$ | J/K |
| 洛施密特常量 | $n$ | $2.687\,19 \times 10^{25}$ | $\text{m}^{-3}$ |
| 万有引力常量 | $G$ | $6.672\,0 \times 10^{-11}$ | $\text{N·m}^2/\text{kg}^2$ |
| 标准大气压 | $P_0$ | $101\,325$ | Pa |
| 冰点的绝对温度 | $T_0$ | $273.15$ | K |
| 声音在空气中的速度（标准状态下） | $v$ | $331.46$ | m/s |
| 干燥空气的密度（标准状态下） | $\rho_{空气}$ | $1.293$ | $\text{kg/m}^3$ |
| 水银的密度（标准状态下） | $\rho_{水银}$ | $13\,595.04$ | $\text{kg/m}^3$ |
| 理想气体的摩尔体积（标准状态下） | $V_m$ | $22.41\,383 \times 10^{-3}$ | $\text{m}^3/\text{mol}$ |
| 真空中介电常量（电容率） | $\varepsilon_0$ | $8.854\,188 \times 10^{-7}$ | F/m |
| 真空中磁导率 | $\mu_0$ | $12.566\,371 \times 10^{-7}$ | H/m |
| 钠光谱中黄线的波长 | $D$ | $589.3 \times 10^{-9}$ | m |

附表 B-2　　　　　　　　　　　　　　　某些常见物质的密度

| 物　　质 | 密度$\rho$/（kg/m³） | 物　　质 | 密度$\rho$/（kg/m³） | 物　　质 | 密度$\rho$/（kg/m³） |
|---|---|---|---|---|---|
| 铝 | 2 698.9 | 石蜡 | 792 | 海水（15 ℃） | 1 025 |
| 铜 | 8 960 | 石英 | 2 500～2 800 | | |
| 铁 | 7 874 | 水晶玻璃 | 2 900～3 000 | 氢气（标况下） | 0.089 88 |
| 银 | 10 500 | 冰（0 ℃） | 880～920 | | |
| 金 | 19 320 | 乙醇（20 ℃） | 789.4 | | |
| 钨 | 19 300 | 乙醚（20 ℃） | 714 | 氦气（标况下） | 0.178 5 |
| 铂 | 21 450 | 汽车用汽油 | 710～720 | 氮气（标况下） | 1.251 |
| 铅 | 11 350 | 弗利昂-12 | 1 329 | 空气（标况下） | 1.292 8 |
| 锡 | 7 298 | （氟氯烷-12） | | | |
| 水银（20 ℃） | 13 546.2 | 变压器油 | 840～890 | 氧气（标况下） | 1.429 |
| 钢 | 7 600～7 900 | 甘油（15 ℃） | 1 260 | | |

附表 B-3　　　　　　　　　　　　　　　海平面上不同纬度处的重力加速度

| 纬度$\varphi$/（度） | $g$/（m/s²） | 纬度$\varphi$/（度） | $g$/（m/s²） | 纬度$\varphi$/（度） | $g$/（m/s²） |
|---|---|---|---|---|---|
| 0 | 9.780 49 | 35 | 9.797 46 | 70 | 9.826 14 |
| 5 | 9.780 88 | 40 | 9.801 80 | 75 | 9.828 73 |
| 10 | 9.782 04 | 45 | 9.806 29 | 80 | 9.830 65 |
| 15 | 9.783 94 | 50 | 9.810 79 | 85 | 9.831 82 |
| 20 | 9.786 52 | 55 | 9.815 15 | 90 | 9.832 21 |
| 25 | 9.789 69 | 60 | 9.819 24 | | |
| 30 | 9.783 38 | 65 | 9.822 94 | | |

附表 B-4　某些金属或合金与铂（化学纯）构成热电偶的热电动势（热端在 100 ℃，冷端在 0 ℃时）

| 金属或合金名称 | 热电动势/（mV） | 连续使用最高温度/（℃） | 短暂使用最高温度/（℃） |
|---|---|---|---|
| 镍铝（95%Ni+5%Al，Si，Mn） | −1.38 | 1 000 | 1 250 |
| 钨 | +0.79 | 2 000 | 2 500 |
| 铁 | +1.87 | 600 | 800 |
| 康铜（60%Cu+40%Ni） | −3.50 | 600 | 800 |
| 康铜（56%Cu+44%Ni） | −4.0 | 600 | 800 |
| 铜 | +0.75 | 350 | 500 |
| 镍 | −1.5 | 1 000 | 1 100 |
| 银 | +0.72 | 600 | 780 |
| 镍铬（80%Ni+20%Cr） | +2.5 | 1 000 | 1 100 |
| 镍铬（90%Ni+10%Cr） | +2.71 | 1 000 | 1 250 |
| 铂铱（90%Pt+10%Ir） | +1.3 | 1 000 | 1 200 |
| 铂铑（90%Pt+10%Rh） | +0.64 | 1 300 | 1 600 |

附表 B-5　　　　　　　　　　　　　　　某些固体的导热系数

| 物　　质 | 温度/（K） | $\lambda$[×10² W/（m·K）] | 物　　质 | 温度/（K） | $\lambda$[×10² W/（m·K）] |
|---|---|---|---|---|---|
| 银 | 273 | 4.18 | 康铜 | 273 | 0.22 |
| 铝 | 273 | 2.38 | 不锈钢 | 273 | 0.14 |
| 金 | 273 | 3.11 | 镍铬合金 | 273 | 0.11 |
| 铜 | 273 | 4.0 | 软木 | 273 | $0.3 \times 10^{-3}$ |
| 铁 | 273 | 0.82 | 橡胶 | 298 | $1.6 \times 10^{-3}$ |
| 黄铜 | 273 | 1.2 | 玻璃纤维 | 323 | $0.4 \times 10^{-3}$ |

附表 B-6 某些液体的黏滞系数

| 液体 | 温度/(℃) | $\eta/(\mu Pa \cdot s)$ | 液体 | 温度/(℃) | $\eta/(\mu Pa \cdot s)$ |
|---|---|---|---|---|---|
| 水 | 0 | 1 787.8 | 葵花子油 | 20 | 50 000 |
| | 10 | 1 305.3 | 乙醚 | 0 | 296 |
| | 20 | 1 004.2 | | 20 | 243 |
| | 30 | 801.2 | 乙醇 | −20 | 2 780 |
| | 40 | 653.1 | | 0 | 1 780 |
| | 50 | 549.2 | | 20 | 1 190 |
| | 60 | 469.7 | 甘油 | −20 | $134 \times 10^6$ |
| | 70 | 406.0 | | 0 | $121 \times 10^5$ |
| | 80 | 355.0 | | 20 | $1 499 \times 10^3$ |
| | 90 | 314.8 | | 100 | 12 945 |
| | 100 | 282.5 | 蜂蜜 | 20 | $650 \times 10^4$ |
| 汽油 | 0 | 1 788 | | 80 | $100 \times 10^3$ |
| | 18 | 530 | 鱼肝油 | 20 | 45 600 |
| 甲醇 | 0 | 817 | | 80 | 4 600 |
| | 20 | 584 | 水银 | −20 | 1 855 |
| 变压器油 | 20 | 19 800 | | 0 | 1 685 |
| 蓖麻油 | 10 | $242 \times 10^4$ | | 20 | 1 554 |
| | 20 | $98.6 \times 10^4$ | | 100 | 1 224 |

附表 B-7 在 20 ℃时某些金属的弹性模量（杨氏模量）

| 金 属 | 杨氏模量 $Y/(GPa)$ | 金 属 | 杨氏模量 $Y/(GPa)$ |
|---|---|---|---|
| 铝 | 69～70 | 锌 | 78 |
| 钨 | 407 | 镍 | 203 |
| 铁 | 186～206 | 铬 | 235～245 |
| 铜 | 103～127 | 合金钢 | 206～216 |
| 金 | 77 | 碳钢 | 196～206 |
| 银 | 69～80 | 康铜 | 160 |

附表 B-8 在不同温度下与空气接触的水表面张力系数

| 温度/(℃) | $\sigma/(\times 10^{-3} N/m)$ | 温度/(℃) | $\sigma/(\times 10^{-3} N/m)$ | 温度/(℃) | $\sigma/(\times 10^{-3} N/m)$ |
|---|---|---|---|---|---|
| 0 | 75.62 | 16 | 73.34 | 30 | 71.15 |
| 5 | 74.90 | 17 | 73.20 | 40 | 69.55 |
| 6 | 74.76 | 18 | 73.05 | 50 | 67.90 |
| 8 | 74.48 | 19 | 72.89 | 60 | 66.17 |
| 10 | 74.20 | 20 | 72.75 | 70 | 64.41 |
| 11 | 74.07 | 21 | 72.60 | 80 | 62.60 |
| 12 | 73.92 | 22 | 72.44 | 90 | 60.74 |
| 13 | 73.78 | 23 | 72.28 | 100 | 58.84 |
| 14 | 73.64 | 24 | 72.12 | | |
| 15 | 73.48 | 25 | 71.96 | | |

附表 B-9　　　　　　　　　　　　　　　　某些固体的线膨胀系数

| 物　　质 | 温度或温度范围/（℃） | $\alpha_l/$（μ℃$^{-1}$） | 物　　质 | 温度或温度范围/（℃） | $\alpha_l/$（μ℃$^{-1}$） |
|---|---|---|---|---|---|
| 铝 | 0～100 | 23.8 | 锌 | 0～100 | 32 |
| 铜 | 0～100 | 17.1 | 铂 | 0～100 | 9.1 |
| 铁 | 0～100 | 12.2 | 钨 | 0～100 | 4.5 |
| 金 | 0～100 | 14.3 | 石英玻璃 | 20～200 | 0.56 |
| 银 | 0～100 | 19.6 | 窗玻璃 | 20～200 | 9.5 |
| 钢（0.05%碳） | 0～100 | 12.0 | 花岗石 | 20 | 6～9 |
| 康铜 | 0～100 | 15.2 | 瓷器 | 20～700 | 3.4～4.1 |
| 铅 | 0～100 | 29.2 | | | |

附表 B-10　　　　　　　　　　　　　　　　某些固体和液体的比热容

| 物　　质 | 温度/（℃） | 比热容/（J·kg$^{-1}$·K$^{-1}$） | 物　　质 | 温度/（℃） | 比热容/（J·kg$^{-1}$·K$^{-1}$） |
|---|---|---|---|---|---|
| 铝 | 20 | 895 | 甘油 | 27 | 2 620 |
| 铜 | 20 | 385 | 煤油 | 27 | 2 090 |
| 铁 | 20 | 481 | 乙醇 | 0 | 2 300 |
| 铅 | 20 | 130 | | 20 | 2 470 |
| 银 | 20 | 234 | 水 | 0 | 4 217 |
| 锌 | 20 | 389 | | 10 | 4 192 |
| 玻璃 | 20 | 585～920 | | 15 | 4 186 |
| 云母 | 25 | 502 | | 20 | 4 182 |
| 石蜡 | 25 | 2 890 | | 25 | 4 179 |
| 水银 | 0 | 146.5 | | 30 | 4 178 |
| | 20 | 139.3 | | 50 | 4 180 |

附表 B-11　　　　　　　　　　　　　　　　某些金属和合金的电阻率及其温度系数

| 金属或合金 | 电阻率/（μΩ·m） | 温度系数/（℃$^{-1}$） | 金属或合金 | 电阻率/（μΩ·m） | 温度系数/（℃$^{-1}$） |
|---|---|---|---|---|---|
| 铝 | 0.028 | $42\times10^{-4}$ | 锌 | 0.059 | $42\times10^{-4}$ |
| 铜 | 0.017 2 | $43\times10^{-4}$ | 锡 | 0.12 | $44\times10^{-4}$ |
| 银 | 0.016 | $40\times10^{-4}$ | 水银 | 0.958 | $10\times10^{-4}$ |
| 金 | 0.024 | $40\times10^{-4}$ | 伍德合金 | 0.52 | $37\times10^{-4}$ |
| 铁 | 0.098 | $60\times10^{-4}$ | 钢（0.10%～0.15%碳） | 0.10～0.14 | $6\times10^{-3}$ |
| 铅 | 0.205 | $37\times10^{-4}$ | 康铜 | 0.47～0.51 | $(-0.04～+0.01)\times10^{-3}$ |
| 铂 | 0.105 | $39\times10^{-4}$ | 铜锰镍合金 | 0.34～1.00 | $(-0.03～+0.02)\times10^{-3}$ |
| 钨 | 0.055 | $48\times10^{-4}$ | 镍铬合金 | 0.98～1.10 | $(0.03～0.4)\times10^{-3}$ |

附表 B-12　　　　　铜-康铜热电偶分度表（参考温度为 0 ℃）　　　　　分度号：CK

| 温度/ (℃) | 热电动势/（mV） | | | | | | | | | | | 温度/ (℃) |
|---|---|---|---|---|---|---|---|---|---|---|---|---|
| | 0 | 1 | 2 | 3 | 4 | 5 | 6 | 7 | 8 | 9 | 10 | |
| 0 | 0.000 | 0.039 | 0.078 | 0.117 | 0.156 | 0.195 | 0.234 | 0.273 | 0.312 | 0.351 | 0.391 | 0 |
| 10 | 0.391 | 0.430 | 0.470 | 0.510 | 0.549 | 0.589 | 0.629 | 0.669 | 0.709 | 0.749 | 0.789 | 10 |
| 20 | 0.789 | 0.830 | 0.870 | 0.911 | 0.951 | 0.992 | 1.032 | 1.073 | 1.114 | 1.155 | 0.196 | 20 |
| 30 | 0.196 | 1.237 | 1.279 | 1.320 | 1.361 | 1.403 | 1.444 | 1.486 | 1.528 | 1.569 | 1.611 | 30 |
| 40 | 1.611 | 1.653 | 1.695 | 1.738 | 1.780 | 1.822 | 1.865 | 1.907 | 1.950 | 1.992 | 2.035 | 40 |
| 50 | 2.035 | 2.078 | 2.121 | 2.164 | 2.207 | 2.250 | 2.294 | 2.337 | 2.380 | 2.424 | 2.467 | 50 |
| 60 | 2.647 | 2.511 | 2.555 | 2.599 | 2.643 | 2.687 | 2.731 | 3.775 | 2.819 | 2.864 | 2.908 | 60 |
| 70 | 2.908 | 2.953 | 2.997 | 3.042 | 3.087 | 3.131 | 3.176 | 3.221 | 3.266 | 3.312 | 3.357 | 70 |
| 80 | 3.357 | 3.402 | 3.447 | 3.493 | 3.538 | 3.584 | 3.630 | 3.676 | 3.721 | 3.767 | 3.813 | 80 |
| 90 | 3.813 | 3.859 | 3.906 | 3.952 | 3.998 | 4.044 | 4.091 | 4.137 | 4.184 | 4.231 | 4.277 | 90 |
| 100 | 4.277 | 4.324 | 4.371 | 4.418 | 4.465 | 4.512 | 4.559 | 4.607 | 4.654 | 4.701 | 4.749 | 100 |
| 110 | 4.749 | 4.796 | 4.844 | 4.891 | 4.939 | 4.987 | 5.035 | 5.083 | 5.131 | 5.179 | 5.227 | 110 |
| 120 | 5.227 | 5.275 | 5.324 | 5.372 | 5.420 | 5.469 | 5.517 | 5.556 | 5.651 | 5.663 | 5.712 | 120 |
| 130 | 5.712 | 5.761 | 5.810 | 5.859 | 5.908 | 5.957 | 6.007 | 6.056 | 6.105 | 6.155 | 6.204 | 130 |
| 140 | 6.204 | 6.254 | 6.303 | 6.353 | 6.403 | 6.452 | 6.502 | 6.552 | 6.602 | 3.652 | 6.702 | 140 |
| 150 | 6.702 | 6.753 | 6.803 | 6.853 | 6.903 | 6.954 | 7.00 | 7.055 | 7.106 | 7.156 | 7.207 | 150 |
| 160 | 7.207 | 7.258 | 7.309 | 7.360 | 7.411 | 7.462 | 7.513 | 7.564 | 7.615 | 7.666 | 7.718 | 160 |
| 170 | 7.718 | 7.769 | 7.821 | 7.872 | 7.924 | 7.975 | 8.027 | 8.079 | 8.131 | 8.183 | 8.235 | 170 |
| 180 | 8.235 | 8.287 | 8.339 | 8.391 | 8.433 | 8.495 | 8.548 | 8.600 | 8.652 | 8.705 | 8.757 | 180 |
| 190 | 8.757 | 8.810 | 8.863 | 8.915 | 8.968 | 9.021 | 9.074 | 9.127 | 9.180 | 9.233 | 9.286 | 190 |
| 200 | 9.286 | 9.339 | 9.392 | 9.446 | 9.499 | 9.553 | 9.606 | 9.659 | 9.713 | 9.767 | 9.830 | 200 |

附表 B-13　　　　　在常温下某些物质相对于空气的光折射率

| 物　　质 | H$_c$ 线/（656.3nm） | D 线/（589.3nm） | H$_f$ 线/（486.1nm） |
|---|---|---|---|
| 水（18 ℃） | 1.331 4 | 1.333 2 | 1.337 3 |
| 乙醇（18 ℃） | 1.360 9 | 1.362 5 | 1.366 5 |
| 二硫化碳（18 ℃） | 1.619 9 | 1.629 1 | 1.654 1 |
| 冕玻璃（轻） | 1.512 7 | 1.515 3 | 1.521 4 |
| 冕玻璃（重） | 1.612 6 | 1.615 2 | 1.621 3 |
| 燧石玻璃（轻） | 1.603 8 | 1.608 5 | 1.620 0 |
| 燧石玻璃（重） | 1.743 4 | 1.751 5 | 1.772 3 |
| 方解石（寻常光） | 1.654 5 | 1.658 5 | 1.667 9 |
| 方解石（非常光） | 1.484 6 | 1.486 4 | 1.490 8 |
| 水晶（寻常光） | 1.541 8 | 1.544 2 | 1.549 6 |
| 水晶（非常光） | 1.550 9 | 1.553 3 | 1.558 9 |

| 附 B-14 | | 常用光源的谱线波长表 | | | 单位：nm |
|---|---|---|---|---|---|
| H（氢） | He（氦） | Ne（氖） | Na（钠） | Hg（汞） | He-Ne 激光 |
| 656.28 红 | 706.52 红 | 650.65 红 | 589.592（$D_1$）黄 | 623.44 橙 | 632.8 橙 |
| 486.13 绿蓝 | 667.82 红 | 640.23 橙 | 588.995（$D_2$）黄 | 579.07 | |
| 434.05 蓝 | 587.56（$D_3$）黄 | 638.30 橙 | | 576.96 黄 | |
| 410.17 蓝紫 | 501.57 绿 | 626.25 橙 | | 546.07 绿 | |
| 397.01 蓝紫 | 492.19 绿蓝 | 621.73 橙 | | 491.60 绿蓝 | |
| | 471.31 蓝 | 614.31 橙 | | 435.83 蓝 | |
| | 447.15 蓝 | 588.19 黄 | | 407.78 蓝紫 | |
| | 402.62 蓝紫 | 585.25 黄 | | 404.66 蓝紫 | |
| | 388.87 蓝紫 | | | | |

［1］杨俊才，何焰蓝编. 物理实验. 北京：机械工业出版社，2004

［2］陈群宇编. 大学物理实验. 北京：电子工业出版社，2003

［3］丁慎训编. 物理实验教程. 北京：清华大学出版社，2002

［4］王殿元编. 大学物理实验. 北京：北京邮电大学出版社，2005

［5］张兆奎. 大学物理实验. 北京：高等教育出版社，2001

［6］吴泳华编. 大学物理实验（第一册）. 北京：高等教育出版社，2001

［7］谢行恕. 大学物理实验（第二册）. 北京：高等教育出版社，2001

［8］吕斯骅编. 基础物理实验. 北京：北京大学出版社，2002

［9］万春华编. 大学物理实验（第一册）. 南京：南京大学出版社，2002

［10］高铁军，朱俊孔编. 近代物理实验. 济南：山东大学出版社，2000

［11］卢佃清，李新华编. 大学物理实验. 南京：南京大学出版社，2006